"十三五"国家重点出版物出版规划项目
材料科学研究与工程技术系列

材料加工原理及工艺学
聚合物材料分册

Principles and Technologies of Materials Processing
Polymer Materials

● 胡玉洁 贾宏葛 主编

哈尔滨工业大学出版社

内容提要

本书阐述了材料加工的基本原理和主要工艺方法。内容包括高分子材料加工基本原理,塑料、橡胶、纤维、聚合物合金和复合材料的基本加工方法。

全书内容完整、系统,可作从事材料加工、开发和应用研究的工程技术人员的参考书。

图书在版编目(CIP)数据

材料加工原理及工艺学. 聚合物材料分册/胡玉洁,贾宏葛主编. —哈尔滨:哈尔滨工业大学出版社,2017.4
ISBN 978-7-5603-6258-8

Ⅰ.①材… Ⅱ.①胡… ②贾… Ⅲ.①高分子材料-加工原理 ②高分子材料-生产工艺 Ⅳ.①TB3

中国版本图书馆 CIP 数据核字(2016)第 254699 号

材料科学与工程
图书工作室

责任编辑	郭 然
封面设计	卞秉利
出版发行	哈尔滨工业大学出版社
社　　址	哈尔滨市南岗区复华四道街 10 号 邮编 150006
传　　真	0451-86414749
网　　址	http://hitpress.hit.edu.cn
印　　刷	哈尔滨久利印刷有限公司
开　　本	787mm×1092mm 1/16 印张 12.5 字数 307 千字
版　　次	2017 年 4 月第 1 版 2017 年 4 月第 1 次印刷
书　　号	ISBN 978-7-5603-6258-8
定　　价	28.00 元

(如因印装质量问题影响阅读,我社负责调换)

前　言

材料科学与工程是综合利用现代科学技术成就、多学科交叉、知识密集的一门科学。材料加工是实现材料应用的主要工艺过程。本书阐述了材料加工的基本原理和主要工艺方法，内容包括高分子材料加工基本原理，塑料、橡胶、纤维、聚合物合金和复合材料的基本加工方法。本书可作从事材料加工、开发和应用研究的工程技术人员的参考书。

本书在编写中注重以下两点：

（1）内容较完整。比较全面地吸收了高分子材料、复合材料类等相关图书的精华，同时注意补充最新的科技成果。

（2）原理阐述注重理论联系实际。在各章节内容中以加工方法为主线，注重各种材料加工的内在联系。

本书共9章，绪论和第9章由齐齐哈尔大学贾宏葛编写，第1章至第8章由齐齐哈尔大学胡玉洁编写。全书由胡玉洁统稿。

本书得到"齐齐哈尔大学2015年度重点研究生教材建设项目计划"支持，在此编者深表感谢。

由于作者水平所限，书中难免存在疏漏和不妥之处，敬请广大读者批评指正。

编　者
2017年1月

目　录

绪论 ··· 1

第1章　聚合物的加工性质 ··· 4
1.1　聚合物的可加工性 ·· 4
1.2　聚合物加工过程中的黏弹行为 ······································· 7

第2章　聚合物的流变性质与加工 ··· 11
2.1　聚合物流体的非牛顿剪切黏性 ······································· 11
2.2　聚合物流体的拉伸黏性 ·· 15
2.3　聚合物流体的弹性 ·· 16
2.4　聚合物流体在管道中的流动及弹性行为 ························· 17

第3章　聚合物加工过程中的物理和化学变化 ·························· 27
3.1　聚合物的结晶 ··· 27
3.2　成型过程中的取向作用 ·· 32
3.3　加工过程中聚合物的降解与交联 ··································· 39

第4章　挤出成型 ··· 41
4.1　概述 ·· 41
4.2　挤出设备 ·· 41
4.3　挤出过程及挤出理论 ··· 51
4.4　双螺杆挤出机 ··· 56
4.5　几种制品的挤出工艺 ··· 62
4.6　挤出成型新工艺 ·· 73

第5章　注射成型 ··· 74
5.1　概述 ·· 74
5.2　注射成型设备 ··· 75
5.3　注射成型过程分析 ·· 84
5.4　注射成型工艺 ··· 92
5.5　注射成型新工艺 ·· 104

第6章　压延成型 ··· 105
6.1　概述 ·· 105

  6.2 压延设备 ·· 105
  6.3 压延成型原理 ··· 108
  6.4 压延成型工艺 ··· 113
  6.5 压延成型进展 ··· 121
第7章 其他成型方法 ··· 122
  7.1 中空吹塑 ··· 122
  7.2 泡沫塑料成型 ··· 133
  7.3 模压成型 ··· 142
第8章 聚合物合金及流变性 ·· 149
  8.1 多相系高分子材料与材料改性 ·· 149
  8.2 聚合物合金的相态结构 ··· 151
  8.3 聚合物合金的流变性 ·· 166
第9章 聚合物基复合材料的成型 ··· 173
  9.1 概述 ··· 173
  9.2 聚合物基复合材料及其界面 ··· 175
  9.3 聚合物基复合材料制备工艺 ··· 180
参考文献 ·· 192

绪　论

1. 材料在国民经济中的地位及作用

材料是人类用于制造物品、器件、构件、机器或其他产品的物质，是人类赖以生存和发展的物质基础。20世纪70年代，人们把信息、材料和能源誉为当代文明的三大支柱。20世纪80年代以高技术群为代表的新技术革命，又把新材料、信息技术和生物技术并列为新技术革命的重要标志。这主要是因为材料与国民经济建设、国防建设和人民生活密切相关。

材料是工业发展的基础，是现代社会经济的先导，是人类社会现代文明的重要标志。纵观人类利用材料的历史可以清楚地看到，每一种重要材料的发现与利用都把人类支配自然的能力提高到一个新水平。材料科学的每一次重大突破，都会引起生产技术的革命，大大加快社会发展的进程，并给社会生产和人们生活带来巨大变化。因此，材料也是成为人类历史发展过程的重要标志。

2. 材料的分类及基本情况

材料的分类方法有多种，若按照材料的使用性能分类，可分为结构材料与功能材料两类。结构材料的使用性能主要是力学性能；功能材料的使用性能主要是光、电、磁、热、声等性能。从材料的应用对象来看，它又可以分为建筑材料、信息材料、能源材料、航空航天材料等。在通常情况下，以材料所含的化学物质的不同将材料分为4类：高分子材料、无机非金属材料和金属材料及由此3类材料相互组合而成的复合材料。

（1）聚合物材料。

聚合物材料也称为高分子材料，一般是由碳、氢、氧、氮、硅、硫等元素组成的相对分子质量足够高的有机化合物。之所以称为高分子，就是因为它的相对分子质量高，常用高分子材料的相对分子质量在几千到几百万之间。一方面，高相对分子质量对化合物性质的影响，使它具有了一定的强度，从而可以作为材料使用。因为高分子化合物具有长链结构，许多线型分子纠缠在一起就构成了具有无规线团结构的聚集状态，这就是高分子化合物具有较高强度、可以作为结构材料使用的根本原因。另一方面，人们还可以通过各种手段，用物理或化学方法使高分子化合物成为具有某种特殊性能的功能高分子材料，如导电高分子、磁性高分子、高分子催化剂、高分子药物等。通用高分子材料包括塑料、橡胶、纤维、涂料、黏合剂等。其中被称为现代高分子3大合成材料的塑料、橡胶、合成纤维已经成为国防建设和人民生活中必不可少的重要材料。

纵观材料的发展史，贯穿着一条主线，即从简单到复杂。而有机高分子材料品种丰富，结构上的复杂性更是远远超过了金属材料和无机非金属材料。进入21世纪以来，对新型高分子材料的需求越来越大，高分子材料的发展呈现出以下特点。

①材质由均质向复合方向发展。材料的复合化满足了人类多方面的需求，高分子材料与金属材料、无机非金属材料的复合以及不同高分子材料之间的复合步伐进一步加快。

②性能由高性能、功能化向多功能和结构功能化方向发展，具有优异的光、电、磁、生物

性能等。

③尺寸向越来越小的方向发展。特别是具有特殊优良性能的纳米高分子材料，在高性能及功能高分子材料、组织工程材料及光电材料等领域具有广泛的应用，因此受到世界各国的高度重视。

④层次由被动向主动方向发展。过去的功能高分子材料只能机械地进行输入/输出的响应，因此是一种被动性材料。智能高分子材料可以主动地针对一定范围的各种输入信号进行判断，能自动适应环境的变化，并且自行解决问题，因此可以实现高分子材料结构功能化、功能多样化，从而引领高分子材料科学发展的又一次重大革命。

⑤合成和加工技术向仿生化发展。

⑥原料和生产向绿色化发展。材料科学家正在为合成高分子材料寻找新的资源，以摆脱对不可再生资源——石油的依赖。

以上各方向的研究发展迅速，一旦突破，将对国民经济和科学技术的发展产生深远影响。目前，一些新型高分子材料已经在尖端技术、国防建设和国民经济各个领域得到广泛应用。特别是在当代许多高新技术中，如微电子和光电子信息技术、生物技术、空间技术、海洋工程等方面均很大程度依赖于高分子材料的应用。在航空航天等领域，新型高分子材料已经成为非常重要的材料。

总之，高分子材料在国民经济和科学技术中具有十分重要的地位，发挥着巨大的作用。高分子材料的广泛应用和不断创新是材料科学现代化的一个重要标志。今后，高分子材料还将不断创新和持续发展，在国民经济发展过程中将发挥着越来越重要的作用，为人类做出更大的贡献。

高分子材料生产技术的发展方向是充分利用能源，简化工艺，实现生产的连续化、自动化、最佳化和柔性化。可粗略地归纳为以下3方面。

第一，综合利用多种原料，开发高效催化剂和引发剂，缩短流程，研究一步或直接合成技术，制取具有特定结构和性能的高分子化合物。

第二，缩短成型周期，简化加工方法，发展直接成型工艺，如反应性加工技术、液体橡胶浇注成型、连续聚合直接纺丝技术等；注意新技术在成型加工中的应用，如激光、多种粒子束、微波、超声波、等离子体、磁场等的应用将会取得成效；开发高效、多功能、无毒性的加工助剂新品种，也是发展精细加工的一个有力手段。

第三，注意节省资源、能源，消除污染、防止公害、实现清洁生产。发展封闭生产工艺，将生产工艺中产生的"三废"消除于体系之中。贯彻可持续发展战略，注重废弃物的回收利用，使产品真正成为绿色产品。

(2) 复合材料。

金属、陶瓷、聚合物自身都各有其优点和缺点，如果把两种材料结合在一起，发挥各自的长处，又可以在一定程度上克服它们固有的弱点，这就产生了复合材料。复合材料的种类主要有：聚合物基复合材料、金属基复合材料、陶瓷基复合材料及碳-碳复合材料等。工业上用得最多的是聚合物基复合材料。因为玻璃纤维有高的弹性模量和强度，并且成本低，而聚合物容易加工成型，所以，早在20世纪40年代末就产生了用玻璃纤维增强树脂的材料，俗称玻璃钢，这是第一代复合材料。在日本有42%（质量分数）的玻璃钢用于建筑，25%（质量分数）的玻璃钢用于造船，日本有一半以上的渔船用玻璃钢制造；1981年，美国通用汽车公

第1章 聚合物的加工性质

1.1 聚合物的可加工性

聚合物通常可以分为线型聚合物和体型聚合物。在聚合物中,由于长链分子内和分子间强大吸引力的作用,使聚合物表现出各种力学性质。根据聚合物所表现的力学性质和分子热运动特征,可以将聚合物划分为玻璃态(结晶聚合物为结晶态)、高弹态和黏流态,通常称这些状态为聚集态。聚合物可以从一种聚集态转变为另一种聚集态,聚合物的分子结构、聚合物体系的组成、所受应力和环境温度等是影响聚集态转变的主要因素,在聚合物及其组成一定时,聚集态的转变主要与温度有关。处于不同聚集态的聚合物,由于主价键与次价键共同作用构成的内聚能不同而表现出一系列独特的性能,这些性能在很大程度上决定了聚合物对加工技术的适应性,并使聚合物在加工过程中表现出不同的行为。图1.1为线型聚合物的聚集态与成型加工的关系示意图。

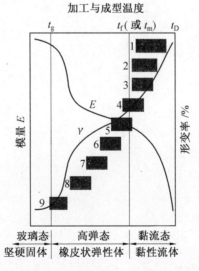

图 1.1 线型聚合物的聚集态与成型加工的关系示意图
1—熔融纺丝;2—注射成型;3—薄膜吹塑;4—挤出成型;5—压延成型;6—中空成型;
7—真空和压力成型;8—薄膜和纤维热拉伸;9—薄膜和纤维冷拉伸

由于线型聚合物的聚集态是可逆的,这种可逆性使聚合物材料的加工性更为多样化。聚合物在加工过程中都要经历聚集态转变,了解这些转变的本质和规律就能选择适当的加工方法和确定合理的加工工艺,在保持聚合物原有性能的条件下,能以最少的能量消耗,高效率地制得质量良好的产品。在不同的工况条件下,有其相应的评价方法。

司用玻璃纤维增强环氧基体的材料制作后桥的叶片弹簧,只用了一片质量为 3.6 kg 的复合材料代替了 10 片总质量为 18.6 kg 的钢板弹簧。到 20 世纪 70 年代,碳纤维增强聚合物的第二代复合材料开始应用,这类材料在战斗机和直升机上使用量较多,此外在体育娱乐方面,如高尔夫球棒、网球拍、划船桨、自行车等也多用此类材料制造。

  为改变陶瓷的脆性,将石墨、碳化硅或聚合物纤维等包埋在陶瓷中,制成的陶瓷基复合材料韧性好,不易碎裂,且可以在极高的温度下使用。这类复合材料可以作为汽车、飞机、火箭发动机的新型结构材料和宇宙飞行器的蒙皮材料。由硼纤维增强 SiC 陶瓷做成的陶瓷瓦片,用黏合剂贴在航天飞机身上,使航天飞机能安全地穿越大气层回到地球上。

  金属基复合材料目前也应用在航天领域中,如使用了硼纤维增强铝基体的复合材料。美国的航天飞机整个机身桁架支柱均用 B-Al 复合材料管材,与原设计的铝合金桁架支柱相比,质量减轻 44%。值得注意的是,在民用汽车工业上,20 世纪 80 年代初,日本丰田汽车公司用 SiC 短纤维和 Al_2O_3 颗粒增强的铝基材料制造发动机的活塞,大大提高了发动机寿命并降低了成本。总的来说,复合材料可实现材料性能的最佳结合或者具有显著的各向异性,且作为先进的结构材料来说,在航空、航天等高技术领域具有重要的用途,因此,这是个重点开发的领域。

1.1.1 聚合物的可挤压性

聚合物在加工过程中常受到挤压作用,例如聚合物在挤出机和注塑机料筒中、压延机辊筒间以及在模具中都受到挤压作用。

可挤压性是指聚合物通过挤压作用形变时获得形状和保持形状的能力。研究聚合物的挤出性质能对制品的材料和加工工艺做出正确的选择和控制。

挤压成型最常用的聚合物状态为黏流态,当聚合物处于黏流态时,通过挤压获得宏观而有用的形变。挤压过程中,聚合物熔体主要受到剪切作用,故可挤压性主要取决于熔体的剪切黏度和拉伸黏度。大多数聚合物熔体的黏度随剪切力或剪切速率增大而降低。近些年,有人在探讨固态挤出技术。

如果挤压过程材料的黏度很低,虽然材料有良好的流动性,但保持形状的能力较差。相反,熔体的剪切黏度很高时则会造成流动和成型的困难。材料的挤压性质还与加工设备的结构有关。挤压过程中聚合物熔体的流动速率随压力增大而增加。通过流动速率的测量可以决定加工时所需的压力和设备的几何尺寸。材料的挤压性质与聚合物的流变性(剪应力或剪切速率对黏度的关系)、熔融指数和流动速率密切相关。

在熔融指数测定仪中熔体的剪切速率 $\dot{\gamma}$ 值仅为 $10^{-2} \sim 10 \text{ s}^{-1}$,属于低剪切速率下的流动,远比注射或挤出成型加工中通常的剪切速率($10^2 \sim 10^4 \text{ s}^{-1}$)要低,因此通常测定的熔融指数([MI])不能说明注射或挤出成型时聚合物的实际流动性能。但用[MI]能方便地表示聚合物流动性的高低,对于成型加工中材料的选择和适用性有参考的实用价值。

熔融指数测定仪主要用于测定在给定温度下一些线型聚合物的[MI],如聚乙烯(190 ℃)、聚丙烯(230 ℃或250 ℃),此外还用于聚苯乙烯、ABS共聚物、聚丙烯酸酯类、聚酰胺和聚甲醛等。表1.1列出了某些加工方法适宜的熔融指数。熔融指数为1.0时,相当于熔体黏度约为 $1.5 \times 10^{-4} \text{ N} \cdot \text{S/m}^2$。

表1.1 某些加工方法适宜的熔融指数

加工方法	产品	所需材料的[MI]
挤出成型	管材	<0.1
	片材、瓶、薄壁管	0.1~0.5
	电线电缆	0.1~1
	薄片、单丝(纯)	0.5~1
	多股丝或纤维	≈1
注射成型	瓶(高级玻璃)	1~2
涂布	胶片	9~15
	涂覆纸	9~15
	厚壁制件	1~2
	薄壁制件	3~6

1.1.2 聚合物的可模塑性

可模塑性是指材料在温度和压力作用下形变和在模具中模制成型的能力。具有可模塑性的材料可通过注射、模压和挤出等成型方法制成各种形状的模塑制品。

可模塑性主要取决于材料的流变性、热性质和其他物理力学性质等,在热固性聚合物的情况下还与聚合物的化学反应性有关。

除了测定聚合物的流变性之外,加工过程广泛用来判断聚合物可模塑性的方法是螺旋流动试验。它是通过一个阿基米德螺旋形槽的模具来实现的。

1.1.3 聚合物的可纺性

可纺性是指聚合物材料通过加工形成连续的固态纤维的能力。它主要取决于材料的流变性质、熔体黏度、熔体强度以及熔体的热稳定性和化学稳定性等。作为纺丝材料,首先要求熔体从喷丝板毛细孔流出后能形成稳定细流。细流的稳定性通常与由熔体从喷丝板的流出速度 v、熔体的黏度 η 和表面张力 γ_F 组成的数群 $v\eta/\gamma_F$ 有关。

在很多情况下,熔体细流的稳定性可简单表示为

$$\frac{L_{\max}}{d} = 36 \frac{v\eta}{\gamma_F} \tag{1.1}$$

式中　$L_{\max}$——熔体细流最大稳定长度;

　　　d——喷丝扳毛细孔直径。

由式(1.1)可以看出,增大纺丝速度(相应于熔体细流直径减小)有利于提高细流的稳定性。由于聚合物的熔体黏度较大(通常约 10^4 N·s/m^2)、表面张力较小(一般约 0.025 N/m),故 η/γ_F 的比值很大,这种关系是聚合物具有可纺性的重要条件。纺丝过程拉伸和冷却的作用都使纺丝熔体黏度增大,也有利于增大纺丝细流的稳定性。但随纺丝速度增大,熔体细流受到的拉应力增加,拉伸形变增大,如果熔体的强度低将出现细流断裂,所以具有可纺性的聚合物还必须具有较高的熔体强度。纺丝细流的熔体强度与纺丝时拉伸速度的稳定性和材料的凝聚能密度有关。不稳定的拉伸速度容易造成纺丝细流断裂。当材料的凝聚能较小时也容易出现凝聚性断裂。对一定聚合物,熔体强度随熔体黏度增大而增加。

作为纺丝材料还要求在纺丝条件下,聚合物有良好的热和化学稳定性,因为聚合物在高温下要停留较长的时间并要经受在设备和毛细孔中流动时的剪切作用。

1.1.4 聚合物的可延性

可延性表示无定形或半结晶固体聚合物在一个方向或两个方向上受到压延或拉伸时形变的能力。材料的这种性质为生产长径比(长度对直径,有时是长度对厚度)很大的产品提供了可能。利用聚合物的可延性,可通过压延或拉伸工艺生产薄膜、片材和纤维。但工业生产上仍以拉伸法用得最多。

线型聚合物的可延性来自于大分子的长链结构和柔性。当固体材料在 $T_g \sim T_m$(或 T_f)温度区间受到大于屈服强度的拉力作用时,就产生宏观的塑性延伸形变。形变过程中,在拉伸的同时变细或变薄、变窄。聚合物材料拉伸时典型的应力-应变关系曲线如图 1.2 所示,Oa 线段说明材料初期的形变为普弹形变,杨氏模量高,延伸形变值很小。ab 处的弯曲说明材料抵抗形变的能力开始降低,出现形变加速的倾向,并由普弹形变转变为高弹形变。b 点称为屈服点,对应于 b 点的应力称为屈服应力。从 b 点开始,近水平的曲线说明在屈服应力作用下,通过链段的逐渐形变和位移,聚合物逐渐延伸应变增大。在 σ_y 的持续作用下,材料

形变的性质也逐渐由弹性形变发展为以大分子链的解缠和滑移为主的塑性形变。由于材料在拉伸时发热(外力所做的功转化为分子运动的能量,使材料出现宏观的放热效应),温度升高,以致形变明显加速,并出现细颈现象。这种因形变引起发热,使材料变软、形变加速的作用称为应变软化。所谓细颈,就是材料在拉应力作用下截面形状突然变细的一个很短的区域(图1.3)。出现细颈以前材料基本是未拉伸的,细颈部分的材料则是拉伸的。

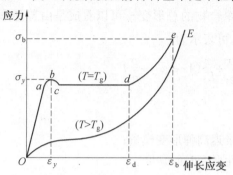

图1.2 聚合物拉伸时典型的应力-应变关系曲线

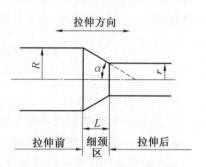

图1.3 聚合物拉伸时的细颈现象

细颈的出现说明在屈服应力下聚合物中结构单元(链段、大分子和微晶)因拉伸而开始取向。细颈区后(图1.2中cd线段)的材料在恒定应力下被拉长的倍数称为自然拉伸比A_0,显然A_0越大聚合物的延伸程度越高,结构单元的取向程度也越高。随着取向程度的提高,大分子间作用力增大,引起聚合物黏度升高,使聚合物表现出"硬化"倾向,形变也趋于稳定而不再发展。取向过程的这种现象称为"应力硬化",它使材料的杨氏模量增加,抵抗形变的能力增大,引起形变的应力也就相应地升高。当应力达到e点,材料因不能承受应力的作用而被破坏,这时的应力σ_b称为抗张强度或极限强度。形变的最大值ε_b称为断裂伸长率。显然,e点的强度和模量较取向程度较低的c点要高得多。所以在一定温度下,材料在连续拉伸中拉细不会无限地进行下去,应力势必转移到模量较低的低取向部分,使那部分材料进一步取向,从而可以获得全长范围都均匀拉伸的材料。这是聚合物通过拉伸能够生产纺丝纤维和拉幅薄膜等制品的原因。聚合物通过拉伸作用可以产生力学各向异性,从而可以根据需要使材料在某一特定方向(即取向方向)具有比别的方向更高的强度。

聚合物的可延性取决于材料产生塑性形变的能力和应变硬化作用。形变能力与固体聚合物所处的温度有关,在$T_g \sim T_m$(或T_f)温度区间聚合物分子在一定拉应力作用下能产生塑性流动,以满足拉伸过程材料截面尺寸减小的要求。对半结晶聚合物拉伸在稍低于T_m以下的温度进行,非晶聚合物则在接近T_g的温度进行。适当地升高温度,材料的可延伸性能进一步提高,拉伸比可以更大,甚至一些延伸性较差的聚合物也能进行拉伸。通常把在室温至T_g附近的拉伸称为"冷拉伸",在T_g以上的拉伸称为"热拉伸"。当拉伸过程聚合物发生"应变硬化"后,它将限制分子的流动,从而阻止拉伸比的进一步提高。可延性的测定常在小型牵伸试验机中进行。

1.2 聚合物加工过程中的黏弹行为

聚合物在加工过程中通常是从固体变为流体(熔融和流动),再从流体变为固体(冷却

1.2.1 聚合物的黏弹性形变与加工条件的关系

按照经典的黏弹性理论,加工过程线型聚合物的总形变 γ 可以看成是由普弹形变 γ_E、推迟高弹形变 γ_H 和黏性形变 γ_V 3 部分组成,可表示为

$$\gamma = \gamma_E + \gamma_H + \gamma_V = \frac{\sigma}{E_1} + \frac{\sigma}{E_2}(1 - e^{-\frac{E_2}{\eta_2}t}) + \frac{\sigma}{\eta_3}t \tag{1.2}$$

式中 σ——作用外力;

t——外力作用时间;

E_1, E_2——聚合物的普弹形变模量和推迟高弹形变模量;

η_2, η_3——聚合物推迟高弹形变和黏性形变时的黏度。

上述 3 种形变的性质可以从聚合物在外力作用下的形变-时间曲线(图 1.4)看出。

在时间为 t_1 时,聚合物受到外力作用产生的普弹形变如图 1.4 中 ab 线段所示,γ_E 值很小,当外力于时间 t_2 解除时,普弹形变也就立刻恢复(图 1.4 中 cd 线段)。它是外力使聚合物大分子键长和键角或聚合物晶体中处于平衡状态的粒子间发生形变和位移所引起。推迟高弹形变是外力较长时间作用于聚合物时,由处于无规热运动的大分子链段形变和位移(构象改变)所贡献,形变值大,具有可逆性,它使聚合物表现出特有的高弹性。黏性形变则是聚合物

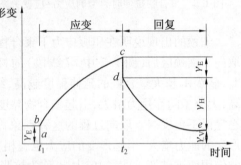

图 1.4 聚合物在外力作用下的形变-时间曲线

在外力作用下沿力作用方向发生的大分子链之间的解缠和相对滑移,表现为宏观流动,形变值大,具有不可逆性。在外力作用时间 t 内($t = t_2 - t_1$),高弹形变和黏性形变如图 1.4 中 bc 线段所示,外力于时间 t_2 解除后,经过一定时间推迟高弹形变 γ_H 完全恢复(图 1.4 中 de 线段),而黏性形变 γ_V 则作为永久形变存留于聚合物中。

在通常的加工条件下,聚合物形变主要由推迟高弹形变和黏性形变(或塑性形变)所组成。从形变性质来看包括可逆形变和不可逆形变两种成分,只是由于加工条件不同而存在两种成分的相对差异。随着温度的升高,式(1.2)中 η_2 和 η_3 都降低,γ_H 和 γ_V 形变值都增加,但 γ_V 随着温度的升高成比例地增大,而 γ_H 随着温度的升高其增大的趋势逐渐减小。当加工温度高于 T_f(或 T_m)以致聚合物处于黏流态时,聚合物的形变发展则以黏性形变为主。此时,聚合物黏度低流动性大,易于成型;同时由于黏性形变的不可逆性,提高了制品的长期使用过程中的因次稳定性(形状和几何尺寸稳定性的总称),所以很多加工技术都是在聚合物的黏流状态下实现的,例如注射、挤出、薄膜吹塑和熔融纺丝等。但黏流态聚合物的形变并不是纯黏性的,也表现出一定程度的弹性,例如流动中大分子因伸展而储藏了弹性能,当引起流动的外力消除后,伸展的大分子恢复蜷曲的过程就产生了高弹形变,它会使熔体流出管口时出现液流膨胀,严重时还引起熔体破裂现象。这种弹性能如果储存于制品中,还会引起

制品的形状或尺寸的改变。降低制品的因次稳定性,有时还使制品出现内应力。因此即使在黏流态条件下加工聚合物,也应注意这种弹性效应的影响。

加工温度降低到 T_f 以下时,聚合物转变为高弹态,随温度降低,聚合物形变组成中的弹性成分增大。黏性成分减小,由于有效形变值减小,通常较少地在这一范围成型制品。但从式(1.2)中可看出,增大外力 σ 或延长外力作用时间 t,γ_v 能迅速增加,可见在这样的条件下可逆形变能部分地转变为不可逆形变。聚合物在 $T_g \sim T_f$ 内以较大的外力和较长时间作用下产生的不可逆形变常称为塑性形变,其实质是高弹态条件下大分子的强制性流动,增大外力相当于降低了聚合物的流动温度 T_f,迫使大分子间产生解缠和滑移,因而塑性形变和黏性形变有相似的性质,但习惯上认为前者发生于聚合物固体,后者发生于聚合物流体。因此在 $T_g \sim T_f$ 之间使聚合物产生塑性形变也是一种重要的加工技术。一些不希望材料有很大流动的加工技术,如中空容器的吹塑、真空成型、压力成型以及纺丝纤维或薄膜的热拉伸等就是以适当的外力相配合使聚合物在 $T_g \sim T_f$ 内成型的。可见在 $T_g \sim T_f$(或 T_m)之间,聚合物的形变主要表现为弹性的形变,但也表现出黏性的性质,调整应力和应力作用时间,并配合适当的温度就能使材料的形变由弹性向塑性转变。但当温度升高到 T_f(或 T_m)以上时,分子热运动加剧也会使塑性形变弹性回复,从而使制品收缩。例如收缩性包装薄膜就是在 T_g 以上适当温度加热预先经过塑性拉伸而含有可逆形变的薄膜,使其产生弹性回复作用而达到密封包装的目的;此外,丙烯腈(腈纶)膨体纤维也是在 T_g 以上温度加热并进行二次拉伸,然后骤冷保持了可逆性形变的纤维,使其产生不同程度的收缩而制成的。

1.2.2 黏弹性形变的滞后效应

聚合物在加工过程中的形变都是在外力和温度的共同作用下,大分子形变和进行重排的结果。由于聚合物大分子的长链结构和大分子运动的逐步性质,聚合物分子在外力作用时与应力相适应的任何形变都不可能在瞬间完成。通常将聚合物于一定温度下,从受外力作用开始,大分子的形变经过一系列的中间状态过渡到与外力相适应的平衡态的过程看成是一个松弛过程。过程所需的时间称为松弛时间。所以式(1.2)又可表示为

$$\gamma = \frac{\sigma}{E_1} + \frac{\sigma}{E_2}(1 - e^{-\frac{t}{t^*}}) + \frac{\sigma}{\eta_3}t \tag{1.3}$$

式中 t^*——推迟高弹形变松弛时间,$t^* = \eta_2/E_2$,其数值为应力松弛到最初应力值 $1/e$(即 36.79%)所需的时间。

聚合物大分子松弛过程的速度(即松弛时间)与分子间相互作用能和热运动能的比值有关。提高温度则热运动能增加,分子间作用能减小,大分子改变构象和重排的速度加快,松弛过程缩短;反之,温度降低则延缓松弛速度,增长松弛时间。所以,温度对聚合物的松弛过程有很大影响。聚合物成型加工正是利用松弛过程对温度的这种依赖性,辅以适当外力使聚合物在较高的温度下能以较快的速度、在较短的时间内经过形变并形成所需形状的制品。

由于松弛过程的存在,材料的形变必然落后于应力的变化,聚合物对外力响应的这种滞后现象称为"滞后效应"或"弹性滞后"。

滞后效应在聚合物加工成型过程中是普遍存在的,例如塑料注射成型制品的变形和收缩。当注射制件脱模时大分子的形变并非已经停止,在储存和使用过程中,制件中大分子的

进一步形变能使制件变形。制品收缩的原因主要是熔体成型时骤冷,使大分子堆积得较松散(即存在"自由体积")的缘故。在储存或使用过程中,大分子的重排运动的发展,使堆积逐渐紧密以致密度增加、体积收缩。能结晶的聚合物则因逐渐形成结晶结构而使成型制品体积收缩。制品体积收缩的程度是随冷却速度增大而变得严重的,所以加工过程中急冷(骤冷)对制件的质量通常是不利的。无论是变形或是体积收缩,都将降低制品的因次稳定性;严重的变形或收缩不匀还会在制品中形成内应力,甚至引起制品开裂;同时降低制品的综合性能。

在 $T_g \sim T_f$ 内对成型制品进行热处理,可以缩短大分子形变的松弛时间,加速结晶聚合物的结晶速度,使制品的形状能较快地稳定下来。某些制品在热处理过程辅以溶胀作用(在水或溶剂中热处理或将制品置于溶剂蒸气中热处理,更能缩短松弛时间),例如在纤维拉伸定型的热处理中,若吹入瞬时水蒸气,有利于较快地消除纤维中的内应力,提高纤维使用的稳定性。通过热处理不仅可以使制品中内应力降低,还能改善聚合物的物理机械性能,这对于那些链段刚性较大、成型过程中容易冻结内应力的聚合物如聚碳酸酯、聚苯醚、聚苯乙烯等有很重要的意义。

第 2 章 聚合物的流变性质与加工

流动是加工的基础,聚合物流体的流动不是纯黏性流动,因此使其加工也具有特殊性。

2.1 聚合物流体的非牛顿剪切黏性

聚合物流体可以是处于黏流温度 T_f 或熔点 T_m 以上的熔融状聚合物(即熔体),也可以是在不高的温度下仍保持为流动液体的聚合物溶液或悬浮体(即分散体)。这些流体形式在聚合物加工过程中都有广泛的应用。但聚合物熔体的应用在大多数塑料、橡胶和某些纤维的加工成型中占有更重要的地位。因此,有关聚合物流体流动行为的讨论将以熔体的形式为主,在适当地方再结合溶液或悬浮体的流动行为加以比较。

加工过程中聚合物的流变性质主要表现为黏度的变化,所以聚合物流体的黏度及其变化是聚合物加工过程中最为重要的参数。根据流动过程聚合物黏度与应力或应变速率的关系,可以将聚合物的流动行为分为两大类:牛顿流体,其流动行为称为牛顿型流动;非牛顿流体,其流动行为称为非牛顿型流动。

2.1.1 聚合物流体的流动行为

聚合物流体的流动行为可用黏度表征。黏度不仅与温度有关,而且与剪切速率有关,在剪切速率不大的范围内,流体剪切应力 σ_{12} 与剪切速率 $\dot{\gamma}$ 之间呈线性关系并服从牛顿定律,即

$$\sigma_{12} = \eta \dot{\gamma} \tag{2.1}$$

式中 η——牛顿黏度,Pa·S。

黏度是流体本身所固有的性质,其大小表征抵抗外力所引起的流体变形的能力。一般将遵循牛顿黏性定律的流体称为牛顿流体(Newtonian fluid)。聚合物流体在加工过程中的剪切速率范围内的流动大多不是牛顿流动,其剪切应力(shear stress)与剪切速率(shear rate)之间不呈线性关系,其黏度随剪切速率而变,不符合牛顿定律,这类流体称为非牛顿流体(non-Newtonian fluid)。

有多种描述非牛顿流体流动的关系式,用得最多的是幂律定律,即

$$\sigma_{12} = K \dot{\gamma}^n \tag{2.2}$$

式中 K——黏度系数,Pa·s;

$n = \dfrac{\mathrm{d}\ln \sigma_{12}}{\mathrm{d}\ln \dot{\gamma}}$——非牛顿指数,用来表征流体偏离牛顿型流动的程度。n 值偏离整数 1 越远,非牛顿性越强。

将式(2.2)与式(2.1)对比,可以将式(2.2)变为

$$\sigma_{12} = K \cdot \dot{\gamma}^{n-1} \dot{\gamma} \tag{2.3}$$

令

$$\eta_a = \frac{\sigma_{12}}{\dot{\gamma}} = K \cdot \dot{\gamma}^{n-1}$$

则有

$$\sigma_{12} = \eta_a \dot{\gamma} \tag{2.4}$$

式中 η_a——表观黏度(apparent viscosity), Pa·s。

显然,在给定温度和压力条件下,η_a 不是常数,它与剪切速率有关。当 $n<1$ 时,η_a 随 $\dot{\gamma}$ 增大而减小,这种流体一般称为假塑性流体或切力变稀流体(shear-thinning),大部分聚合物熔体或其浓溶液在一定 $\dot{\gamma}$ 内属于这种流体;当 $n>1$ 时,表观黏度 η_a 随 $\dot{\gamma}$ 的增大而增大,这种流体称为胀流性(dilatant)流体或切力增稠流体(shear-thickening),少数聚合物溶液(如聚甲基丙烯酸甲酯的戊醇液)、一些固体含量高的聚合物分散体系(如聚氯乙烯糊)和碳酸钙填充的聚合物熔体属于这种流体。当 $n=1$ 时,式(2.2)与式(2.1)相同,此时流体具有牛顿行为,其黏度与剪切速率无关。η_a 就是牛顿黏度 η。

此外还有一种流体,必须克服某一临界剪切应力 σ_y,才能使其产生流动,流动产生之后,剪切应力随剪切速率线性增加,其流动方程为

$$\sigma = \sigma_y + \eta_p \dot{\gamma} \quad \sigma_{12} > \sigma_y \tag{2.5}$$

式中 η_p——宾汉(Bingham)黏度;
σ_y——屈服应力.

在屈服应力以下流体不流动,此类流体称为宾汉流体。牙膏、油漆是典型宾汉流体。某些高分子填充体系如炭黑混炼橡胶、碳酸钙填充聚乙烯、碳酸钙填充聚丙烯等也属于或近似属于宾汉流体。

有些宾汉性体开始流动后,并不遵循牛顿黏度定律,其剪切黏度随剪切速率发生变化,这类材料称为非线性宾汉流体。遵从幂律定律,公式为

$$\sigma = \sigma_y + K \dot{\gamma}^n \tag{2.6}$$

则称这类材料为谢尔-布尔克利(Herschel-Bulkley)流体。图 2.1 是各种流体的流动曲线。

2.1.2 聚合物流体的流动曲线

表征聚合物流体的剪切应力 σ_{12} 与剪切速率 $\dot{\gamma}$ 关系的曲线称为流动曲线。研究聚合物流体在宽广的剪切速率范围内的流动曲线(图2.2)可以发现,在不同的剪切速率范围内,黏度对剪切速率的依赖关系是不同的。聚合物流体是非牛顿型的,但非牛顿流动现象只是在某一特定 $\dot{\gamma}$ 范围内呈现。

当剪切速率 $\dot{\gamma} \to 0$ 时,非牛顿指数 $n=1$,σ_{12} 与 $\dot{\gamma}$ 呈线性关系,表观黏度 η_a 与剪切速率 $\dot{\gamma}$ 无关,流体流动性质与牛顿型流体相仿,黏度趋于常数称为零切黏度 η_0。这一区域为线性流动区,称第一牛顿区。零切黏度 η_0 是一个重要材料常数,与材料的平均相对分子质量、黏流活化能相关,是材料最大松弛时间的反映。当剪切速率 $\dot{\gamma}$ 超过某一个临界剪切速率 $\dot{\gamma}_c$ 后,

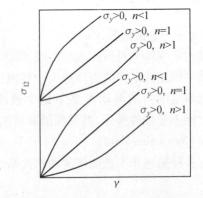

图 2.1 各种流体的流动曲线

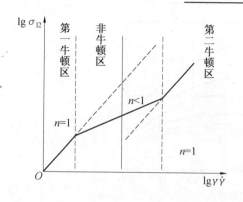 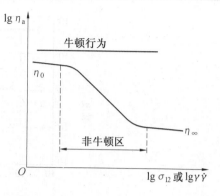

图 2.2 切力变稀流体的流动曲线

材料流动性质出现非牛顿性，表观黏度 η_a 的变化有两种情况：一是表观黏度 η_a 随 $\dot{\gamma}_c$ 的增加而下降，呈现"切力变稀"现象；二是表观黏度 η_a 随 $\dot{\gamma}_c$ 的增加而增大，呈现"切力增稠"现象，相应的 $\dot{\gamma}_c$ 区间称为非牛顿区。继续提高剪切速率即 $\dot{\gamma}_c \to \infty$ 时，流体又表现为牛顿流动，相应的黏度称为极限牛顿黏度 $\dot{\gamma}_\infty$，此时流动进入第二牛顿区，一般这一区域很难达到。

聚合物流体在非牛顿区的流动行为对其加工有特别的意义。因为大多数聚合物的成型都是在这一剪切速率范围内进行的。流体的非牛顿指数 n（$\lg \sigma_{12}$ 与 $\lg \dot{\gamma}$ 曲线的斜率 $d\lg \sigma_{12}/d\lg \dot{\gamma}$）越小，表观黏度 η_a 随着 $\dot{\gamma}$ 的增大下降越多。刚性大分子或分子对称性较大的聚合物流体的 n 值较小，"切力变稀"现象较显著。n 值还具有温度、相对分子质量、剪切速率依赖性，只是在较窄的温度范围内才保持常数，不同聚合物的 n 值不同，说明聚合物熔体的表观黏度对剪切速率依赖性的敏感程度不同。

除了在稳态流动下测定流体的黏度外，近年来研究者对聚合物流变性的研究多集中在对其动态流变性的研究，其特点是在交变应力的作用下研究聚合物流体的力学响应规律。研究聚合物动态流变性的重要性在于可以同时获得有关聚合物黏性行为和弹性行为的信息；容易实现在很宽频率范围内的测试，了解在很宽频率范围内聚合物的性质；聚合物的动态黏弹性与稳态黏弹性之间有一定的对应关系，通过测试可知两者之间的关系。

2.1.3 流动曲线对聚合物加工的指导意义

1. 判断聚合物流体质量是否正常

流动曲线在较宽广的剪切速率范围内描述了聚合物的剪切黏性。这种剪切黏性是其内在结构的反映，当流体内聚合物的链结构、相对分子质量、相对分子质量分布以及链间的结构化程度发生变化时，流动曲线相应发生变化，因此流动曲线可以作为衡量聚合物流体质量是否正常的依据，也可以作为判断聚合物质量波动程度的依据，它所提供的信息比零切黏度要丰富得多。

如当聚合物相对分子质量分布相似时，流动曲线随平均相对分子质量的增大而上移（图 2.3 和图 2.4）。此时 η_0 增大，相同 $\dot{\gamma}$ 下的 η_a 也增大。而开始呈现切力变稀，临界剪切速率 $\dot{\gamma}$ 则向低值移动。

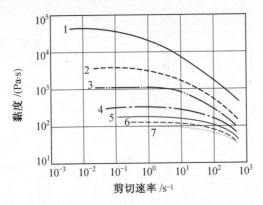

图 2.3 相对分子质量对聚丙烯(230 ℃)流动曲线的影响

1—$M_0(M_w=766×10^3)$; 2—$M_1(M_w=753×10^3)$; 3—$M_2(M_w=318×10^3)$; 4—$M_3(M_w=231×10^3)$;
5—$M_4(M_w=181×10^3)$; 6—$M_5(M_w=157×10^3)$; 7—$M_6(M_w=135×10^3)$

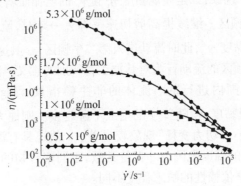

图 2.4 PAMM 相对分子质量对溶液流动曲线的影响

($\bar{M}_w/\bar{M}_n=2.5, T=25$ ℃)

2. 提供特定流动条件下的表观黏度

聚合物流体在不同加工方法中有不同的剪切速率,各种加工方法中的剪切速率范围见表 2.1。同一加工方法中流体在不同设备中的流动速度也有很大差异,聚酰胺 6 纺丝熔体流经不同设备时的剪切速率范围见表 2.2。在处理工艺及工程问题时,需要了解聚合物流体在特定的流动条件下的表观黏度,而流动曲线可以提供这方面的数据。

表 2.1 各种加工方法中的剪切速率范围

加工方法	剪切速率/s^{-1}	加工方法	剪切速率/s^{-1}
模压	1 ~ 10	压延	$5×10^1 ~ 5×10^2$
开炼	$5×10^1 ~ 5×10^2$	纺丝	$10^2 ~ 10^5$
密炼	$5×10^2 ~ 5×10^3$	注塑	$10^3 ~ 10^5$
挤出	$10^1 ~ 10^3$	涂覆	$10^2 ~ 10^3$

表 2.2 聚酰胺 6 纺丝熔体流经不同设备时的剪切速率范围

设备或部件名称	剪切速率范围/s^{-1}	设备或部件名称	剪切速率范围/s^{-1}
VK 管	$10^{-3} \sim 10^{-2}$	喷丝板孔道	$10^2 \sim 10^4$
分配管	$10^{-2} \sim 10^{-1}$	纺丝泵	$10^4 \sim 10^5$

3. 调整工艺参数

升高温度使流动曲线下移,并使 $\dot{\gamma}_c$ 增大。加工时可根据流动曲线选择最佳的加工成型条件。如某丙纶地毯厂使用了熔融指数相同的 A,B 两种聚丙烯原料([Ml] = 15)。当纺丝温度为 250 ℃时,A 类纺丝正常,B 类则有飘丝甚至"落雨"等现象。熔体黏度较低而不能正常生产,因为熔融指数通常是低剪切速率下($\dot{\gamma} = 3 \times 10$ s^{-1})测定的,而熔体流经喷丝孔的剪切速率较高($\dot{\gamma}_c = 3 \times 10^3$ s^{-1}),因此应先测定 A,B 两种聚合物的流动曲线,然后找出该 $\dot{\gamma}$ 值对应的熔体黏度。两种 PP 熔体黏度与温度和剪切速率的关系见表 2.3

表 2.3 两种 PP 熔体黏度与温度和剪切速率的关系

$\dot{\gamma}/\text{s}^{-1}$		3×10				3×10^3		
温度/℃		230	240	250	260	230	240	250	260
黏度/(Pa·s)	A	478.6	426.5	380.1	346.7	42.5	38.9	37.1	33.9
	B	501.1	436.5	389.0	358.9	38.9	37.1	33.9	31.5

由表 2.3 可见,在低 $\dot{\gamma}$ 时,B 比 A 的黏度高;但在高 $\dot{\gamma}$ 时,B 却比 A 的黏度低。这是因为 B 的非牛顿性更强,其 n 值较小。$\dot{\gamma} = 3 \times 10^3$ s^{-1} 时,A 在纺丝温度为 240 ℃和 250 ℃时的黏度分别为 38.7 Pa·s 和 37.1 Pa·s。这恰恰等于 B 在 230 ℃和 240 ℃时的黏度,即 B 的最佳纺丝温度比 A 低 10 ℃左右。这一结论与生产实际完全相符。由此可见,当已知某切片的最佳成型温度和 $\dot{\gamma}$ 时,即可用流动曲线查出熔体黏度,然后将已知 $\dot{\gamma}$ 和查出的 η_a 用于另一种聚合物的流动曲线上,即可找出另一种聚合物的最佳成型温度,这在生产上是非常有用的。

影响聚合物流体剪切黏性的因素很多,但都可以归结为以下两个因素。一方面,在给定剪切速率下,聚合物流体的表观黏度主要由聚合物流体内的自由体积和大分子链之间的缠结决定。自由体积是聚合物中未被分子占领的空隙,它是大分子链段进行扩散运动的场所。凡会引起自由体积增加的因素都能增强分子的运动,并导致聚合物流体黏度的降低。另一方面,大分子之间的缠结使得分子链的运动变得非常困难,凡能减少这种缠结作用的因素,都能加速分子运动并导致聚合物熔体黏度降低。各种环境因素如温度、应力、剪切速率、低分子物质以及聚合物自身的相对分子质量、支链结构对黏度的影响都可以用这两个因素解释。

2.2 聚合物流体的拉伸黏性

聚合物流体的拉伸流动(elongational flow)是聚合物加工中的另一种流动方式,如在纤维成型加工中熔体或溶液细流的拉伸、熔膜从平直口模挤出后的单轴拉伸、管状膜变成

"泡"膜的双轴拉伸、在吹塑成型加工中型坯形成封闭中空制品的多轴拉伸及收缩流道中的流动等。常见的拉伸流动包括以下几种类型。

(1) 简单拉伸流动。这种拉伸流动是由在长度方向上均匀拉伸矩形棒引起的。圆形截面细丝的拉伸可用简单拉伸流动处理。

(2) 平面拉伸流动(纯剪切流动)。这种流动是由在一个方向上均匀拉伸薄膜造成的,使薄膜厚度减小,但薄膜其他尺寸不变。

(3) 双轴拉伸流动。这种流动是由等比例拉伸薄膜引起的,使厚度减小。

拉伸黏度(extensional viscosity, stretch viscosity)用来表示流体对拉伸流动的阻力。在稳态简单拉伸流动中拉伸黏度 η_e 可表示为

$$\eta_e = \frac{\sigma_{11}}{\dot{\varepsilon}} \tag{2.7}$$

式中 σ_{11} ——聚合物横截面上的拉伸应力或法向应力,Pa;

$\dot{\varepsilon}$ ——拉伸应变速率,s^{-1}。$\dot{\varepsilon}$ 可表示为

$$\dot{\varepsilon} = \frac{d\varepsilon}{dt} = \frac{dl}{Ldt} \tag{2.8}$$

式中 l ——聚合物轴向长度,m。

在低拉伸应变速率下,聚合物流体为牛顿流体,其拉伸黏度不随 $\dot{\varepsilon}$ 而变化,此时的黏度又称特鲁顿(Trouton)黏度 η_T。特鲁顿黏度 η_T 与零切黏度 η_0 的关系与拉伸方式有关,即

$$\begin{cases} \eta_T = 3\eta_0 & (对单轴拉伸) \\ \eta_T = 6\eta_0 & (对双轴拉伸) \end{cases} \tag{2.9}$$

2.3 聚合物流体的弹性

聚合物流体是一种典型的黏弹性流体,也称为黏弹体。前面已经讨论了聚合物流体的非牛顿剪切黏性和拉伸黏性。尽管由于实验手段和理论认识的局限,人们对于聚合物流体的弹性行为的认识不如黏性行为那样系统、深入,然而在实践中人们充分认识到,聚合物流体在流动中表现出的众多弹性效应不仅对其加工行为,而且对最终制品的外观和性能都有重要的影响。

聚合物流体弹性有许多表现,如液流的弹性回缩、聚合物流体的蠕变松弛、孔口胀大效应(也称挤出胀大效应或 Barus 效应)、"爬杆"效应(也称 Weissenberg 效应)、剩余压力现象、孔道的虚构长度(端末效应)、无管虹吸现象(也称开口虹吸现象)。

聚合物流体在加工流动中所经历的是较大的黏弹形变,其弹性部分的应力-应变关系已不符合虎克(Hooke)定律所表示的简单线性关系。在大黏弹形变下,其应力状态比小形变更复杂,除了剪切应力分量外,还需附加非各向同性的法向应力分量,使黏弹流体在剪切流动中表现出法向应力差。因此,法向应力差是黏弹性流体在剪切流动中的弹性表现,是一种非线性力学响应。这种响应为大多数低分子单相液体(其流行为基本上属于牛顿流体类型)所不具备的,也是经典流体力学没有考虑的,它导致了一系列从经典流体力学观点来看属于反常的流动现象,即上述的种种弹性表现。

从热力学的角度来看,聚合物的弹性大形变与虎克弹性的小形变之间的差别主要在于

产生两种弹性的分子机理不同。虎克弹性基于组成材料的分子或原子之间平衡位置的偏离,这部分形变与内能变化相联系。聚合物的弹性大形变主要是熵的贡献。大分子在应力作用下构象熵减小,外力解除后,大分子会自动恢复至熵的最大平衡构象上来,因而表现出弹性恢复。聚合物流体的弹性,其本质是一种熵弹性。

实验结果和工业生产实践表明,几乎所有的聚合物流体都表现出法向效应,因此有人推测,聚合物的弹性对加工的稳定性有重大影响。弹性过大不利于加工的稳定,如在纺制异形纤维时,往往因挤出胀大而使预期断面形状难以获得。剪切速率过高时的熔体破裂会更严重地影响聚合物成型的稳定性和制品的质量。

影响聚合物流体弹性的因素基本上可以分为两类:一是聚合物的分子参数,二是加工条件。聚合物的分子参数包括相对分子质量、相对分子质量分布、长链分支程度、链的刚柔性等。加工条件包括热力学参数(主要是温度和原液组成)、运动学参数及流动的几何条件等。

2.4 聚合物流体在管道中的流动及弹性行为

尽管在聚合物成型加工过程中,所使用的设备模具种类繁多、形式各异,但都是圆形和狭缝形通道两种情况,复杂的形状流道都可视为这两种基本情况的组合。

由于聚合物流体流动时存在内部黏滞阻力和管道壁的摩擦阻力,这将使流动过程中出现明显的压力降和速度分布的变化,管道的截面形状和尺寸若有改变,也会引起流体中的压力、流速分布和体积流率(单位时间内的体积流量)的变化,所有这些变化,对成型设备需提供的功率和生产效率及聚合物的成型工艺性能等都会产生不可忽视的影响。

2.4.1 聚合物流体在圆形导管中的流动

圆形通道在注射模具和挤出模具中最为常见。圆形通道可分为等截面的圆管通道和圆锥形通道,如注射机中的喷嘴、模具的浇口或流道、挤出机的机头通道或口模等。由于大多数聚合物流体的黏度很高,服从幂律函数,通常情况下在圆形通道中的流动为稳定状态下的层流流体,为简化分析及计算过程,可以做以下假设:①流体为不可压缩的;②流体的流动是等温过程;③流体在圆形管道壁面不产生滑动,即壁面速度等于零;④流体的黏度不随时间而变化,且其他性质也不变。

如图 2.5 所示,如果聚合物流体在半径为 R 的等截面圆管中的流动符合上述假设条件,取距离管中心为 r,长为 L 的流体圆柱单元,当其在压力梯度($\Delta p/L$)的推动下移动时,将受到相邻液层阻止其移动的摩擦力作用,在达到稳态层流后,作用在圆柱单元上的推动力和阻力必处于平衡状态,即

$$\Delta p(\pi r^2) = \tau(2\pi rL) \qquad (2.10)$$

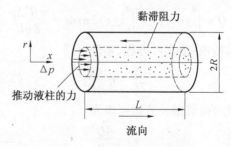

图 2.5 单元液柱力的平衡

式中 Δp——圆管两端的压力降;

L——液柱长度;

r —— 液柱离管中心的距离；
τ —— 剪切应力。

从式(2.10)得到剪切应力的分布式为

$$\tau = \frac{r\Delta p}{2L} \tag{2.11}$$

从式(2.11)可以看到，在一定应力梯度 $\Delta p/L$ 下，剪切应力 τ 与离开轴线的距离 r（半径）成正比，与流体的性质无关。从而得到流体在管壁处剪切应力最大，为 $\tau_R = \frac{R\Delta p}{2L}$，而在中心处为零，其关系如图2.6所示。不同流体的流速分布如下。

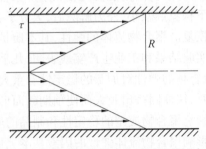

图2.6 圆管中聚合物流体受到的剪切应力

1. 牛顿流体

对于牛顿流体，剪切应力与剪切速率呈直线关系，即 $\frac{\tau}{\dot\gamma} = \eta$，其比例常数 η 为牛顿黏度。

剪切速率为流体速度沿半径方向的变化速率（速度梯度），把剪切应力关系式(2.11)代入，得

$$\dot\gamma = -\frac{dv}{dr} = \frac{\tau_r}{\eta} = \frac{r\Delta p}{2\eta L} \tag{2.12}$$

积分，得

$$v = \int_0^v dv = -\frac{\Delta p}{2\eta L}\int_R^r r dv \tag{2.13}$$

由此得到圆管中的层流流动的速度分布 v_r 为

$$v_r = \frac{-\Delta p}{4\eta L}(R^2 - r^2) \tag{2.14}$$

式中 v_r —— 圆管中聚合物流体在半径方向的速度；
R —— 管子的半径。

该速度的分布为一抛物线，如图2.7所示。流体在管中的速度最大，而在管壁处为零。

将式(2.14)对 r 做圆管整个截面积 s 的积分，得到单位时间内体积流量 Q 为

$$Q = \int_0^R v(r)ds = \int_0^R v(r)2\pi r dr = \frac{\pi R^4 \Delta p}{8\eta L}$$

此即哈根-泊肃叶方程，整理可得

$$\frac{R\Delta p}{2L} = \eta \frac{4Q}{\pi R^3} \tag{2.15}$$

由此可得管壁处剪切速率为

$$\dot\gamma_R = \frac{4Q}{\pi R^3} \tag{2.16}$$

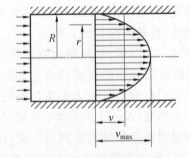

图2.7 牛顿型流体在圆管中的速度分布

2. 非牛顿流体

同牛顿流体相同的推导,非牛顿流体的剪切应力与剪切速率是非直线关系,即

$$\tau = -K \dot{\gamma}^n = -K \left(\frac{dv}{dr}\right)^n \tag{2.17}$$

同理可得聚合物流体在圆管中任意半径处速度分布 v_r 为

$$v_r = \frac{n}{n+1} \cdot \left(\frac{\Delta p}{2KL}\right)^{\frac{1}{n}} \cdot \left(R^{\frac{n+1}{n}} - r^{\frac{n+1}{n}}\right) \tag{2.18}$$

由式(2.18)可以看出,聚合物流体在圆管中速度分布与流动指数有关,在中心处流速最大,管壁处为零。取不同的 l 值,可以得到不同流体在圆管中流动的速度分布曲线,如图2.8所示。

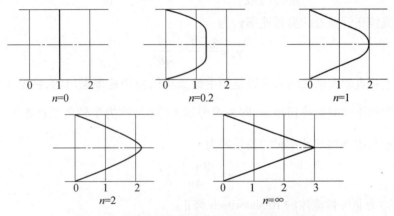

图 2.8 不同流体在圆管中流动的速度分布曲线

从图2.8可以看出,$n=1$ 时为牛顿流体,其流动的速度分布曲线为抛物线型;对于膨胀性流体 $n>1$ 时,速度分布曲线变得较为陡峭突起,n 值越大,越接近于锥形。而假塑性流体 $n<1$ 时,分布曲线较抛物线平坦,n 值越小,管中心部分的速度分布越平直,曲线形状类似于柱塞,故而此种流动称为柱塞流动,其流动为塞流。

柱塞流动,聚合物熔体受到的剪切作用很小,因此均化作用差,所得制品性能低,对多组分物料加工尤为不利,比较典型的柱塞流动如PVC和PP,必须通过螺杆甚至双螺杆挤出,方能达到满意的效果。如果是抛物线型流动,例如PE,不仅能使流体受到较大的剪切作用,而且在液体进入小管处有旋涡流存在,增大了扰动,提高了混合均匀程度。圆形管中流动的抛物线流动速度分布如图2.9所示。

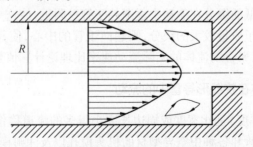

图 2.9 圆形管中流动的抛物线流动速度分布

利用速度分布,与牛顿流体推导同样的道理,可以推出聚合物流体的体积流率为

$$Q = \frac{\pi n}{3n+1} \left(\frac{\Delta P}{2KL}\right)^{\frac{1}{n}} R^{\frac{3n+1}{n}} \tag{2.19}$$

将式(2.19)两边取对数,可以得到测定流变特性参数 n,K 的关系式为

$$\ln Q = \frac{1}{n}\ln \Delta p + \ln\left[\frac{\pi n}{3n+1}\left(\frac{1}{2KL}\right)^{\frac{1}{n}} R^{\frac{3n+1}{n}}\right] \tag{2.20}$$

当用毛细管黏度计测定流变特性参数时,已知几何尺寸,式(2.20)右边项为常数,通过改变压力降测得不同的体积流量,取对数作图得一直线,斜率即为 $1/n$,可求出 n,再代入式(2.20)求出黏度系数 K。

将体积流率关系式 $Q = \frac{\pi n}{3n+1}\left(\frac{\Delta p}{2KL}\right)^{\frac{1}{n}} R^{\frac{3n+1}{n}}$ 与 $\tau = K\dot{\gamma}^n = K\left(\frac{dv}{dr}\right)^n$ 比较得剪切速率关系式。

非牛顿流体在管壁处的剪切速率 $\dot{\gamma}_w$ 为

$$\dot{\gamma}_w = \frac{3n+1}{n} \cdot \frac{Q}{\pi R^3} \tag{2.21}$$

在资料上所查的流动曲线大多数是用牛顿流体的剪切速率做出的,将非牛顿流体的剪切速率看作牛顿流体时的剪切速率,即表观剪切速率(又称为牛顿剪切速率),$\dot{\gamma}' = \frac{4Q}{\pi R^3}$,真实剪切速率 $\dot{\gamma}$ 与表观剪切速率 $\dot{\gamma}'$ 的关系式为

$$\dot{\gamma} = \left(\frac{3n+1}{4n}\right)\dot{\gamma}' \tag{2.22}$$

式(2.22)为非牛顿流体的 Rabinowitsch 修正。

同样也可以用黏度系数 K 来修正,引入一个表观流动常数 K',与 K 的关系式为

$$K = \left(\frac{3n+1}{4n}\right)K' \tag{2.33}$$

在工程上,处理非牛顿流体时,就可以先作为牛顿流体看待,然后再进行修正,使结果更真实。

通过以上关系式可以看到,聚合物流体受到的剪切应力与流体流动的形式无关,剪切应力呈线性分布在圆管半径方向,而且剪切应力和剪切速率最大都集中在管壁上。流体流速以及流量随管子半径的增加而增加,而随流体的黏度和管子长度的增加而减小。

在分析过程中曾假定在管壁的流速为零,但实际上聚合物流体在管壁上可能会出现滑移现象。主要是由于聚合物流体在管内流动过程中,还伴随有聚合物相对分子质量的分级效应。相对分子质量较低的级分在流动中逐渐趋于管壁附近,使这一区域流体黏度降低,流速进一步增加。相对分子质量较大的级分,则趋向于管的中心,使其流体黏度增加,流速减缓。由于上述两种原因,聚合物流体的实际流动速率比理论计算值要大。

2.4.2 聚合物流体在狭缝形导管中的流动

通常将高度(或称厚度)远比宽度或周边长度小得多的流道称作狭缝通道,如用挤出机挤膜、挤板、挤出薄壁圆管和各种中空异型材的机头模孔以及注射模具的片状浇口等。

常见狭缝通道的截面形状有平缝形(也称狭缝形)、圆环形和各种异形 3 种。狭缝形导管如图 2.10 所示。

以狭缝形导管为例，如果狭缝的宽度形大于狭缝厚度 h 的 20 倍，就可以忽略狭缝流道两个侧壁对流体流动的影响。流体在沿狭缝形截面宽度上的流速中心线上各点最大，在上下两壁处为零。

同流体在圆管中的流动相同的推导过程相似，如图 2.11 所示，在长度为 L 的一段上存在的压力差为 $\Delta p = p - p_0$，如果压力梯度（$\Delta p/L$）产生的推动力足以克服内外摩擦阻力，流体即可由高压端向低压端流动。在狭缝高度方向的中平面上、下对称地取一宽为 W，长为 $\mathrm{d}l$，高为 $2h$ 的长方体液柱单元。

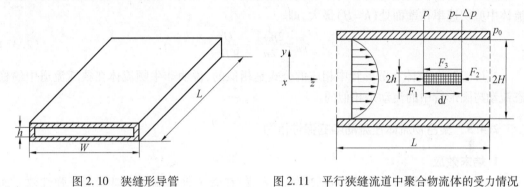

图 2.10 狭缝形导管　　图 2.11 平行狭缝流道中聚合物流体的受力情况

那么液柱单元受到的推动力 F_1 为

$$F_1 = 2Wh\Delta p \tag{2.24}$$

式中　F_1——推动力；
　　　W——液柱宽度；
　　　$2h$——液柱高度；
　　　Δp——压力差。

液柱单元受到上、下两液层的摩擦阻力为

$$F_2 = 2WL\tau_h \tag{2.25}$$

式中　F_2——摩擦阻力；
　　　L——液柱长度；
　　　τ_h——与中平面的距离为 h 的液层的剪切应力。

流体在达到稳态流动后，推动力和摩擦阻力相等，因而有

$$2Wh\Delta p = 2WL\tau_h \tag{2.26}$$

则

$$\tau_h = \frac{h\Delta p}{L} \tag{2.27}$$

在狭缝的上、下壁面处（$h = H$）熔体的剪切应力为

$$\tau_H = \frac{H\Delta p}{L} \tag{2.28}$$

则 y 处与中心层平行的流层所受到的剪切应力为

$$\tau_y = \frac{p}{L} \cdot y \tag{2.29}$$

将式（2.29）代入剪切应力和真实剪切速率关系中，得到在距中平面任意位置 y 处 Z 方向的流体速率分布为

$$v_y = \left(\frac{n}{n+1}\right)\left(\frac{\Delta p}{KL}\right)^{\frac{1}{n}}\left[H^{\frac{n+1}{n}} - y^{\frac{n+1}{n}}\right] \tag{2.30}$$

式中 y——狭缝截面上任意点到中心线的距离。

其聚合物流体的体积流率 Q 为

$$Q = \int_0^{\frac{h}{2}} W v_y \mathrm{d}y = \frac{2n}{2n+1} H^2 W \left(\frac{H\Delta p}{KL}\right)^{\frac{1}{n}} \tag{2.31}$$

从聚合物体积流率公式看到体积流率随流道尺寸、流体流速和压力降的增大而增大。流体中剪切速率在壁面处($h=H$)最大,即

$$\dot{\gamma}_H = \frac{2n+1}{2n} \cdot \frac{Q}{WH^2} \tag{2.32}$$

式(2.32)与流体在圆形管中相应的公式是相似的,说明非牛顿流体在狭缝流道中的稳态流动与圆形管中的流动是相似的。

2.4.3 聚合物流体在流动中的弹性行为

1. 端末效应

端末效应是指聚合物流体(包括熔体和溶液)在管子进口端和出口端由于弹性效应而出现的压力降低和液流的膨胀现象,也可以分别称为入口效应和模口膨化效应(离模膨胀)。聚合物流体端末效应如图 2.12 所示。

(1)入口效应。

入口效应是指聚合物流体在管道入口端因出现收敛流动而出现压力降突然增大的现象。如图 2.13 所示,可以通过压力传感器来测定压力的下降情况,并且通过实验以及经验来大致确定入口段的长度 L_e。聚合物熔体入口段的长度为

$$L_e = (0.03 \sim 0.05) Re \times D \tag{2.33}$$

式中 Re——雷诺准数;
D——小管管径(口模直径)。

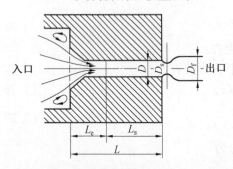

图 2.12 聚合物流体端末效应

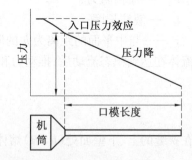

图 2.13 聚合物流体在口模中压力分布

L_e 这一段的压力降实际值比计算值大,此段以后才会出现稳态流动。产生入口效应的主要原因是弹性效应。首先当聚合物流体由大管流向小管,必然产生收敛流动,因此要增大剪切速率来调整流速保持稳定的流率,故此要消耗适当的能量来抵偿剪切速率的增大;此外从大管进入小管,流体必须变形以适应新的流道,但是聚合物流体具有弹性,对变形具有抵

抗能力，因此造成能量消耗来完成这一段的变形。

两种原因使压力降下降很大，与计算式中的压力降不符，一般以加大长度的方法来调整压力降下降较快造成的能量损失，可以将原来的长度 L 用长度 $L+3D$ 代替，则由上面两种情况引起的压力降就可包括在内，即对入口效应进行修正。此外，也可以用其他的方法进行严格的入口校正。

(2) 出口效应。

出口效应又称记忆效应，是指聚合物由于黏弹性在压力下挤出模口或离开管道出口后，流柱截面增大而长度缩小的现象。这种现象称为巴拉斯效应（Barus effect），也称为离模膨胀、挤出物胀大。

如图 2.12 所示，聚合物熔体从流道流出时，料流有先收缩后膨胀的现象。如果是牛顿流体，则只有收缩而无膨胀。收缩的原因除了物料冷却外，还由于熔体在流道内流动时，料流径向各点的速度不相等，当流出流道后须自行调整为相等的速度。这样，料流的直径就会发生收缩，理论上收缩的程度可表示为

$$\frac{D_s}{D}=\sqrt{\frac{(n+2)}{(n+3)}} \tag{2.34}$$

式中　D_s——料流在出口处的直径；
　　　D——流道直径；
　　　n——流动指数。

对于牛顿流体，$n=1$，则 $D_s/D=0.87$，表明收缩率为 13%。如果是假塑性流体，则收缩率恒小于此值。由于后面紧接着料流发生膨胀，因此收缩现象常不易观察到。

离模膨胀的程度采用挤出胀大比 B 来表示，其公式为

$$B=D_f/D \tag{2.35}$$

式中　D_f——完全松弛的挤出物直径。

离模膨胀依赖于熔体在流动期间可恢复的弹性形变。离模膨胀有几种理论解释，但比较倾向性的解释还是侧重于聚合物流体的弹性行为。

如图 2.12 所示，当聚合物流体从大管进入小管，即在入口区域 L_e 这一段由于收敛流动使聚合物大分子受到拉伸的作用发生弹性形变，在稳定流动的区域 L_s 这一段主要受到一维的剪切流动使聚合物大分子取向产生剪切弹性形变，两种弹性形变的存在使聚合物流体从管中流出时，应力消失后聚合物大分子恢复无规线团构象，出现弹性胀大现象。

此外出口效应还与聚合物流体的正应力（法向应力）有关，即黏弹性流体处于一维流动时，流体中与剪切应力相垂直的两直角坐标上的正应力存在差值。正应力的差值会使聚合物流体流出管道时发生垂直于流动方向的胀大，差值越大，膨胀越大。

挤出物的膨胀是由于弹性回复造成的。如果是单纯的弹性回复而且熔体组分均匀，温度恒定和符合流动规律，则这种膨胀可以通过复杂计算求得，但是实际过程中这种情况极少。圆形流道中的聚合物熔体，其相对膨胀率为 30%~100%。

弹性回复的情况与很多因素有关。如果进口模段 L_s 很长，那么入口效应引起的变形有足够的时间得到松弛、回复，引起出口膨胀的原因主要是由剪切流动引起的（剪切流动储存弹性能）；如口模段 L_s 很短，引起出口膨胀的原因就由入口效应中剪切和拉伸作用储存的弹性能两个方面引起的。实验表明，一切影响聚合物流体弹性的因素都对挤出胀大行为有影

响。如挤出温度升高,或挤出速度下降,或体系中加入填料而导致聚合物流体弹性形变减少时,挤出胀大现象明显减轻。

2. 不稳定流动和熔体破裂现象

聚合物流体在低剪切应力或低剪切速率的流动条件下,其雷诺准数通常均小于10,是一种层流流动,各种因素引起的小的扰动由于速度比较低也容易受到控制。但是聚合物这种黏性流体,不仅黏度高,黏滞阻力大,而且还具有弹性,在高剪切应力和高剪切速率下,会发生弹性形变。当弹性回复过快或过大,弹性形变的储能达到或超过黏滞阻力的流动能量时,则流动单元的运动就不会限制在一个流动层,流体中的扰动难以控制,势必引起湍流流动,此时的湍流由于是弹性引起的,因此通常称为弹性湍流。

例如通过口模挤出聚合物熔体,在较低的剪切速率范围内,挤出物的表面光滑、形状均匀,但当剪切速率超过一定极限值时,从模口出来的挤出物变为波浪形,继而表面变得粗糙、失去光泽、粗细不匀和弯曲,这种现象称为"鲨鱼皮症"。此时如再增大剪切速率,挤出物会成为竹节形或周期性螺旋形,在极端严重的情况下会发生断裂,这种现象称为"熔体破裂"。以上出现的情况都称为不稳定流动。聚合物在不同剪切速度下发生的不稳定流动试样的状况如图2.14所示。

流体在流动时出现滑移和流体中的弹性回复,最终造成弹性应力与黏性流动阻力的不平衡。当流体处于稳态流动时,具有正常的沿管轴对称的速度分布,并得到直线型表面光滑的挤出物,如图2.15所示。

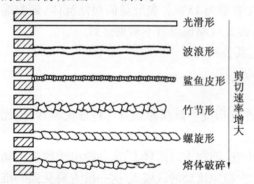

图2.14 聚合物在不同剪切速度下发生的不稳定流动试样的状况

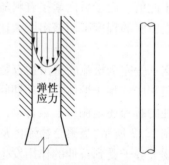

图2.15 稳定流动的速度分布

聚合物流体在管道中流动时管壁附近的剪切速率最大,由于黏度对剪切速率的依赖性,所以管壁附近的流体必然只有较低的黏度。同时流动过程的高分子的分级效应又使聚合物中低相对分子质量级分较多地集中到管壁附近,这两种作用都使管壁附近的流体黏滞性降低,从而容易引起流体在管壁上滑移。滑移使管壁处流体流速增大,造成流体的剪切速度分布发生变化。剪切速率分布的不均匀性,流体中弹性能的分布沿径向上也存在差异,剪切速率大的区域聚合物分子的弹性形变和弹性能储存较多。随着剪切速率增大,当流体中产生的弹性应力增加,当增加到与黏性流动阻力相当时,黏性阻力不能再平衡弹性应力的作用,液体中弹性应力间的平衡即遭破坏,随即发生弹性回复作用。

管壁附近的液体黏度最低,弹性回复作用在这里受到的黏滞阻力也最小,所以弹性回复较容易在管壁附近发生。当管壁某一区域形成低黏度层时,伴随弹性回复滑移作用使管子中的速度分布发生改变,产生滑移区域的液体流速增加,压力降减小,层流流动被破坏,一定时间内通过滑移区域的流体增多,总流率增大,如图2.16所示;当新的弹性形变发生并建立起新的弹性应力平衡后,这一区域的流速分布又回复到如图2.15所示的正常状态,然后液体中的压力降重新升高。与此同时,管中另外的区域有时会出现上述类似的滑移—流速增大—应力平衡破坏的过程。

流体流速在某一区域的瞬时增大是由弹性效应所致,即发生了"弹性湍流"。在圆管中,如果产生弹性湍流的不稳定点沿着管的周围移动,则挤出物将呈螺旋状,如果不稳定点在整个圆周上产生,就得到竹节状的粗糙挤出物。

产生不稳定流动和熔体破裂现象的另一个原因是流体剪切历史的差异。一方面,流体在入口区域和管中流动时,受

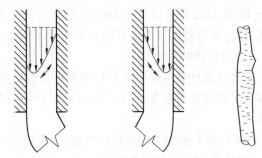

图2.16 不稳定流动的速度分布

到的剪切作用不一样,因而能引起流体中产生不均匀的弹性恢复。另一方面,在入口端收敛角以外区域存在着旋涡流动,这部分流体与其他部分的流体相比较,受到不同的剪切作用。当旋涡中的流体周期性进入管道时,这种剪切历史不同的流体能引起流线的中断,当它们流过管道时,就可能引起极不一致的弹性恢复,如果这种弹性同复力很大,以至能克服流体的黏滞阻力时,就能引起挤出物出现畸变和断裂。

可以看出,熔体破裂现象是聚合物流体产生弹性应变与弹性恢复的总结果,是一种整体现象。

3. 不稳定流动和熔体破裂现象的影响因素

由于不稳定流动主要与剪切力以及剪切速率有关,对于很多的成型加工如挤出成型,过分提高挤出速率会使制品外观和内在质量受到不良影响。因此为了防止不稳定流动现象的出现,就要控制一切与其有关的因素。出现不稳定流动现象的剪切力以及剪切速率称为临界剪切力 τ_c 和临界剪切速率 $\dot{\gamma}_c$,几种聚合物的 τ_c 和 $\dot{\gamma}_c$ 值见表2.4,对其大小的影响主要有以下几个因素。

表2.4 几种聚合物的 τ_c 和 $\dot{\gamma}_c$ 值

聚合物	T_c/℃	$\tau_c \times 10^{-5}$/Pa	$\dot{\gamma}_c$/s^{-1}	聚合物	T_c/℃	$\tau_c \times 10^{-5}$/Pa	$\dot{\gamma}_c$/s^{-1}
LDPE	158	0.57	140	HDPE	190	3.6	1 000
	190	0.7	405	PP	180	1	250
	210	0.8	841		200	1	350
PS	170	0.8	50		240	1	1 000
	190	0.9	300		260	1	1 200
	210	1	1 000				

(1)温度。

从表2.4可以看到,随着温度的升高,τ_c 增加。主要是因为温度升高,有利于大分子的

松弛,因此可以减少聚合物流体的弹性能储存量,减小不稳定流动以及熔体破裂的发生概率。

(2)流道的尺寸。

流道的尺寸主要指口模的长径比和口模入口角度。一般随着口模长径比的提高,τ_c 增加,与升高温度的原因是一致的。再有口模的入口角对 τ_c 的影响也较大,口模的入口角越小,τ_c 增加,例如将入口角从 180° 改为 30°,其 τ_c 提高了 10 倍多。因此,尽量使用流线型的结构,防止聚合物熔体滞留并防止挤出物不稳定。

(3)聚合物的性质。

聚合物的性质主要指聚合物的相对分子质量以及分布。聚合物的相对分子质量越低、相对分子质量分布越宽,其 τ_c 增加;而聚合物的非牛顿性越强,弹性形变就越突出,会使 τ_c 下降。

HDPE 和牛顿型流体存在超流动区,有较高的流动范围。在 τ_c 以上,也不会发生熔体破碎,这些聚合物可以采用高速加工。

第3章　聚合物加工过程中的物理和化学变化

聚合物加工过程中的物理变化有结晶与取向,化学变化有降解与交联。

3.1　聚合物的结晶

在塑料成型工业中,常将聚合物分为有结晶倾向和无结晶倾向两类。两类聚合物可以用相同的方法成型,但其具体控制方法却不同,这都与结晶有关。

3.1.1　聚合物的结晶能力

聚合物能否结晶的重要因素是其分子空间排列的规整性。凡是具有严整的重复空间结构的聚合物通常都能结晶。但是这并不意味着分子链必须具备高度的对称性,许多结构对称性不强而空间排列规整的聚合物同样也能结晶。

分子空间排列规整是聚合物结晶的必要条件,但不是充分条件。规整的结构只说明分子能够排成整齐的阵列,尚不能保证这种阵列在分子热运动作用下不会混乱。为求得阵列不乱,则分子链节之间必须具有足够克服分子热运动的吸力。这种吸力来源于分子链节间的次价力,即分子的偶极力、诱偶极力、范德华力和氢键等。

3.1.2　聚合物的结晶度

从熔体或溶液中使聚合物结晶,都未曾取得具有完全晶形阵列的晶体,而且随着给予的结晶条件不同,所得生成物的结晶度是参差不齐的。不能完全结晶的原因是复杂的,不过聚合物分子带有支链或端基可能是不能完全结晶的一个比较重要的原因。

由于结晶的不完全,所以具有结晶的聚合物就不像低分子结晶化合物会具有明晰的熔点,它的熔化是在一个比较大的温度范围内完成的。完全熔化时的温度称为熔点。熔点是熔化温度范围(或称熔限)随结晶度的不同而不同,结晶度高的熔点偏高。

在一般情况下,聚合物所能达到的最大结晶度是随聚合物的品种而异的。比如高密度聚乙烯和聚四氟乙烯的最大结晶度可达90%或更大,而没有经过拉伸定向的聚酰胺和聚对苯二甲酸乙二酯则只能达到60%左右(高度拉伸定向的聚对苯二甲酸乙二酯纤维可达80%)。各种聚合物最大结晶度之所以不同,是由于它们的结晶能力不同。上述聚乙烯和聚四氟乙烯的最大结晶度是以聚合反应原来生成的聚合物为准的。就以这两种原生聚合物来说,当它们在成型过程中经过熔化、冷却而再结晶时,其结晶度最多只能达到50%~60%,即使其经过长期的热处理或很慢的冷却,结晶度也只能增至80%左右,始终达不到原有的结晶度。造成这种情况的原因是:聚合物分子在生成过程中,它的混乱和蜷曲程度不大,对晶体的生长比较有利,因此结晶度可以很高;但在熔化、冷却而再结晶的过程中,由于分子热运动的推动,混乱和蜷曲的程度上升,从而妨碍了晶体的生长,结晶度因此趋低。

3.1.3 结晶对性能的影响

结晶对聚合物性能的影响本可以用同一种聚合物在晶态与非晶态下的性能对比来说明的。但是完全结晶与完全非结晶的试样很难求得,有关这方面的数据很少,所以暂时还要根据不同结晶度的试样比较。现略举其情况如下:非晶态的聚对苯二甲酸乙二酯在室温下呈透明状,玻璃化温度为 67 ℃,相对密度为 1.33;而晶态的聚对苯二甲酸乙二酯,除很薄的试样外,是不透明的,玻璃化温度为 81 ℃,相对密度为 1.455。又如从比较结晶度自 60% ~ 80%的聚乙烯试样可知:它的弹性模数是随结晶度的增加从 2 300 kg/cm^2 增至 7 000 kg/cm^2,其他如表面硬度和屈服应力也具有同样的倾向。再如聚四氟乙烯,当结晶度从 60% 变至 80% 时,它的弹性模数就从 5 600 kg/cm^2 变至 11 200 kg/cm^2。这里举出的虽然不很全面,但也颇能说明一些问题。其中最主要的是机械性能总是晶态的优于非晶态的,结晶度高的又优于结晶度低的。这种增强的原因,若须从分子结构角度来做定量的解释,目前还存在一定的困难,但从密度变化的启发,可知晶态中的分子是比较集中而又有序的,这是对机械性能有利的。其次,晶态分子比较固定,这也是一个有利的因素。必须指出,结晶度不是 100% 的聚合物,就一个试样或一个制件来说,它的每个部分的结晶度是可以不相等的。如果存在这种情况,则每个部分的性能就不会相同。这在成型中是很重要的,因为它是造成制品翘曲与开裂的原因之一。

3.1.4 晶态与非晶态的互转过程

具有任何结晶度的聚合物,当加热温度已超过其熔点时,则其晶体结构即能被分子的热运动摧毁。这种过程是比较快速的。如果加热温度已达熔点,而聚合物尚不能立刻显示熔融的迹象,其原因在于熔化时的体积膨胀一时还不能克服其内在的阻力,不过这种滞后的时间是短暂的。

将熔融聚合物经过急冷而使其温度骤然降到玻璃化温度以下,则冷后的聚合物就成为非晶态。因为在急冷过程中,分子链段尚未能及时排成晶形阵列就已丧失了运动的能力,所以仍然是无序的。但是在具体的过程中,急冷必定占有一定时间,如果再遇上厚度较大的试样或制件,则它虽然在急冷的情况下,其内部温度一时仍然不能达到玻璃化温度以下,因此试样或制件中就难免没有晶体的存在。

聚合物由非晶态转为晶态的过程就是结晶过程。从上面的叙述可知,结晶过程只能发生在玻璃化温度以上和熔点以下这一温度区间内。由非晶态转为晶态的过程与其相反过程的一个明显区别在于前者是一个缓慢过程,其理由将在下面说明。

结晶过程共分晶核生成和晶体生长两步。所以结晶的总速率即为这两个连续部分的速率所控制。两个连续部分对温度都很敏感,且受时间的节制。

在聚合物主体中,如果它的某一局部的分子链段已经成为有序的排列,且其大小已经足能使晶体自发地生长,则该种大小的有序排列的微粒即称为晶核。小于晶核的则称为晶坯。晶坯在高于熔点时是时结时散的,也就是能够短时间的存在,并且呈现一种动平衡的稳态。不过晶坯的大小又与温度有关,温度越接近熔点时越大。当熔融体刚刚冷至熔点以下时,存在的晶坯依然有时结时散的情况,如果在时间上给予保证,某些晶坯就能在这种时结时散情况下变大,以至达到临界尺寸,即变成晶核。因此,有序的排列即趋向于稳定并从而自发地进行晶体的生长。于此不难明白,刚刚冷至熔点以下的晶坯大小与冷却的快慢有关,而随后的晶核和晶体的生成与生长又依赖于晶坯的大小,这就必然在时间上有所反映。如果将这种关系更推一层,则对该聚合物原先加热熔化的快慢或历程也应考虑。

在低于聚合物熔点很小的温度下,晶核的生成速率是极为微小的,但晶核生成的速率会随着温度的下降而转快。换而言之,如果以 ΔT 表示晶核生成的温度与熔点之间的温差,则晶核生成所用的时间就是 ΔT 的函数。最初,当 $\Delta T=0$,即温度为熔点,晶核生成所需的时间为无穷大(晶核生成的速率为零)。ΔT 逐渐增大时,晶核生成所需的时间就很快下降(图3.1)。以至达到一个最小值,这是因为没有达到临界尺寸的晶坯结多散少和温度下降有利于它们形成晶核。ΔT 继续增大时,晶核生成所需的时间逐渐增大,直至接近于玻璃化温度时又成为无穷大。这是不难理解的,因为温度继续降低,分子链段的运动就越来越迟钝,晶坯的生长因而受到限制。温度降至玻璃化温度时,分子主链的运动停止。因此,晶坯的生长、晶核的生成以及即将讨论的晶体生长也全都停止。这样

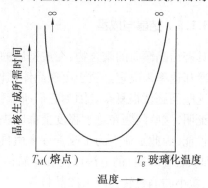

图3.1 T_M 与 T_g 之间晶核生成时间和温度的关系

凡是尚未开始结晶的分子均以无序状态或非晶态保持在聚合物中。这种聚合物,如果再将它加热到玻璃化温度与熔点之间,则结晶的连续两个部分将接着原来已具有的结晶情况继续发展下去。

以上对晶核生成的讨论仅仅是以纯净聚合物的共性为对象(均相成核)所做的一般定性的叙述。在考虑成型加工问题时,要求定量地熟悉各个具体聚合物的晶核生成过程常常是很重要的。此外,在晶核生成过程中,如果熔体中存有外来的物质(异相成核),则晶核生成所需的时间将大为减少。施用外力对分子定向同样也有这种作用。

晶体生长的速率以恰在熔点之下的温度为最快,温度下降时即随之下降,这也是分子链段活动性会随温度的下降而减小造成的。正如前面所说,结晶是受晶核生成和晶体生长两步控制的,晶核生成在玻璃化温度与熔点之间是两头的速率小,中间会出现高峰;晶体生长的速率在这一段温度区域内,是由恰在熔点以下的最快速率逐渐到临近玻璃化温度时速率变为零。显然,结晶的总速率与晶核生长一样,也是两头小而中间会出现高峰,也就是说这一段温度区域内的前半段(靠近熔点一头)受晶核生成速率的控制,而在后半段(靠近玻璃化温度一头)则受晶体生长速率的控制。这里所说的前半段与后半段并不意味着50%,具体是多少,是随具体聚合物而异的。

晶体的生长过程,尤其是在熔体冷却过程中的生长是很复杂的,既与聚合物分子结构的内因有关,又随着外界条件而变动。总的说来,是在晶坯形成稳定的晶核后,没有成序的分子链段就围绕着晶核排列成为微晶体。在微晶体表面区域还可能生成新的晶核,这种晶核的生成比在无序分子区域内容易。结果就在以最初的晶核为中心的情况下形成圆球状的晶区。完成这种转变过程有时是很迅速的,只需几分钟甚至几秒钟。这种由无数微晶组成的球状物称为球晶,它是聚合物熔体结晶的基本形态,是使结晶聚合物呈现乳白色不透明的原因。按照晶体生长的条件不同,组成球晶的微晶可以有不同的结构。但是分子链在球晶中

的排列方向却是相同的,即聚合物分子链的方向是垂直于球晶的径向的。

改变结晶条件,除了能影响晶体结构、球晶大小与数目外,还可以改变晶体生长的方式。因此在不同的条件下,晶体生长可以不是三维生长成为球状体,而可以是一维生长成为针状体和二维生长成为片状体,在任何一种生长的方式中,都可能有一部分分子没有机会参加结晶,因而成为最后聚合物中的无定形区。

研究结晶率时,大多用膨胀计法测量聚合物结晶过程中的体积变化。

3.1.5 结晶与成型

具有结晶倾向的聚合物,在成型后的制品中会不会出现晶体结构,这需要由成型时对制品的冷却速率来决定。至于出现晶体结构后其结晶度有多大?在各部分的结晶情况是否一致?这些问题就很复杂。因为它们所依赖的因素很多,至今还不能给出定量的关系。但从实践证明,这些问题在绝大程度上都取决于冷却控制的情况。已如前述,结晶度能够影响制品的性能,因此工业上为了改善许多由具有结晶倾向的聚合物所制制品的性能,常采用热处理(即烘若干时间)的方法以使其非晶相转为晶相、比较不稳定的晶形结构转为稳定的晶形结构、微小的晶粒转为较大的晶粒等。至于热处理如何使聚合物的结构发生变化的真相,还有待研究。还须指出的是:适当的热处理是可以提高聚合物的性能,但是在热处理中,由于晶粒趋于完善变大,却往往使得聚合物变脆,性能反而变坏。其次,热处理不仅在聚合物的结晶方面具有作用,还能摧毁制品中的分子定向作用和解除冻结的应力(系由成型时各部分受力、受热的历史不同而引起的),这些也能改善制品的性能,因此彼此不应混淆。

3.1.6 热致液晶高分子材料及原位增强材料

一些物质的结晶结构受热熔融或被溶剂溶解之后,表现上虽然失去了固体物质的刚性,变成了具有流动性的液体物质,但结构上仍然保持着一维或二维有序排列,从而在物理性能上呈现出各向异性,形成一种兼有晶体和液体性质的过渡状态,这种中介状态称为液晶态,处在这种状态下的物质称为液晶(liquid crystal)。

根据液晶形成的条件,可分为热致液晶(thermotropic liquid crystalline polymers,TLCP)和溶致液晶高分子(lyotropic liquid crys-talline polymers,LLCP)两大类。前者是在一定温度区间形成的液晶;后者则要利用合适的溶剂制成一定浓度的溶液才显示液晶性质。依据结构分为向列相液晶和近晶相液晶(图3.2)。

向列相(N)

近晶A相

近晶C相

图3.2 向列相液晶和近晶相液晶

根据液晶基元在大分子链中所处的位置不同,可分成侧链液晶高分子(side chain LCP)和主链液晶高分子(main chain LCP)。主链型液晶高分子的结构模型如图3.3所示。

在$x=8\sim14$时都具有液晶行为,一般为向列液晶相;$x=13,14$时还能呈现近晶液晶相。

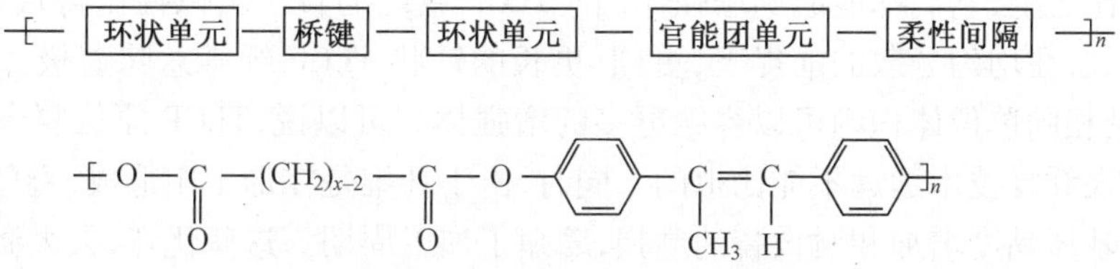

$$\underset{\text{环状单元} - \text{桥键} - \text{环状单元} - \text{官能团单元} - \text{柔性间隔}}{}_n$$

$$\left[O-\underset{O}{C}-(CH_2)_{x-2}-\underset{O}{C}-O-\underset{}{\bigcirc}-\underset{CH_3}{\underset{|}{C}}=\underset{H}{\underset{|}{C}}-\underset{}{\bigcirc}-\right]_n$$

图 3.3　主链型液晶高分子的结构模型

随着 x 的增加, T_m 和 T_i（T_i 为液晶转至液态的温度）呈下降趋势。但柔性链段含量太大, 最终也会导致聚合物不能形成液晶。液晶结构中各类结构单元的作用为: 刚性链的贡献在于它的高强度和高模量; 柔性链的作用是改善加工柔顺性和韧性, 降低聚合物的熔点或玻璃化温度。

在熔融状态下, 这种链结构显示出近程有序, 形成热力学稳定的液晶态, 能在外力作用下, 形成高度取向的晶型凝聚态结构即液晶有序微区, 并呈现出光学各向异性。这种结构在流体固化时保持住, 产生自增强(self-reinforcement)特性。

传统增强材料: 纤维增强型高分子复合材料具有质量轻、强度高、模量大、耐腐蚀性好、原料来源广泛、加工成型简单、生产效率高等特点, 并具有可设计性, 因而在航空航天、电力、电子等高技术领域, 以及汽车、家电、建材等需求量大、面广的领域获得了广泛的应用。这类材料通常是由高聚物基体和增强材料构成的多相体系, 其中的基体大致上可分为热固性树脂和热塑性树脂两大类, 而作为增强相的纤维材料分别有无机纤维、有机纤维和天然纤维等。根据纤维长度的不同, 又分为短切纤维、中长纤维和连续纤维等。树脂基体类别的不同, 纤维种类和几何尺寸的不同, 决定了复合成型工艺方法的不同, 其中短切玻璃纤维增强的热塑性塑料是应用最为广泛的一种复合材料。传统的纤维增强复合工艺是首先单独制造纤维和树脂, 然后用树脂浸润纤维, 再凝固和固化树脂, 从而制得复合材料。由于纤维在复合制备过程中始终不熔不溶, 使复合体系的黏度提高, 而且它的硬度又很高, 所以制备机械的磨损严重, 增加了加工的难度和能耗。

TLCP 增强材料: TLCP 材料既有优良的力学性能, 又有良好的降黏流动性能, 这就启发人们把纤维制造和材料复合合并成一步完成。这里的增强纤维不再是短切纤维或纤维织物, 而是 TLCP 微纤; 基体材料既可以是热塑性、热固性树脂, 也可以是 TLCP 材料本身。由此, 原位增强、显微结构自增强等材料增强复合的新概念、新构思应运而生。

所谓原位(in situ)或就地增强, 是指材料的增强相生成在材料的形成过程之中。当把分散相的 TLCP 作为一个组分加入到另一种聚合物基体中后, 在剪切力或拉伸应变流的作用下, TLCP 相发生取向, 形成取向结构。取向的微区颗粒被拉伸塑性变形, 变为椭圆状、线团状甚至针状的纤维增强相。在高变形速率下, 这些刚性分子会沿流场方向一致取向, 形成大长径比紧密排列的微纤, 从而在取向方向上大幅度地提高了材料的刚度、强度等力学性能, 但在垂直取向的方向, 即横向上往往略有损失。这种由 TLCP 所构成的增强微纤, 虽然是在混合加工过程中形成的, 但在后加工甚至在深度加工过程中也能够保留下来。

TLCP 增强材料的优势: 从力学的观点来看, TLCP 微纤增强相的作用与短切纤维增强相的作用相仿, 都服从相似的增强机制和规律。例如, TLCP 微纤不论是它的模量还是强度, 均比热塑性塑料基体高出 1~2 个数量级, 恰如碳纤维和玻璃纤维的增强效果一样, 因此在一个临界长径比之上,它们都能起到增强作用。TLCP微纤的直径可以控制得很细,长径比可以控制得很大,在均匀分散的前提下,更细、更长的针状TLCP纤维意味着极大的纤维黏附表面积,以及相同单位体积内可以容纳更多的增强体。可以说,TLCP原位复合增强其长径比是传统增强纤维技术远远不能比拟的。同时,由于纤维是在加工中形成,避免了加入短切纤维引起的基体黏度增加和对设备的磨损,缩短了加工周期。这些优点,大大激发了人们研究和开发这种原位增强材料的热情。

3.2 成型过程中的取向作用

如前面提所述,聚合物熔体在导管(如圆管)内流动的速率是管中心最大,管壁处为零,在导管截面上各点的速度分布呈扁平的抛物线体。在这种流动的情况下,热固性和热塑性塑料中各自存在的细而长的纤维状填料(如木粉、短玻璃纤维等)和聚合物分子,在很大程度上都会顺着流动的方向做平行的排列,这种排列常称为取向作用。热塑性塑料在其玻璃化温度与熔点(或软化点)之间进行拉伸时,其中大分子也会发生定向作用。显然,这些定向的单元如果继续存在于制品中,则制品的整体就将出现各向异性。各向异性有时须在制品中特意形成(用拉伸方法),如制造定向薄膜与单丝等,这样就能使制品沿拉伸方向的抗张强度与光泽等有所增加。但在制造许多厚度较大的制品(如模压制品)时,又力图消灭这种现象。因为制品中存在的定向现象不仅定向不一致,而且在通体各部分的定向程度也有差别,这样会使制品在有些方向上的机械强度得到提高,而在另外一些方向上必会变劣,甚至发生翘曲或裂缝。以下拟分别就热固性与热塑性两种塑料模压制品以及拉伸方法中的定向作用进行简单的讨论。

3.2.1 热固性塑料模压制品中的纤维状填料的取向

成型工业中用带有纤维状填料的粉状或粒状热固性塑料制造模压制品的方法有两类:①压缩模塑法,用这种方法制造制品时,其中定向作用很小,可以不计;②将塑料先在筒形或钵形的容器内加热变为塑性状态,然后在加压下使其通过流道、铸口而注入合拢且又加热的塑模内,待塑料完成硬化作用后,即可从模中取得制品。工业上利用这种原理使热固性塑料成型的方法有传递模塑法和热固性塑料的注射法等。

为探讨填料的定向,可以用压制扇形(四分之一圆形,图3.4)片状试样为例来说明。

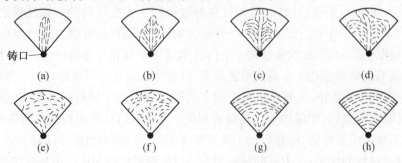

图3.4 扇形片状试样中填料的定向

实验证明,扇形片状试样在切线方向上的机械强度总是大于径线方向上的机械强度,而在切线方向上的收缩率(室温下制品尺寸与塑模型腔相应尺寸的比较)和后收缩率(试样在存放期间内的收缩)又往往小于径向上的收缩率和后收缩率,基于这种实测和显微分析的结果并结合以前讨论的情况,可推断出填料在模压过程中的位置变化基本上是按照图3.4(a)~(h)顺次进行的。从图中可以看出,填料排列的方向主要是顺着流动方向的。碰上阻断力(如模壁等)后,它的流动就改成与阻断力成垂直的方向。由图3.4(h)所示情况可见前述机械性能在径、切两向上,所以差别的原因在于填料排列的方向不同。

模压制品中填料的定向方向与程度主要依赖于铸口的形状(它能左右塑料流动速度的梯度)与位置。这是生产上应该注意的。成型条件的变化几乎与定向作用没有关系。但是必须指出,如果塑料充满型腔用的时间太长,则由于部分塑料已经变硬,塑料流动的轨迹可能发生复杂的变化,从而影响填料的定向方向。

模塑制品的形状几乎是没有限制的。因此,当对塑料在模内的流动情况还没有积累足够资料时,要做出一般性结论是困难的。但是可以肯定地说,填料的定向起源于塑料的流动,而且与它的发展过程和流动方向紧密联系。为此,在设计模具时应该考虑这样一个问题,即制品在使用中的受力方向应该与塑料在模内流动的方向相同,就是设法保证填料的定向方向与受力方向一致。填料在热固性塑料制品中的定向是无法在制品制成后消除的。

3.2.2 热塑性塑料模压制品中聚合物分子的取向

如果生产模压制品所用的热塑性塑料也带有纤维状填料,则填料的定向作用与前小节所述相同。这里只讨论聚合物分子取向。

凡用热塑性塑料生产制品时,只要在生产过程中存在熔体的流动,几乎都有聚合物分子定向的问题,而且不管生产方法如何变化,影响定向的外界因素以及因定向在制品中造成的后果基本上也是一致的。因此,为探讨这种情况即以出现定向现象较为复杂和工业上广为使用的注射模模塑法来说明,至于在其他方法(挤压、吹塑、压延等)中的情况则可类推。

注射法所用的原理在前面已述,但注射热塑性塑料与注射热固性塑料的一个根本的不同点是前者所用塑模的温度不是与流动的塑料的温度相等或更高(后者是如此的),而是低得多,一般为40~70℃。现在来看一个长条形注射模压制品的定向情况(图3.5)。

从图3.5可以看出,分子定向程度从铸口处起顺管料流的方向逐渐增加,达至最大点(偏近铸口一边)后又逐渐减弱。在图3.5(b)所示中心区与邻近表面的一层,其定向程度都不很高,定向程度较高的区域是在中心两侧(若从整体来说,则是中心的四周)而不到表层的一带。以上各区的定向程度都是根据实际试样用双折射法测量的结果。

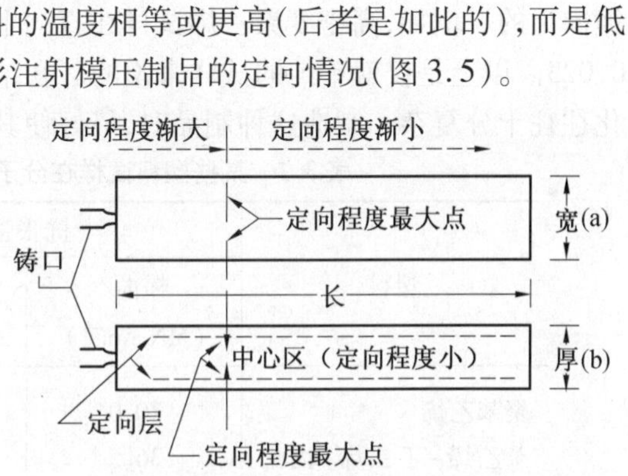

图3.5 长条形注射模塑制品中分子定向示意图

在没有说明定向现象为何在制品三维上各点有如此差别以前,应该总述下列两点:①分子定向是流动速度梯度诱导而成的,而这种梯度又是剪应力造成的;②当所加应力已经停止或减弱时,分子定向又会被分子热运动所摧毁。分子定向在各点上的差异应该是这两种对立效应的净结果。如何结合这两种效应于物料一点上来说明其差异,应对该点在模塑过程中的温度变化和运动的历史过程有所了解。

这种结合是很复杂的。

现在就以图3.5所示试样来考虑这种情况。当熔融塑料由压筒通向铸口而向塑模流入时，凡与模壁（模壁温度较低）接触的一层都会冻结。导致塑料流动的压力在入模处应是最高，而在料的前锋应是最低，即为常压。由于诱导分子定向的剪应力是与料流中压力梯度成正比的，所以分子定向程度也是在入模处最高，而在料的前锋最低。这样，前锋料在承受高压（承受高压应在塑料充满型腔之后）之前，与模壁相遇并冻结时，冻结层中的分子定向就不会很大，甚至没有。紧接表层的内层，由于冷却较慢，因此当它在中心层和表层间淤积而又没在冻结的区间内，则是有机会受到剪应力的（在型腔为塑料充满之后），所以离表层不远处，分子就会发生定向。

其次，再考虑型腔横截面上各点剪应力的变化情况。如果模壁与塑料的温度相等（等温过程），则模壁处的剪应力应该最大，而中心层应该最小。但从贴近模壁一层已经冻结的实际情况（非等温过程）来看，在型腔横截面上能受剪应力作用而造成分子定向的料层仅限于塑料仍处于熔态的中间一部分，这部分承受剪应力最大的场合，是在熔态塑料柱的边缘，即表层与中心层的界面上。由此不难想到分子定向程度最大的区域应该像图3.5(b)所标示的区域，而越向中心定向程度应该越低。

再次，塑料注入型腔后，首先在横截面上堵满处既不会在型腔的尽头，也不会在铸口四周，而是在这两者之间，这是很明显的。最先堵满的场合它的冻结层应是最厚（以塑料充满型腔的瞬时计），而且承受剪应力的机会也最多，因为在堵满物的中间还要让塑料通过，这就是如图3.5所示定向程度最大的地方。

以上论述虽属定性的，而且还不够完全，例如没有涉及黏度对温度和剪应力的依赖性等，但已足够说明分子定向是如何进行的。

制品中如果含有定向的分子，顺着分子定向的方向（也就是塑料在成型中的流动方向，简称机向或直向）上的机械强度总是大于与其垂直的方向（简称横向）上的机械强度。表3.1列出某些塑料试样在分子定向的横有两向上的机械强度，至于收缩率也是直向上的大于横向上的。例如，高密度聚乙烯试样在直向上的收缩率为0.031，而在横向上的收缩率只有0.023。以上是仅就单纯的试样来说的。在结构复杂的制品中，由定向引起的各向性能的变化往往十分复杂。制造这种制品时，最好使其中的定向现象减至最少为最好。

表3.1 某些塑料试样在分子定向的横直两向上的机械强度

塑料	抗张强度		伸长率	
	横向/(MN·m^{-2})	直向/(MN·m^{-2})	横向/%	直向/%
聚苯乙烯	20.0	45.0	0.9	1.6
苯乙烯-丁二烯-丙烯腈共聚物	36.5	72.0	1.0	2.2
高冲击聚苯乙烯	21.0	23.0	3.0	17.0
高密度聚乙烯	29.0	30.0	30.0	72
聚碳酸酯	65.0	66.5	—	—

种种试验结果说明,每一种成型条件,对分子定向的影响都不是单纯的增加或减小,也就是说一种条件在大幅度内的影响,可能有一段是对分子定向具有促进作用,而在另一段则又可能起抑制作用。这一问题的症结在于矛盾是多种而彼此牵制着的。比如在增加压力的过程中,塑料的黏度就会变,同时温度的梯度等也不可能前后相同。虽然如此,仍然可以给出若干通则:①随着塑模温度、制品厚度(即塑腔的深度)、塑料进模时的温度等的增加,分子定向程度即有减弱的趋势;②增加铸口长度、压力和充满塑模的时间,分子定向程度也随之而增加;③分子定向程度与铸口安设的位置和形状有很大关系,为减少分子定向程度,铸口最好设在型腔深度较大的部位。

3.2.3 拉伸取向

成型过程中如果将聚合物分子没有定向的中间产品(薄膜和单丝),在玻璃化温度与熔点的温度区域内,沿着一个方向拉伸到原来长度的几倍时,则其中的分子链将在很大程度上顺着拉伸方向做齐整的排列,也就是分子在拉伸过程中出现了定向。由于定向以及因定向而使分子链间吸力增加的结果,拉伸并经过迅速冷至室温后的薄膜或单丝,在拉伸方向上的抗张强度、抗冲击强度和透明性等方面就会有很大的提高。例如,聚苯乙烯薄的抗张强度可由 34 kN/m^2 增至 82 kN/m^2。假如薄膜厚度较小,则增加数值还可以更高。对薄膜来说,拉伸如果是在一个方向上进行的,则这种方法称单向拉伸(或称单轴拉伸);如果是在横直两向上拉伸的,则称为双向拉伸(或称双轴拉伸)。拉伸后的薄膜或单丝在重新加热时,将会沿着分子定向的方向(即原来的拉伸方向)发生较大的收缩。如果将拉伸后的薄膜或单丝在张紧的情况下进行热处理,即在高于拉伸温度而低于熔点区域内某一适宜的温度烘若干时间(通常为几秒钟)而后急冷至室温则薄膜或单丝的收缩率就降低很多。在挤压各种型材和压延薄膜时,因为牵伸的速度较挤压和压延的速度大,所以同样也会发生分子定向作用,但在程度上比较小,不是所有聚合物都宜于定向拉伸的。按目前已知能够拉伸且取得良好效果的有聚氯乙烯、聚对苯二甲酸乙二酯、聚偏二氯乙烯、聚甲基丙烯酸甲酯、聚乙烯、聚丙烯、聚苯乙烯以及某些苯乙烯的共聚物。

拉伸定向之所以要在聚合物玻璃化温度和熔点之间进行的原因是,分子在高于玻璃化温度时才具有足够的活动。这样在拉应力的作用情况下,分子方能从无规线团中被拉伸应力拉开、拉直和在分子彼此之间发生移动。实质上,聚合物在拉伸和定向过程中的变形可分为 3 个部分:①瞬时弹性变形。这是一种瞬息可逆的变形,是由分子键角的扭变和链的伸长造成的。这一部分变形,在拉伸应力解除时,能全部恢复。②分子链排直的变形。排直是分子无规线团解开的结果。排直的方向与拉伸应力的方向相同。这一部分的变形即分子定向部分,是拉伸定向工艺中的要求部分,它在制品的温度降到玻璃化温度以下后即行冻结,也就是不能恢复。③黏性变形。这部分的变形与液体的变形一样,是分子间的彼此滑动,也是不能恢复的。当薄膜或单丝在稍高于玻璃化温度时进行快拉,第一部分的弹性变形也就很快发生。而当第二部分排直变形进行时,弹性变形就开始回缩。第三部分的黏性变形在时间上是一定落后于排直变形的。如果能在排直变形已相当大、而黏性变形仍然较小时就将薄膜或单丝骤然冷却,这样就能在黏性变形较小的情况下取得变形程度较大的分子定向。假如将拉伸时的温度和骤冷所达到的温度均提高,在这种情况下,即令拉伸保持不变,排直的变形就相形见少。这因为引起黏性变形需要的时间较少,也就是黏性变形量变大。同时在高温下,排直变形的松弛也要比在低温时多些。从这样的过程当然可以看出:拉伸定向是一个动态过程,一方面有分子被拉直,即分子无规线团被解开,而另一方面却又有分子在纠集成无规线团。

基于以上论述,可以扼要地将拉伸聚合物的情况归成几个通则,即在给定拉伸比(拉伸后的长度与原来长度的比)和拉伸速度的情况下,拉伸温度越低(不得低于玻璃化温度)越好,其目的是增加排直变形而减少黏性变形(图3.6),提高力学性能。

(1)定拉伸比和给定温度下,拉伸速度越大则所得分子定向的程度越高。

(2)在给定拉伸速度和定温下,拉伸比越大,定向程度越高。

(3)不管拉伸情况如何,骤冷的速率越大,则能保持定向的程度就越高。

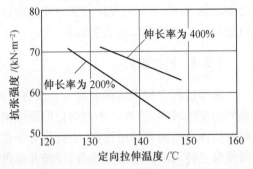

图3.6 不同条件下拉伸聚苯乙烯薄膜的抗张强度

在具体执行拉伸定向的过程中,对待无结晶倾向与有结晶倾向的聚合物是不同的。拉伸无结晶倾向的聚合物通常比较容易,只需按上述情况选择恰当的工艺条件即可。但需指出两点:①实验结果证明,在相等的拉伸条件下,同一品种的聚合物平均相对分子质量高的定向程度较相对分子质量低的要小。②拉伸过程有时是在温度梯度下降的情况下进行的,这样就可能使制品的厚度波动小一些。因为在降温与拉伸同时进行的过程中,原来厚的部分比薄的部分降温慢,较厚的部分就会得到较大的黏性变形,从而减低厚度波动的幅度。

如果拉伸定向的聚合物是有结晶倾向的,则对结晶在拉伸过程中的影响以及最后得到的产品中要不要使它含有结晶相等问题都须考虑。关于后一问题的回答是:制品中应该具有恰当的晶相。因为对具有结晶倾向的聚合物来说,如果由它制造的薄膜或单丝属于无定形的,则在使用上并无多大价值;结晶而没有定向的聚合物一般性脆且缺乏透明性。定向而没有结晶或结晶度不足的聚合物具有较大的收缩性。如果是单丝,依然没有多大使用价值,而薄膜也只有用作包装材料。其中唯有定向而又结晶的聚合物在性能上较好,同时具备透明性好和收缩性小的特点。控制结晶度的关键是最后热处理的温度与时间以及骤冷的速率。

结晶对拉伸过程的影响是比较复杂的。首先,要求拉伸前的聚合物中不含有晶相,这对某些具有结晶倾向的聚合物来说是有困难的,如聚丙烯等。因为它们的玻璃化温度都低至室温以下很多,即使是玻璃化温度较高的聚合物,如聚对苯二甲酸乙二酯,如果在制造作为拉伸用的中间产品时的冷却不宜,同样也含有晶相。含有晶相的聚合物,在拉伸时不容易使其定向程度提高。因此在拉伸像聚丙烯这一类聚合物时,力求保证它们的无定形,拉伸温度应该定在它们结晶速率最大的温度以上和熔点之间,如纯净聚丙烯的结晶速率最大的温度约为150 ℃(工业用的有低达120 ℃的),熔点为170 ℃(也有低至165 ℃的),所以拉伸温度即为150~170 ℃。因此,在对一种聚合物进行拉伸定向之前,应对该种聚合物的结晶行为具有足够的了解。

其次,具有结晶倾向的聚合物,在拉伸过程中每伴有晶体的产生、结晶结构的转变(指拉伸前已存有晶相的聚合物)和晶相的定向,拉伸过程中的分子定向能够加速结晶的过程。

这是晶体在较短时间(拉伸所需时间不长)就能够产生的缘故,但是加速的大小是随聚合物品种而异的。具有晶相的聚合物的拉伸在延伸中会出现细颈区域(拉伸温度偏高时,可以没有这种现象),从而产生延伸不均的现象,其原因在于细颈区的强度高。所以,如果在非细颈区没有完全变成细颈区时就进行次后的过程,则最终制品的性能即将因区而异,同时厚度的波动也大。如果拉伸时在整个被拉的面上出现细颈的点不止一个,则问题更多。这些都是生产上应该重视的问题。拉伸时结晶结构转变的真相,现在还不很清楚,需要仔细的研究。实验证明,在拉伸定向时晶体的 c 轴是与拉伸方向一致的,但在挤压时则是 a 轴与挤压方向一致,这是因为拉伸定向时已有晶体存在,而挤压时晶体尚不存在,晶体是后生的。

再次,具有结晶倾向的聚合物在拉伸时没有热量产生,所以拉伸定向即使在恒温室内进行,如果被拉中间产品厚度不均或散热不良,则整个过程就不是等温的。由非等温过程所制得的制品质量较差,因此,和前面所说无定形聚合物的拉伸定向一样,拉伸定向最好是在温度梯度下降的情况下进行。

热处理何以能够减少制品收缩,这在无结晶倾向的与有结晶倾向的两类聚合物中的原因本质上有些不同。对前者来说,热处理的目的在于使已经拉伸定向的中间制品中的短链分子和分子链段得到松弛,但是不能扰乱它的主要定向部分。显然,扰乱的界限是由温度来定的,所以热处理的温度应该定在能够满足短链分子和分子链段松弛的前提下尽量降低,以免扰乱定向的主要部分。对有结晶倾向的聚合物来说,上述内容只占一部分,众所周知,结晶常能限制分子的运动,因此,这类聚合物中间制品的热处理温度和时间应定在能使聚合物形成结晶以防止收缩的区域内。

3.2.4 高聚物的显微结构和强韧化加工

高分子材料的显微结构自增强技术是近年来发展起来的一种新的材料加工技术,其目的是为了大幅度提高现有通用材料的弹性模量、屈服强度和耐热性,挖掘材料内在的潜力,以开发来源广泛、价廉物美、力学性能优异的新材料。

当然,这里所说的高性能化是有条件的。所有取向态材料都是各向异性的,其结构也是非均匀的。因此,这种制备加工工艺必须与成型工艺以及制品设计结合起来考虑。注塑和挤出自增强方面的初步成果,可能使材料微观结构自增强的工作跨出实验室的研究范围,走向实用化预研究。可以相信,以注塑和挤出进行材料自增强,将产生广泛的社会经济效益,大大地推动高分子材料的利用水平。

1. 柔性链高分子强韧化的材料学基础

高分子材料的基础构造单元是长链大分子中的 C—C 原子共价键,其结合能高达 400 kJ/mol,对应着极高的理论刚度和强度。当然,作为主价力的共价键结合力只是高聚物中的一种作用力,另一种作用力是作为次价力的范德瓦耳斯力或偶极键力,它们的结合能约为 40 kJ/mol。

因高分子研究的卓越成果而获诺贝尔奖的 Staudinger 教授指出,人们可以通过有意识地利用大分子内和大分子间的不同作用力,尽可能地伸展以 C—C 键结合的大分子长链,造成键的刚直取向,从而获得高模量、高强度的高分子材料。理论计算的聚乙烯单晶的室温模量和强度都超过了碳钢,聚乙烯的实际值远远低于其理论值,也低于碳钢,这一方面说明仅用共价键的结合说明材料的性能太理想化,另一方面也说明聚乙烯材料的力学性能还大有潜力。聚乙烯和碳钢的理论力学性能与实际力学性能的比较见表3.2。

表3.2 聚乙烯和碳钢的理论力学性能与实际力学性能的比较

材料	模量/GPa			抗拉强度/GPa		
	理论值	实际值		理论值	实际值	
		纤维	体材		纤维	体材
聚乙烯 PE	300	100	1	27	1.5	0.03
聚丙烯 PP	50	20	1.6	16	1.3	0.038
尼龙 PA66	160	5	2.0	27	1.7	0.05
碳钢	273	210	210	11	4.0	1.4

柔性链高分子的强韧化基本上都是以半结晶的热塑性高聚物为对象的。热塑性高聚物的成型加工不仅赋予材料以特定的形状,而且也在这个材料的超分子结构上深深地打上了这种成型工艺的烙印。

2. 柔性链高分子的自增强技术

实现高分子材料自增强的主要途径:一是熔相变形工艺,一是固相变形工艺,有代表性的几个工艺介绍如下。

(1)毛细管黏度仪热熔挤出工艺。挤出温度稍高于材料的熔融温度,挤出压力达2 000 MPa(单螺杆挤出 15 MPa)。这样,熔体在经过锥口时取向,所形成的结构继而在冷却条件下经高压固定。依照这种工艺制成的 PE 试样,模量达 50~90 GPa。只是试样的最大长度不过 10 mm,所以没有明显的实用价值。

(2)毛细管的注塑实验。毛细管注塑的自增强 HDPE 试样的模量高达 50~90 GPa。在热台偏光显微镜下观察发现,这种纤维状晶体在高达 165 ℃的温度下仍未完全熔化,其优越的热力学稳定性显而易见。扫描电子显微镜(SEM)照片表明,材料内部确实生成了为数不少的串晶织构,材料本身具有明显的皮芯结构,而且沿注塑方向存在着性能和结构的不均匀现象。

(3)双筒注塑机。其低压筒像常规注塑机一样熔料和送料,而高压筒可以产生 500 MPa 的压力并保压。他们制成的 $\Phi25\times\Phi1.5$ 的 HDPE 注塑样的模量达 8 GPa,强度达 200 MPa。苏联的 Abramov 也报道过相似的工作,这项工作的最大缺点是必须设计和改装注塑机,装备耗资较大。我国科技工作者益小苏在这方面做了很多工作。

3. 挤出自增强技术与产物性能

由于拉伸流动对分子的拉伸作用比剪切有效得多,为取得很好的拉伸效果,应使熔体中有较大比例的拉伸流动,为此,益小苏等人也设计制造了一个收缩锥口模具来产生纵向速度梯度,如图3.7所示。

挤出自增强效果的形成过程:为了固定住取向态的结构,一个有效的方法是建立高压。但开放式的挤出过程不同于密闭模腔中的注塑,可以这么说,挤出压力是整个过程的一个最重要的控制因素。当模具收缩口的收缩比为16,温度梯度控制在 30~400 ℃,收缩口的出口温度控制在 1 300 ℃左右时,可以挤出有明显增强效果的棒样,此时的挤出速度在为 2~5 mm/min。整个挤出机轴向的压力分布在收缩口处达到最大值。由于此处压力和取向的

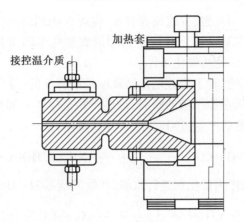

图 3.7 锥口模具

双重作用,熔体的熔点升高,使物料流出收缩口时温度已低于其熔点,从而迅速结晶,固定住取向的链结构。

挤出制得的自增强 HDPE 从外观看十分光滑,有一定的透明度,抗拉强度为 79 MPa,最大达 102 MPa,模量约为 3.0 GPa。与此相比,常规挤出试样(220 ℃)的强度和模量分别仅为 20 MPa 和 0.96 GPa。

3.3 加工过程中聚合物的降解与交联

线型大分子链之间以新的化学键连接,转变为三维网状或体型结构的反应,称为交联反应。适当交联的高聚物在机械强度、耐寒性、耐溶剂性、化学稳定性等方面都比相应的线型高聚物有所提高,因而,交联反应被广泛地应用于高聚物的改性。例如,聚乙烯在过氧化物存在的条件下加热,或利用高能射线照射均可实现交联。高密度聚乙烯的使用温度在 100 ℃ 左右,经辐射交联可将使用温度提高到 135 ℃,若在无氧条件下,还可高达 200～300 ℃,显而易见,辐射交联提高了聚乙烯的耐热性。此外,聚乙烯的缺点之一是应力开裂问题,若在成型时加入交联剂进行化学交联或辐射交联,都可大大提高耐环境应力开裂的性能。随着这些性能的改善,交联聚乙烯在电缆工业上成为非常重要的材料。

橡胶或弹性体的交联常称为硫化。高聚物的硫化最早的含义是指用元素硫使橡胶转变为适量交联键的网状高聚物(橡皮)的化学过程,经过硫化后使橡胶的弹性、稳定性和抗张强度都得到改善。

后来,利用过氧化物、重氮化物及其他金属氧化物使橡胶分子交联的化学反应也习惯称为硫化。例如,氟橡胶、硅橡胶的硫化并不用硫黄,而是用氧化物(ZnO,PbO)和过氧化物(过氧化苯甲酰)作为硫化剂,因此现在硫化的含义更广了,它指由化学因素或物理因素引起的弹性体交联的总称。例如,辐射硫化便是由物理因素引起的交联过程,饱和的或不饱和的高聚物都可在高能射线的作用下实现大分子链间的交联,而且这种硫化无须高温和高压,也不无须加入硫化剂。例如辐射交联聚乙烯电线电缆的生产已工业化多年,交联后的聚乙烯在耐热性、化学稳定性和其他力学性能方面都有较大提高。辐射硫化橡胶的力学性能与电性能也比一般的硫化橡胶要好;但辐照设备的投资较大,管理要求也较高。

降解是分子链的主链断裂引起聚合物相对分子质量下降的反应。聚合物降解反应可由化学试剂或极性物质如水、醇、酸、胺或氧等引起,也可在物理因素的作用下(如热、光、高能辐射、机械力等)发生;在多数情况下往往是物理因素和化学因素共同起作用的结果,如热氧化、光氧化等,在加工中常见热氧化条件。

化学降解是有选择性的,对于杂链化合物来说是最特征的,即化学作用(水解、酸解、胺解或醇解)的结果是引起碳杂原子键的断裂,最终产物是单体。如聚酰胺的水解,可用酸或碱作为催化剂,链节经水解后产生—NH_2 及—COOH 端基,即

$$\sim\sim\sim NH-CO\sim\sim\sim \xrightarrow[\text{或 } OH^-]{H_3O^+} \sim\sim\sim NH_2 + HOOC\sim\sim\sim$$

聚酯同样可用酸或碱作为催化剂进行水解,产物的端基为—OH 及—COOH,即

$$\sim\sim\sim O\text{-}(CH_2)\text{-}O\text{-}CO(CH_2)_n CO\sim\sim\sim \xrightarrow[\text{或 } OH^-]{H_3O^+} \sim\sim\sim O\text{-}(CH_2)\text{-}OH + HOOC\text{-}(CH_2)_n CO\sim\sim\sim$$

芳香族二元酸的聚酯对水解具有较大的稳定性,在水解聚对苯二甲酸乙二醇酯时,水解速率尚依赖于聚合物的物理结构(聚态结构),晶区较无定形区还难水解。

聚酰胺与聚酯的水解反应常被应用于处理该物质的工业品废料,将废料水解后得到单体可重新用来聚合。

C—C 键对化学试剂是稳定的,因此饱和的碳链聚合物对化学降解的倾向性很小。在通常的情况下,碳杂链聚合物对化学试剂(酸、碱等)的耐腐蚀性要比饱和的碳链差。

物理因素引起的聚合物降解反应选择性较小,因为各种化学键键能都相差不大。例如 C—C 键能为 334.4 kJ/mol,而 C—O 及 Si—O 则分别为 330.4 kJ/mol 及 372.02 kJ/mol。

加热使高聚物降解是物理降解方式中最常用的一种,同时高聚物的热稳定性往往在裂解条件下进行研究。近代技术需求耐高温的材料,因此阐明在热的作用下高聚物被破坏的行为具有重要的意义。高聚物的热稳定性与其含有各种化学键的分解能有很大关系,如加入足够的能量,可使主链断裂,首先是在分子链中最薄弱的环节被破坏,因此高聚物的结构是决定其裂解行为的主要因素。共聚物热裂解时键的稳定次序为

$$C-F > C-H > C-C > C-Cl$$

主链中各种 C—C 键的相对强度为

$$\sim\sim\sim C-C-C\sim\sim\sim > \sim\sim\sim C-\underset{C}{C}-C\sim\sim\sim > \sim\sim\sim C-\underset{C}{\overset{C}{C}}-C\sim\sim\sim$$

即聚乙烯>聚乙烯(支化)>聚丙烯>聚异丁烯,因此聚异丁烯、聚甲基丙烯酸甲酯、聚 α-甲基苯乙烯等有很高的分解速率。

第4章 挤出成型

4.1 概　　述

挤出成型也称挤压模塑或挤塑,即借助螺杆或柱塞的挤压作用,使受热熔化的聚合物物料在压力推动下,强行通过口模并冷却而成为具有恒定截面的连续型材的成型方法。

挤出成型是高分子材料加工领域中变化众多、生产率高、适应性强、用途广泛、所占比例最大的成型加工方法。几乎能成型所有的热塑性塑料,也可用于少量热固性塑料的成型。塑料挤出成型与其他成型方法相比较(如注射成型、压缩成型等)具有以下特点:挤出生产过程是连续的,其产品可根据需要生产任意长度的塑料制品;模具结构简单,尺寸稳定;生产效率高,生产量大,成本低,应用范围广,能生产管材、棒材、板材、薄膜、单丝、电线电缆、异型材等。目前,挤出成型已广泛用于日用品、农业、建筑业、石油、化工、机械制造、电子、国防等工业部门,约50%的热塑性塑料制品是挤出成型得到的。

此外,挤出工艺也常用于塑料的着色、混炼、塑化、造粒及塑料的共混改性等,以挤出为基础,配合吹胀、拉伸等技术则发展为挤出-吹塑成型和挤出-拉幅成型制造中空吹塑和双轴拉伸薄膜等制品。可见,挤出成型是塑料成型最重要的方法。

橡胶的挤出成型通常称为压出。橡胶压出成型应用较早,设备和技术也比较成熟,压出是使胶料通过压出机连续地制成各种不同形状半成品的工艺过程,广泛用于制造轮胎胎面、内胎、胶管及各种断面形状复杂或空心、实心的半成品,也可用于包胶操作,是橡胶工业生产中的一个重要工艺过程。

在合成纤维生产中,螺杆挤出熔融纺丝,是从热塑性塑料挤出成型发展起来的连续纺丝成型工艺,在合成纤维生产中占有重要地位。

4.2 挤出设备

一套挤出设备通常由挤出机(主机)、辅机(机头、定型、冷却、牵引、切割、卷取等装置)、控制系统3部分组成,图4.1所示为管材挤出机组的组成。挤出成型所用的设备统称为挤出机组,主机在挤出机组中是最主要的组成部分。

4.2.1 挤出机

1. 挤出机的分类

塑料挤出机的类型很多,其分类也较多,常用的分类方法有以下几种。

(1)按挤出的方式分为螺杆式挤出机(连续式挤出)和柱塞式挤出机(间歇式挤出)。

(2)按螺杆数量分为单螺杆挤出机、双螺杆挤出机及多螺杆挤出机。

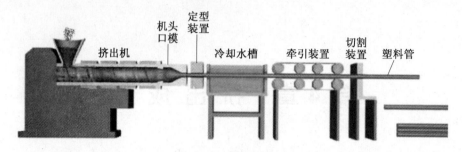

图 4.1 管材挤出机组的组成

(3)按螺杆的转速度分为普通挤出机,转速在 100 r/min 以下;高速挤出机,转速为 300 r/min;超高速挤出机,转速为 300 ~ 1 500 r/min。

(4)按装配结构分为整体式挤出机和分开式挤出机。

(5)按螺杆在空间布置不同分为卧式挤出机和立式挤出机。

(6)按挤出机在加工过程中是否排气分为排气式挤出机和非排气式挤出机。

目前,生产中最常用的是卧式单螺杆非排气式挤出机。

2. 挤出机的主要技术参数与型号

我国生产的塑料挤出机的主要技术参数已经标准化。卧式单螺杆非排气式挤出机的主要技术参数如下。

(1)螺杆直径 D:螺杆的外圆直径,单位为 mm。

(2)螺杆的长径比 L/D:螺杆工作部分长度 L 与外圆直径 D 之比。

(3)主螺杆的驱动电动机功率 P,单位为 kW。

(4)螺杆的转速范围 n:螺杆可获得稳定的最小和最大的转速范围,用 $n_{min} \sim n_{max}$ 表示,单位为 r/min。

(5)挤出机生产能力 Q,单位为 kg/h。

(6)料筒的加热功率 E,单位为 kW。

(7)机器的中心高度 H:螺杆中心线到地面的高度,单位为 mm。

(8)机器的外形尺寸(长×宽×高),单位为 mm。

挤出机型号的编制方法依据《GB/T 12783—2000 橡胶塑料机械产品型号编制方法》,产品型号规格表示方法如图 4.2 所示。塑料机械类别、组别、品种代号见表 4.1。

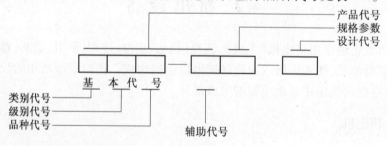

图 4.2 产品型号规格表示方法

表 4.1　塑料机械类别、组别、品种代号

类别	组别	品种		主参数/mm	备注
		名称	代号	名称	
塑料机械 S(塑)	挤出机 J(挤)	塑料挤出机		螺杆直径×长径比	长径比 20∶1 不标注
		塑料双螺杆挤出机	S(双)	螺杆直径	
		塑料多模制鞋挤出机	E(鞋)	螺杆直径×模子数	
		塑料喂料挤出机	W(喂)	螺杆直径×长径比	
		塑料排气式挤出机	P(排)	螺杆直径×长径比	
		塑料复合机头挤出机	F(复)	螺杆直径×螺杆直径	

例如，SJ-120 表示螺杆直径为 120 mm，长径比为 20∶1 的塑料挤出机；SJ-65/25A 表示直径为 65 mm，长径比为 25∶1，经第一次结构改进的塑料挤出机。

3. 挤出机的组成

挤出机的组成有挤出系统、加料系统、传动系统及加热冷却系统 4 部分。图 4.3 所示为卧式单螺杆挤出机结构组成。

（1）挤出系统。

挤出系统主要由螺杆和机筒组成，首先塑料进入料筒，通过螺杆挤压被塑化成均匀的熔体，在压力作用下，由螺杆连续地定压、定量、定温地挤出机头。

①螺杆。螺杆是挤出机最主要的部件，通过螺杆的转动，对料筒内物料产生挤压作用，使其发生移动，得到增压，获得由摩擦产生的热量。

a. 螺杆的基本结构。螺杆是一根笔直的、有螺纹的金属圆棒。螺杆是用耐热、耐腐蚀、高强度的合金钢制成的，其表面应有很高的硬度和光洁度，以减少物料与螺杆的表面摩擦力，使物料在螺杆与料筒之间保持良好的传热与运转状况。螺杆的中心有孔道，可通冷却水，目的是防止螺杆因长期运转与塑料摩擦生热而损坏，同时使螺杆表面温度略低于料筒，防止物料黏附其上，有利于物料的输送。图 4.4 所示为普通螺杆基本结构。

螺杆用止推轴承悬支在料筒的中央，与料筒中心线吻合，不应有明显的偏差。螺杆与料筒的间隙很小，使塑料受到强大的剪切作用而塑化。

螺杆由电动机通过减速机构传动，转速一般为 10~120 r/min，要求是无级变速。

b. 螺杆的几何结构参数及选择。螺杆的几何结构参数有直径、长径比、压缩比、螺槽深度、螺旋角、螺杆与料筒的间隙等，对螺杆的工作特性有重大的影响。螺杆结构的主要参数如图 4.5 所示。

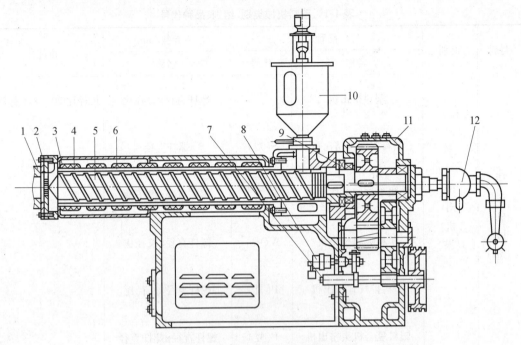

图 4.3 卧式单螺杆挤出机结构组成

1—机头连接法兰;2—过滤板;3—冷却水管;4—加热器;5—螺杆;6—料筒;7—液压泵;
8—测速电动机;9—推力轴承;10—料斗;11—减速器;12—螺杆冷却装置

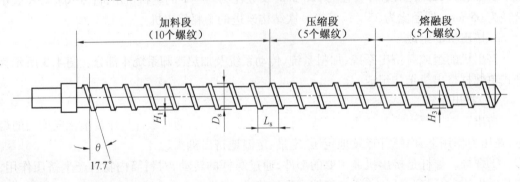

图 4.4 普通螺杆基本结构

D_s—螺杆外径;L_s—螺距;H_1—加料段螺槽深度;θ—螺旋角;H_3—均化段螺槽深度

螺杆直径 D_s:指其外径,随螺杆的直径增大,挤出机的生产能力提高,所以挤出机的规格常以螺杆的直径大小表示。螺杆直径的大小,一般根据制品的断面尺寸和所要求的生产率来确定。用大直径的螺杆挤出小型制品是不经济的,而且由于机头压力过高,有可能损坏机器零件;而用小直径螺杆挤出大型制品也是相当困难的,其工艺条件很难控制。所以,制品截面尺寸与螺杆直径大小应适当配合选取。表 4.2 列出了螺杆直径系列与可加工塑料制品的尺寸范围,仅供参考。

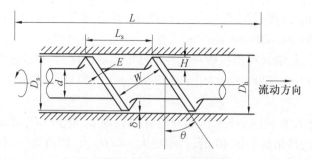

图 4.5　螺杆结构的主要参数

D_s—螺杆外径；D_h—料筒内径；L_s—螺距；H—螺槽深度；W—螺槽宽度；
θ—螺旋角；E—螺纹棱部宽度；δ—间隙；L—螺杆长度；d—螺杆直径

表 4.2　螺杆直径系列与可加工塑料制品的尺寸范围

螺杆直径/mm	硬管直径/mm	吹膜折径/mm	挤板宽度/mm	螺杆直径/mm	硬管直径/mm	吹膜折径/mm	挤板宽度/mm
φ30	3~30	50~300		φ120	50~180	约 2 000	700~1 200
φ45	10~45	100~500		φ150	80~300	约 3 000	1 000~1 400
φ65	20~65	400~900		φ200	120~400	约 4 000	1 200~2 500
φ90	30~120	700~1 200	400~800				

如果采用双螺杆挤出机，一般根据管材最大定径直径与双螺杆挤出机的型号关系进行选择，见表 4.3。

表 4.3　管材最大定径直径与双螺杆挤出机的型号关系

双螺杆挤出机型号	SJZ-45	SJZ-55	SJZ-65	SJZ-80	SJZT-80
管材最大定径直径/mm	80	120	250	400	600

对橡胶挤出加工来说，每一规格的螺杆挤出机仅适合一定范围半成品的挤出，一般用挤出半成品的横截面积与螺杆外圆横截面积之比——缩小比来选用挤出机，缩小比一般可取 1/8~1/4。

对宽度较大的橡胶半成品，其宽度 b 受到螺杆直径 D 的限制，它们之间的关系为：当 $b>300$ mm 时，$b \leq (3\sim4)D$；当 $b<300$ mm 时，$b \leq (3.5\sim5)D$。

挤出内胎等薄壁圆筒半成品时，可按下面的经验公式选取螺杆直径，即

$$D = D_{成} \tag{4.1}$$

挤出胶管时，可按下述经验公式选取螺杆直径，即

$$D = \pi D_{成} \tag{4.2}$$

式中　$D_{成}$——挤出半成品外径，mm

从挤出理论公式可知，生产能力接近于与螺杆直径 D 的平方成正比，即在其他条件相同时，增大螺杆直径，生产能力显著增加。但是生产能力不但与螺杆直径有关，而且与螺杆转速、物料性能、机头压力以及其他几何参数有关。所以只有在了解比较多的条件时，才能选择到合适的螺杆直径，从而确定挤出机的规格。

对于塑料挤出机,螺杆的直径已经规格化,其直径系列为:30 mm,45 mm,65 mm,90 mm,120 mm,150 mm,200 mm。

而橡胶加工中,热喂料挤出机螺杆直径也已形成规格化,其直径系列为:30 mm,65 mm,85 mm,115 mm,150 mm,200 mm,250 mm,300 mm。我们选择螺杆直径时,应按系列标准选取。

螺杆的长径比 L/D_s:指螺杆工作部分的有效长度 L 与直径 D_s 之比,此值通常为 15~25,但近年来发展的挤出机有达 40 的,甚至更大。L/D_s 大,能改善塑料的温度分布,混合更均匀,并可减少挤出时的逆流和漏流,提高挤出机的塑化能力。L/D_s 过小,对塑料的混合和塑化都不利。因此,对于硬塑料、粉状塑料含氟塑料或结晶型塑料要求塑化时间长,应选择较大的 L/D_s。粉料造粒、吹塑薄膜成型,应选择较大的 L/D_s。对于回收废料造粒,L/D_s 可小些。用于排除挥发物的挤出机螺杆长径比可高达 35 或 40,乃至更高。但 L/D_s 太大,对热敏性塑料会因受热时间长而易分解,同时螺杆的自重增加,制造和安装都困难,也增大了挤出机的功率消耗。目前,L/D_s 以 25 居多。

对于橡胶加工来说,其长径比根据加料情况的不同而不同。有资料推荐,对热喂料的胎面、胶管等压型挤出机,其螺杆长径比取 3~5;对合成橡胶热喂料挤出机,其螺杆长径比取 5~10;对冷喂料挤出机,其螺杆长径比取 10~15。

螺杆的压缩比 A:指螺杆加料段第一个螺槽的容积与均化段最后一个螺槽的容积之比,即螺杆的几何压缩比(物理压缩比是指物料进入加料口时的松散固体的密度和受热熔融后的密度之比),它表示塑料通过螺杆的全过程被压缩的程度。A 越大,塑料受到挤压的作用也就越大,排除物料中所含空气的能力就大。但 A 太大,螺杆本身的机械强度下降。压缩比一般为 2~5。压缩比的大小取决于挤出物料的种类和形态,粉状塑料的相对密度小,夹带空气多,其压缩比应大于粒状塑料。另外挤出薄壁状制品时,压缩比应比挤出厚壁制品大。压缩比的获得主要采用等距变深螺槽、等深度变距螺槽和变深变距螺槽等方法,其中等距变深螺槽是最常用的方法。

对于橡胶加工,一般几何压缩比取为物理压缩比的二倍。热喂料挤出机的螺杆几何压缩比一般取为物理压缩比的二倍,热喂料挤出机的螺杆几何压缩比一般取 1.3~1.5,冷喂料挤出机则取 1.7~2.1。

在螺杆上实现压缩比的方法有多种,即可用等距不等深、等深不等距及不等深不等距等多种形式。就目前来说,塑料加工多采用等距不等深,橡胶加工多采用等深变距的办法来实现所需要的压缩比。

螺槽深度 H:沿螺杆轴向各段的螺槽深度通常是不等的,加料段的短槽深度 H_1 是定值,一般 $H_1 > 0.1D_s$;压缩段的螺槽深 H_2 是变化值;均化段的短槽深 H_3 是定值,按经验 $H_3 = 0.02 \sim 0.06 D_s$。

均化段的螺槽深度 H_3 是一个重要参数,它对挤出物的塑化质量和混炼质量、机器的生产率和功率消耗以及螺杆的强度等都有直接影响。当均化段的 H_3 减小时,在相同的螺杆转速下,熔融物料的剪切速率增大,使物料层之间的摩擦发热增加,再加上料层薄,外界加热的热量也较容易使物料热透,从而保证物料的塑化质量。因此,有些物料热稳定性好和熔体黏度低,如 PE,PA 选用较小的 H_3 比较合适;而有些物料,如硬 PVC,由于其热稳定性较差,比热较小,强烈的内摩擦使它们过热分解,甚至烧焦,因此应选用较大的 H_3。再者,根据熔体输送理论的分析,浅螺槽的工作特性较硬,并对不同压力的机头口模适应性强,而深槽螺杆则与此相反,多用于机头口模压力较低、产量要求较高的软质物料的挤出过程。

由此可见,螺槽深度 H_3 的决定也是一个相当复杂的问题,用理论公式计算有一定困难,因此,大多数采用经验数据来确定。对塑料加工, $H_3 = (0.025 \sim 0.06)D$;而对橡胶加工, $H_3 = (0.18 \sim 0.25)D$ 。

螺旋角 θ : 是螺纹与螺杆横截面之间的夹角,随着 θ 的增大,挤出机的生产能力提高,但螺杆对塑料的挤压剪切作用减少。通常 θ 为 $10° \sim 30°$,螺杆中沿螺纹走向,螺旋角大小有所变化。

直径=螺距($D_s = L_s$)时,螺杆最容易加工,此时 $\theta = 17.7°$ 。这是最常用的螺杆。对橡胶加工所采用的变距螺杆,其螺旋升角可按表4.4选取。

表4.4 变距螺杆的螺旋升角

螺杆直径/mm	螺旋升角	螺杆直径/mm	螺旋升角
50~65	12°~20°	115~150	18°~32°
85~90	15°~18°	200~250	25°~35°

螺棱顶面宽度: 螺棱顶面宽度一般取 $e = (0.08 \sim 0.12)D$ 。在保证螺棱强度的条件下, e 值取小一些,因为比较大的 e 值不但占据一部分螺槽容积,而且增加螺杆的功率消耗,又容易引起物料的局部过热的危险。 e 值也不能过小,否则会削弱螺棱强度,增大漏流流量,从而降低生产能力,尤其对低黏度的熔料更甚。

螺杆与料筒的间隙 δ : 其大小影响挤出机的生产能力和物料的塑化。 δ 值大,生产效率低,且不利于热传导并降低剪切速率,不利于物料的熔融和混合。但 δ 过小时,强烈的剪切作用易引起物料出现热力学降解。一般 $\delta = 0.1 \sim 0.65$ mm 为宜,对大直径螺杆,取 $\delta = 0.002D_s$,小直径螺杆,取 $\delta = 0.005D_s$ 。

c. 螺杆的形式。塑料的品种很多,性质各异,为了适应加工不同塑料的要求,螺杆的种类也很多,螺杆的结构形式有很大的差别。螺杆一般分为普通螺杆和高效专用型螺杆。

普通螺杆是指常规全螺纹三段螺杆,这种螺杆应用最广,整根螺杆由三段组成,其挤出过程完全依靠全螺纹的形式完成。根据螺距和螺槽深度的变化,螺杆可分为等距变深螺杆、等深变距螺杆和变距变深螺杆。

为了得到较好的挤出质量,要求物料尽可能避免局部受热时间过长而产生热降解现象,能平稳地从螺杆进入机头,这与螺杆头部的形状有很大关系。螺杆头部一般设计为锥形成半圆形,以防止物料在螺杆头部滞流过久而分解。

普通螺杆存在熔融效率低,塑化混合不均匀等缺点,往往不能很好地适应这些特殊塑料的加工或进行混炼、着色等工艺过程。目前常用的改进方法是加大长径比,提高螺杆转数,加大均化段的螺槽深度等,这些改进措施有一定的成效,但比较有限。

新型螺杆主要有屏障型螺杆、销钉型螺杆、波型螺杆、分配混合型螺杆、分离型螺杆和组合型螺杆。这些螺杆的共同特点是在螺杆的末端(均化段)设置一些剪切混合元件,以达到促进混合、熔化和提高产量的目的。图4.6是几种新型高效螺杆的混合部件。

②机筒。机筒是一金属圆筒,机筒与螺杆配合,塑料的粉碎、软化、熔融、塑化、排气和压

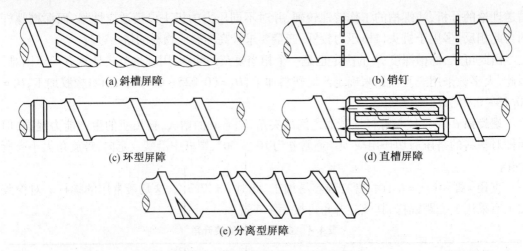

图4.6 几种新型高效螺杆的混合部件

实都在其中进行,并向机头(口模)连续均匀输送熔体。一般机筒的长度为其直径的15~30倍,机筒外部设有加热装置,使塑料能从机筒上摄取热量进行熔融塑化。为了控制和调节机筒温度,通常还设有冷却装置及温控仪器。

由于塑料在塑化和挤压过程中温度可达250 ℃,压力达到55 MPa,料筒的材质必须具有较高的强度、坚韧性和耐腐蚀性。料筒通常是由钢制外壳和合金钢内衬共同组成。衬套磨损后可以拆除和更换。

料筒加料口的形状及开设位置受所加料性能影响。加料口应保持物料自由、高效地加入料筒不易产生架桥,便于设置冷却系统和利于清理。

(2)加料系统。

加料系统指机筒加料口以前的部分,由加料斗和上料装置组成。加料斗的形式有圆锥形、圆柱-圆锥形、矩形等。料斗侧面开有视镜孔以观察料位,料斗的底部有开合门以停止和调节加料量。料斗的上方可以加盖以防止灰尘、湿气及其他杂物进入。料斗的材料一般采用铝板和不锈钢板。料斗的容量至少应容纳1~1.5 h的挤出量。加料口的形状有矩形与圆形两种,一般多采用矩形。上料有人工上料和自动上料两种。自动上料装置主要有鼓风上料、弹簧上料、真空吸料等。

(3)传动系统。

传动系统是挤出机的重要组成部分之一。它的作用是在给定的工艺条件(如机头压力、螺杆转数、挤出量、温度等)下,使螺杆具有必要的扭矩和转数均匀地回转,从而完成挤出过程。

传动系统由电动机、减速装置、变速器及轴承系统组成。

(4)加热和冷却系统。

为使塑料在加工工艺所要求的温度内挤出,一般挤出机的机筒和机头外部上都设有加热冷却系统装置及测量、控制温度的仪器仪表。

①挤出机的加热。目前挤出机的加热方法有载热体加热、电阻加热和电感应加热等。

②挤出机的冷却。冷却装置是保证塑料在工艺要求的范围内稳定挤出的一个重要部分,它与加热系统又是密切联系而不可分割的。

随着挤出机向高速高效发展,螺杆转速不断提高,物料在料筒内所受的剪切和摩擦会加剧,因此对料筒和螺杆必须进行冷却。在料筒的加料段和料斗座部位设冷却装置是为加强这段固体物料的输送。

a. 料筒的冷却。料筒冷却方法有风冷和水冷两种。风冷的特点是冷却比较柔和、均匀、干净,但风机占有空间体积大,其冷却效果易受外界气温的影响。一般用于中小型挤出机较为合适。与风冷相比,水冷的冷却速度快、体积小、成本低,但易造成急冷,水一般都未经过软化处理,水管易出现结垢和锈蚀现象而降低冷却效果或被堵塞、损坏等。

b. 螺杆的冷却。螺杆冷却的目的是有利于物料的输送,同时防止塑料因过热而分解。通入螺杆中的冷却介质为水或空气。在新型挤出机上,螺杆的冷却长度是可以调整的。根据各种塑料的不同加工要求,依靠调整伸进螺杆的冷却水管的插入长度来提高机器的适应性。

c. 料斗座的冷却。挤出机工作时,进料口温度过高,易形成"架桥",进料不畅,严重时不能进料,因此,加料斗座应设置冷却装置并防止挤压部分的热量传到止推轴承和减速箱,保证挤出机的正常工作。冷却介质多采用水。

4.2.2 挤出成型辅机

挤出成型可加工的聚合物种类及产品很多,成型过程有很多差异,但基本工艺流程大致相同。各种辅机均由机头、定型装置、冷却装置、牵引装置、切割装置和卷取装置所组成。图4.7为管、板、薄膜挤出成型工艺流程。

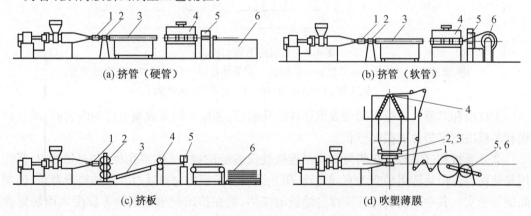

图4.7　管、板、薄膜挤出成型工艺流程
1—机头;2—定型;3—冷却;4—牵引;5—切割;6—卷曲(堆放)

1. 机头

机头是挤出制件成型的主要部件,它使来自挤出机的熔融物料由螺旋运动变为直线运动,并进一步塑化,同时产生必要的成型压力,保证制件密实,从而获得截面形状一致的连续型材。

(1)机头的分类。

①按挤出制品分类。可分为管材、棒材、板材、片材、网材、单丝、粒料、各种异型材、吹塑薄膜、电线电缆等。

②按制品出口方向分类。可分为直向机头和横向机头,直向机头内料流方向与挤出机

螺杆轴向一致,如硬管机头;横向机头内料流方向与挤出机螺杆轴向成某一角度,如电缆机头。

③按机头内压力大小分类。可分为低压机头(料流压力小于4 MPa)、中压机头(料流压力为4~10 MPa)和高压机头(料流压力大于10 MPa)。

(2)机头的组成。

以典型的管材挤出成型机头(图4.8)为例,挤出成型机头的结构可分为以下几个主要部分。

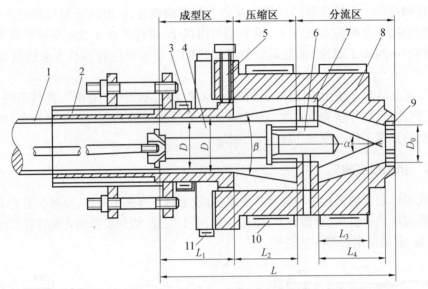

图4.8 管材挤出成型机头

1—管道;2—定径管;3—口模;4—芯模;5—调节螺钉;6—分流器;7—分流器支架;
8—机头体;9—过滤板;10,11—电加热(加热圈)

①口模和芯模。口模3用来成型塑件的外表面,芯模4用来成型塑件的内表面,所以口模和芯模决定了塑件的截面形状。

②分流板和过滤板。在料筒和口模连接处设置分流板(又称多孔板)和过滤板9,其作用是使物料流由旋转运动变为直线运动,阻止杂质和未塑化物料通过并增加料流背压,使制品更加密实。其中分流板还起支撑过滤板的作用,但在挤出硬聚氯乙烯等黏度大而稳定性差的物料时,一般不用过滤板。

③分流器和分流器支架。分流器6(又称鱼雷头)使通过它的物料熔体分流变成薄环状以平稳地进入成型区,同时进一步加热和塑化;分流器支架7主要用来支承分流器及芯棒,同时也能对分流后的塑料熔体加强剪切混合作用,但产生的熔接痕影响塑件强度,小型机头的分流器与其支架可设计成一个整体。

④机头体。机头体8相当于模架,用来组装并支撑机头的各零件,机头体需与挤出机筒连接,连接处应密封以防塑料熔体泄漏。

⑤温度调节系统。为了保证塑料熔体在机头中正常流动及挤出成型质量,机头上一般设有可以加热的温度调节系统,如图4.8所示的电加热圈10,11。

⑥调节螺钉。调节螺钉5用来调节控制成型区内口模与芯棒间的环隙及同轴度,以保

证挤出塑件壁厚均匀。

机头的选用依据原料、制品形状等确定，管材常用的机头见4.5.1节。

2. 定型冷却装置

物料从口模挤出时，温度可达180 ℃，为避免熔融态料坯在重力下变形，应立即进行定型冷却。管材、异型材、片材、膜等制品都有相应的冷却定型装置，4.5.1节详述了管材的定性冷却装置。

3. 牵引装置

为克服料坯在冷却定型过程中所产生的摩擦力，使其以均匀的速度引出并调节制品壁厚，在冷却槽后必须加设牵引装置。对牵引装置的要求是：应在一定范围内平滑地无级变速；在牵引过程中，牵引速度恒定。牵引夹紧力要适中并能调节，牵引过程中不打滑、跳动和展动，防止料坯永久变形。一般牵引速度大于挤出速度。

4. 切割卷曲装置

硬制品达到预定长度后要切断，常用圆锯。软制品（薄膜、软管、单丝）卷绕成卷后用刀裁断。

4.2.3 控制系统

塑料挤出机的控制系统包括加热系统、冷却系统及工艺参数测量系统，主要由各种电器、仪表和执行机构（控制屏和操作台）组成。

4.3 挤出过程及挤出理论

4.3.1 挤出过程

由高分子物理学可知，高聚物存在3种物理状态，即玻璃态、高弹态和黏流态，在一定条件下，这3种物理状态会发生相互转变。在挤出过程中，首先固态物料由料斗进入料筒后，随着螺杆的旋转而向机头方向前进，在这过程中，物料经历了固体-弹性体-黏流（熔融）体3个物理状态的变化。根据物料在挤出机中的3种物理状态的变化过程及对螺杆各部件的工作要求，通常将挤出机的螺杆分成加料段（固体输送区）、压缩段（熔融区）和均化段（熔体输送区）3段，如图4.9所示。对于这类常规全螺纹3段螺杆来说，塑料在挤出机中的挤出过程可以通过螺杆各段的基本职能及塑料在挤出机中的物理状态变化过程来描述。

1. 加料段

塑料自料斗进入挤出机的料筒内，在螺杆的旋转作用下，由于料筒内壁和螺杆表面的摩擦作用向前运动，在该段，螺杆的职能主要是对塑料进行输送并压实，物料仍以固体状态存在，虽然由于强烈的摩擦热作用，在接近加料段的末端，与料筒内壁相接触的塑料已接近或达到黏流温度，固体粒子表面有些发黏，但熔融仍未开始。这一区域称为迟滞区，是指固体输送区结束到最初开始出现熔融的一个过渡区。

2. 熔融段

塑料从加料段进入熔融段，沿着螺槽继续向前，由于螺杆螺槽的容积逐渐变小，塑料受到压缩，进一步被压实，同时物料受到料筒的外加热和螺杆与料筒之间强烈的剪切搅拌作

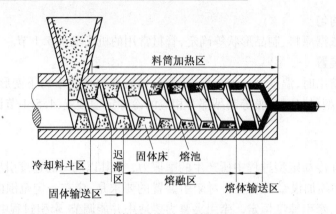

图 4.9 物料在挤出机中的挤出过程

用,温度不断升高,物料逐渐熔融,此段螺杆的职能是使塑料进一步压实和熔融塑化,排除物料内的空气和挥发分。在该段,熔融料和未熔料以两相的形式共存,至熔融段末端,塑料最终全部熔融为黏流态。

3. 均化段

从熔融段进入均化段的物料是已经全部熔融的黏流体。在机头口模阻力造成的回压作用下被进一步混合塑化均匀,并定量定压地从机头口模挤出,在该段螺杆对熔体进行输送。

4.3.2 挤出理论

多年来,许多学者进行了大量的实验研究工作,提出了多种描述挤出过程的理论,有些理论已基本上获得应用。但是各种挤出理论都存在不同程度的片面性和缺点,因此,挤出理论还在不断修正、完善和发展中。

目前应用最广的挤出理论是根据塑料在挤出机3段中的物理状态变化和流动行为来进行研究的,并以此建立固体输送理论、熔融理论和熔体输送理论。

1. 固体输送理论

物料自料斗进入挤出机的料筒内,沿螺杆向机头方向移动。首先经历的是加料段,物料在该段是处在疏松状态下的粉状或粒状固体,温度较低,黏度基本上无变化,即使因受热物料表面发黏结块,但内部仍是坚硬的固体,故形变不大。在加料段主要对固体塑料起螺旋输送作用。

固体输送理论是以固体对固体的摩擦静力平衡为基础建立起来的。该理论认为物料与螺槽和料筒内壁所有面紧密接触,形成具有弹性的固体塞子,并以一定的速率移动。物料受螺杆旋转时的推挤作用向前移动可以分解为旋转运动和轴向水平运动,旋转运动是由于物料与螺杆之间的摩擦力作用被转动的螺杆带着运动,轴向水平运动则是由于螺杆旋转时螺杆斜棱对物料的推力产生的轴向分力使物料沿螺杆的轴向移动。旋转运动和轴向运动同时作用的结果,使物料沿螺槽向机头方向前进。

固体塞的移动情况是旋转运动还是轴向运动占优势,主要决定于螺杆表面和料筒表面与物料之间摩擦力的大小。只有物料与螺杆之间的摩擦力小于物料与料筒之间的摩擦力时,物料才沿轴向前进;否则物料将与螺杆一起转动,因此只要能正确控制物料与螺杆及物料与料筒之间的静摩擦因数,即可提高固体输送能力。

为了提高固体输送速率,应降低物料与螺杆的静摩擦因数,提高物料与料筒的静摩擦因数,要求螺杆表面有很高的光洁度,在螺杆中心通入冷却水,适当降低螺杆的表面温度,因为固体物料对金属的静摩擦因数是随温度的降低而减小的。

2. 熔融理论

由加料段送来的固体物料进入压缩段,在料筒温度的外加热和物料与物料之间及物料与金属之间的摩擦作用的内热作用下而升温,同时逐渐受到越来越大的压缩作用,固体物料逐渐熔化,最后完全变成熔体,进入均化段。在压缩段既存在固体物料又存在熔融物料,物料在流动过程中有相变化发生,因此在压缩段的物料的熔化和流动情况很复杂,给研究带来许多困难。

(1) 熔化过程。

当固体物料从加料段进入压缩段时,物料是处在逐渐软化和相互黏结的状态,与此同时越来越大的压缩作用使固体粒子被挤压成紧密堆砌的固体床。固体床在前进过程中受到料筒外加热和内摩擦热的同时作用,逐渐熔化。图4.10所示为熔体熔融理论模型示意图,首先在靠近料筒表面处留下熔度层,当熔膜层厚度超过料筒与螺棱的间隙时,就会被旋转的螺棱刮下并汇集于螺纹推力面的前方,形成熔化,而在螺棱的后侧则为固体床。随着螺杆的转动,来自料筒的外加热和熔膜的剪切热不断传至来熔融的固体床,使与熔膜接触的固体粒子熔融。在沿螺槽向前移动的过程中,固体床的宽度逐渐减小,直至全部消失,即完成熔化过程。

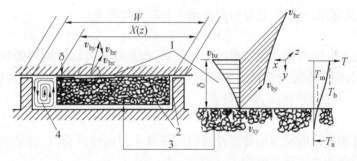

图 4.10　熔体熔融理论模型示意图

$X(z)$—固体床宽度;W—螺槽宽度;T_b—料筒温度;T_m—物料熔点;T_n—固体床的初始温度

1—料筒熔膜;2—螺杆熔膜;3—固体床;4—熔池

(2) 相迁移面。

熔化区内固体相和熔体相的界面称为相迁移面,大多数熔化均发生在此分界面上,它实际是由固体相转变为熔体相的过渡区域。熔体膜形成后的固体熔化是在熔体膜和固体床的界面(相迁移面)处发生的,所需的热量一部分来源于料筒的外加热,另一部分则来源于螺杆和料筒对熔体膜的剪切作用。

(3) 熔化长度。

挤出过程中,在加料段内是充满未熔融的固体粒子,在均化段内则充满已熔化的物料,而在螺杆中间的压缩段内固体粒子与熔融物共存,物料的熔化过程就是在此区段内进行的,故压缩段又称为熔化区。在熔化区,物料的熔融过程是逐渐进行的。图4.11所示为固体床在螺槽中的分布,自熔化区始点A开始,固体床的宽度将逐渐减小,熔池的宽度逐渐增加,

直到熔化区终点 B，固体床的宽度下降到零，进入均化段，固体床消失，螺槽全部充满熔体。从熔化开始到固体床的宽度降到零为止的总长度，称为熔化长度。

3. 熔体输送理论

从压缩段送入均化段的物料是具有恒定密度的黏流态物料，在该段物料的流动已成为黏性流体的流动，物料不仅受到旋转螺杆的挤压作用，同时受到由于机头口模的阻力所造成的反压作用，物料的流动情况很复杂。

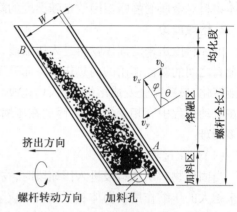

图 4.11　固体床在螺槽中的分布

通常把物料在螺槽中的流动看成由下面 4 种类型的流动所组成。

（1）正流。

正流是物料沿螺槽方向向机头的流动，这是均化段熔体的主流，是由于螺杆旋转时螺棱的推挤作用所引起的，从理论分析上来说，这种流动是由物料在深槽中受机筒摩擦拖曳作用而产生的，故也称为拖曳流动，它起挤出物料的作用。

（2）逆流。

逆流是沿螺槽与正流方向相反的流动，它是由机头口模、过滤板等对料流的阻碍所引起的反压流动，故又称压力流动，它将引起挤出生产能力的损失。

（3）横流。

物料沿 x 轴和 y 轴两方向在螺槽内往复流动，也是螺杆旋转时螺棱的推挤作用和阻挡作用所造成的，仅限于在每个螺槽内的环流，对总的挤出生产率影响不大，但对于物料的热交换、混合和进一步的均匀塑化影响很大。

（4）漏流。

物料在螺杆和料筒的间隙沿着螺杆的轴向往料斗方向的流动，它也是由于机头和口模等对物料的阻力所产生的反压流动。

4.3.3　挤出机的生产率

塑料在挤出机中的运动情况相当复杂，影响其生产能力的因素很多，因此要精确计算挤出机的生产率较困难。目前挤出机生产率的计算方法有如下几种。

1. 实测法

在实际生产的挤出机上测出制品从机头口模中挤出来的线速度，由此来确定挤出机的产量。

2. 按经验公式计算

对挤出机的生产能力进行多次实际调查和实测，并分析总结得出经验公式，即

$$q_m = \beta D^3 n \tag{4.3}$$

式中　　β——系数，一般 $\beta = 0.003 \sim 0.007$；

　　　　D——螺杆直径，cm；

　　　　n——螺杆转速，r/min。

3. 按固体输送理论计算

此法是把挤出机内的物料看成是一个固体塞子,把物料的运动看成像螺母在螺杆移动。

4. 按黏性流体流动理论计算

此法是把挤出机内的物料当作黏性流体,把物料的运动看作是黏性流体流动。在挤出机内只有在均化段的物料才是黏性流体,因此在挤出机正常工作时,螺杆均化段的流动速率可以看作是挤出机的挤出流量,影响均化段流率的因素也就是影响挤出机生产率的因素。应该说这种计算法最能代表真正的挤出机生产能力,因为物料流出均化段就是流出挤出机。

4.3.4 螺杆和机头(口模)的特性曲线

挤出成型时是在有机头口模的情况下进行的,要了解挤出过程的特性,需要将螺杆和机头结合起来进行讨论。图 4.12 所示为螺杆和机头(口模)的特性曲线图。

图 4.12 中两组直线的交点就是适于该机头口模和螺杆转速下挤出机的综合工作点,亦即在给定的螺杆和口模下,当螺杆转速一定时,挤出机的机头压力和流率应符合这一点所表示的关系。

4.3.5 影响挤出机生产率的因素

1. 机头压力与生产率的关系

正流流率与压力无关,逆流流率和漏流流率则与压力成正比。因此,压力增大,挤出流率减小,但对物料的进一步混合和塑化有利。在实际生产中,增大了口模尺寸,即减小了压力降,挤出量虽然提高,但对制品质量不利。

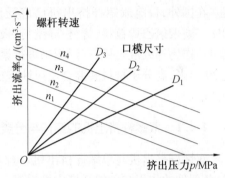

图 4.12 螺杆和机头(口模)的特性曲线图
(螺杆转速:$n_1<n_2<n_3<n_4$;
口模尺寸:$D_1<D_2<D_3(k_1<k_2<k_3)$)

2. 螺杆转速与生产率的关系

在机头和螺杆的几何尺寸一定时,螺杆转速与挤出机的生产率成正比;目前出现的超高速挤出机,能大幅度地提高挤出机的生产能力。

3. 螺杆几何尺寸与生产率的关系

(1) 螺杆直径 D:挤出机流率接近于与螺杆直径 D 的平方成正比。

(2) 螺槽深度 H:正流与 H_1(第一段螺槽深)成正比,而逆流与 H_3(第三段螺槽深)成正比。深槽螺杆的挤出量对压力的敏感性大。

(3) 均化段长度:均化段长度 L 增加时,逆流和漏流减少,挤出生产率增加。

4. 物料温度与生产率的关系

理论上,挤出生产率与黏度无关,也与料温无关。但在实际生产中,当温度有较大幅度变化时,挤出流率也有一定变化,这种变化是由于温度的变化而导致物料塑化效果有所影响,这相当于均化段的长度有了变化,从而引起挤出生产率的变化。

5. 机头口模的阻力与生产率的关系

物料挤出时的阻力与机头口模的截面积成反比,与长度成正比,即口模的截面尺寸越大或口模的平直部分越短,机头阻力超小,这时挤出产率受机头内压力变化的影响就越大。因此一般要求口模的平直部分有足够的长度。

4.4 双螺杆挤出机

随着聚合物加工业的发展,对高分子材料成型和混合工艺提出了越来越多和越来越高的要求。

单螺杆挤出机在某些方面就不能满足这些要求,例如用单螺杆挤出机进行填充改性和加玻璃纤维增强改性等,混合分散效果就不理想。另外,单螺杆挤出机尤其不适合粉状物料的加工。

为了适应聚合物加工和混合工艺的要求,特别是硬聚氯乙烯粉料的加工,双螺杆挤出机自20世纪30年代后期在意大利开发后,经过半个多世纪的不断改进和完善,得到很大的发展。在国外,目前双螺杆挤出机已广泛应用于聚合物加工领域,已占全部挤出机总数的40%。硬聚氯乙烯粒料、管材、异型材、板材几乎都用双螺杆挤出机加工成型的。双螺杆挤出机还作为连续混合机,广泛用来进行聚合物共混、填充和增强改性,也用来进行反应挤出。近20年来,高分子材料共混合反应性挤出技术的发展进一步促进了双螺杆挤出机数量和类型的增加。

4.4.1 双螺杆挤出机的结构与分类

双螺杆挤出机与单螺杆挤出机一样由传动装置、加料装置、料筒和螺杆等几个部分组成,各部件的作用与单螺杆挤出机相似。与单螺杆挤出机区别之处在于双螺杆挤出机中有两根平行的螺杆置于"∞"形截面的料筒中。

与单螺杆一样,双螺杆也分为加料段、压缩段、均化段3段。

双螺杆挤出机有很多类型,主要按照螺杆的旋向和螺杆的啮合程度来划分。按照啮合程度,两根螺杆可以分为全啮合型、部分啮合型和非啮合型,如图4.13所示。非啮合型螺杆的输送与单螺杆相似,一般很少用,应用较多的还是全啮合型双螺杆。按照两根螺杆的旋向,可分为同向旋转双螺杆、向内反向旋转双螺杆、向外反向旋转双螺杆。按照两根螺杆轴线的几何角度,可分为平行型双螺杆和锥型双螺杆。

与单螺杆挤出机不同,由于双螺杆输送物料采用强制的方式,为了防止挤出机产量的波动,因此要定量加料。双螺杆挤出机的加料装置设置了定量加料系统。

4.4.2 啮合型双螺杆挤出机工作特性——强制输送物料

双螺杆挤出机的物料输送机理与单螺杆挤出机不同。

由于双螺杆的啮合程度和旋向不同,物料可以有不同流动。物料从一根螺杆沿螺槽流到另一根螺杆的螺槽,称为纵向开放,那么纵向封闭就意味着两根螺杆上各自形成若干个互不相通的腔室,一根螺杆的螺槽完全被另一根螺杆的螺棱堵死。若横过螺棱物料有通道,物料可以从同一根螺杆的一个螺槽流向相邻的另一个螺槽,或一根螺杆的一个螺槽中的物料可以流到另一根螺杆的相邻两个螺槽中,称为横向开放。若螺槽纵向或横向有一定程度的开放,就会丧失一定的正位移输送能力,因为在压力梯度作用下,会产生漏流。不过,正位移输送能力的损失,可以换来混合能力或其他特性(如排气)的提高。

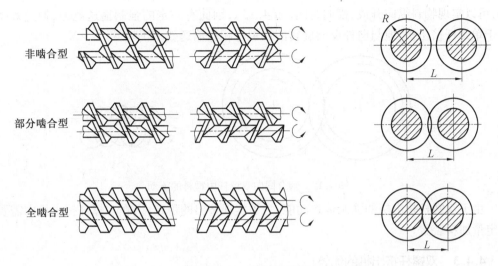

图 4.13 双螺杆的类型

对于向外反向旋转的双螺杆,螺槽纵横向完全封闭。在两根螺杆的啮合处,一根螺杆的螺纹插入到另一根螺杆的螺槽中,使连续的螺槽被分割成与螺距数相同的 C 形小室,如图 4.14(a)物料由料斗落下后,由于两根螺杆均向外转动,在加料口处暴露出最大容积的螺槽,因此,物料很容易落入槽内将螺槽充满。当螺杆转动一周,C 形室中的物料向前移动一个导程,C 形小室内的物料由于受到啮合螺纹的推力作用,被强烈向前输送。因此螺杆可以实现强制输送,无论是粉状、粒状的物料,物料的装填程度如何都可以输送。物料的输送效率与物料和机筒以及螺杆间的摩擦力无关。

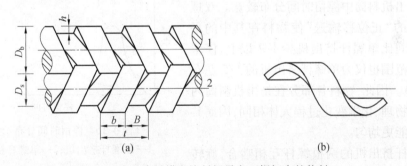

图 4.14 全啮合纵横向皆封闭异向双螺杆中的物料

向内反向旋转的双螺杆在输送物料时,也是在两螺杆啮合处形成 C 形小室以容纳物料,并在啮合螺纹的推动作用下被强制向前输送。但物料在啮合区内被旋转的螺杆拉入两螺杆之间后会对螺杆产生使两螺杆分离的力,造成螺杆变形,进而在变形处加速机筒与螺杆的磨损。并且这种分离力随螺杆转速的增加而增大,因此向内反向旋转的双螺杆挤出机转速不能太高。异向旋转啮合双螺杆挤出机的理论挤出量为

$$Q = 2nV$$

式中 V ——单个 C 形小室的体积。

同向旋转的双螺杆输送物料的机理与单螺杆挤出机既有相似的地方,又有不同的地方:相同的是,输送同样受摩擦力控制,输送速率与物料对机筒及螺杆的摩擦力有关;不同的是,由于在双螺杆的啮合处,一根螺杆的螺纹插入另一螺杆的螺槽中,对其中的物料起推动作

用,可以实现物料纵向开放、横向封闭(图4.15),因此有一定的强制输送能力,输送效率略高于单螺杆挤出机,但与向外反向旋转的双螺杆相比输送效率仍较低。

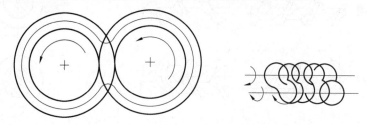

图 4.15 啮合同向双螺杆中物料的流动

由于双螺杆挤出机的强制输送功能,为了实现挤出的稳定性,在双螺杆挤出机中需要设置定量加料装置。

4.4.3 双螺杆挤出机的优势

1. 混炼效果好

单螺杆挤出机的混炼效果不够理想,其原因是单螺杆挤出机的分散、混合作用仅依靠螺杆的压缩比及螺杆旋转时产生的背压,以及由背压产生的反向流动所引起。双螺杆挤出机的两根互相啮合的螺杆在啮合处产生了强烈的剪切作用,对物料的分散与混合极为有利。

2. 物料在料筒内停留时间分布窄

物料在单螺杆挤出机中的流动有正流、逆流、漏流、横流 4 种情况。逆流与漏流的产生是由于机头、过滤板等的反压所引起,它们导致物料在挤出机料筒中停留时间分布较宽。双螺杆挤出机的"正位移输送"使物料在其中的平均停留时间比单螺杆挤出机少 1/2 以上,停留时间分布范围也仅为单螺杆挤出机的 1/5 左右(图 4.16)。因此,物料各部分在挤出机料筒内所经历的物理、化学变化过程大体相同,因而共混物料性能更均匀。

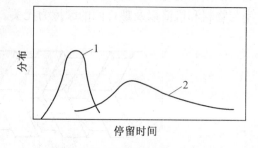

图 4.16 停留时间分布示意
1—双螺杆挤出机;2—单螺杆挤出机

双螺杆挤出机的两根螺杆互相啮合,旋转时彼此刮拭,从而可以避免物料对螺杆的黏附、缠包。上述效果称为螺杆的自清理作用,这种作用是使得物料在双螺杆挤出机中停留时间分布窄的另一原因。显然,停留时间短及停留时间分布窄对于热敏性聚合物的共混尤为重要。

3. 挤出量大,能量消耗少

双螺杆挤出机的螺距小、螺槽深,有效螺槽容积比单螺杆挤出机大,加之有两根螺杆,故当螺杆直径和转速相同时,双螺杆挤出机的实际挤出量可达单螺杆挤出机的 3 倍。

双螺杆挤出机运转时,机械能可通过螺杆啮合处直接施加到其间的薄层物料上,使物料受到强烈的剪切作用,因而机械能可有效地转换为热能,从而提高了能量转化率。异向旋转双螺杆挤出机可将 85% 的机械能转化为热能,这对于降低操作的成本极为有利。

4.4.4 锥形双螺杆挤出机

锥形双螺杆示意图如图4.17所示。

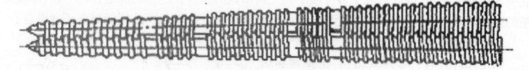

图4.17 锥形双螺杆示意图

锥形双螺杆在外形上与平行双螺杆不同，其两端直径大小不同，加料段直径大，而均化段直径小，中间是逐渐过渡的。

前面介绍的平行同向双螺杆挤出机塑化性能好、混合物料均匀，但相比于锥形双螺杆挤出机其挤出力小、产量不大、消耗的能量大，因而在实际使用生产中主要用来混料造粒。挤出产品主要采用锥形双螺杆挤出机。

锥形双螺杆为啮合型，大多数为异向旋转。两根锥形螺杆在机筒中互相啮合、异向旋转，一根螺杆的螺棱顶部与另一根螺杆的根部有合理的间隙。由于异向旋转，一根螺杆上物料螺旋前进的道路被另一根螺杆堵死，物料只能在螺纹的推动下通过各部分间隙轴向前进。当物料通过两根螺杆之间的径向间隙时，犹如通过两辊的辊隙，所受的搅拌和剪切非常强烈，因而物料的塑化非常均匀，特别适宜加工PVC塑料。

锥形双螺杆的压缩比不但由螺槽从深到浅而形成，同时也由螺杆外径从大到小而形成，因而压缩比相当大，所以，物料在机筒中塑化得更充分、更均匀，保证了制品的质量。这样在保证质量的前提下，可以提高挤出机的转速，从而提高挤出机的生产能力。

锥形双螺杆的螺杆特性曲线较硬，较易于调整沿机筒轴向温度曲线的形状，以适应加工温度范围较窄的塑料需要。对于PVC塑料，在加料段必须使加工温度低于黏流温度，而在以后各段又应有一个适当的温度梯度，而锥形双螺杆则能够实现理想的调节作用。

锥形螺杆的计量段末螺杆横截面减小，因此在同等的机头压力下，它具有较小的轴向压力，减轻了止推轴承的负载。两根螺杆的轴线尾部分开，有利于安装较大的承载轴承，故可承受较大的扭矩，提高寿命。而其加料段直径大、螺杆强度高、物料受热面积大，有利于塑化；计量段直径小、熔融物料受热较小，有利于低温挤出。

目前又出现了锥形同向旋转的双螺杆挤出机，其锥形螺杆的同方向旋转使被加工塑料在进入机筒后，在机筒中环绕锥形双螺杆成与平行双螺杆一样的∞字形挤压，增加了塑化时间，减少了塑料和机筒螺杆的摩擦力，从而保证了塑化质量，降低了能耗。同时因为采用的螺杆为锥形，保持了锥形双螺杆挤出机良好的挤出力性能。

锥形同向双螺杆挤出机通过上述技术，完全实现了挤出力大、塑化性能好、产量高、能耗低的特征，经实践证明，锥形同向双螺杆挤出机可节能30%~50%，是适合各种塑料或橡胶挤出造粒以及成形的新型设备。

随着锥形双螺杆挤出机的发展，在挤出产品等方面逐渐取代平行异向旋转双螺杆挤出机。

4.4.5 双螺杆挤出机中的功能元件

双螺杆挤出机中物料流经各区段时有不同的状态,为了保证加工过程的要求,各区段应能实现不同的功能,因此形成了各区段不同几何形状的元件。这些元件组合在一起,形成完整的螺杆。有些双螺杆配有多种组合元件,可根据所加工物料和产品性能要求任意组合。

1. 输送元件

输送元件具有一般螺纹结构,主要起输送物料的作用。图 4.18 为啮合型异向旋转双螺杆输送元件。图 4.18(a)是等深等距、槽宽等于棱宽、纵横向皆封闭的情况。其正位移输送能力强,但混合作用差,可用于固体输送和熔体输送;图 4.18(b)是等深等距螺槽、窄棱纵横向皆开放的情况。各螺槽有物料交换,因而混合作用好。图 4.19 为啮合型同向旋转双螺杆的输送元件。图 4.19(a)中螺槽和螺棱宽度接近

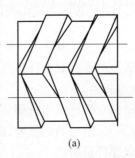
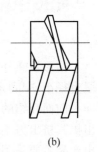

图 4.18　啮合型异向旋转双螺杆输送元件

相等,可在较短的长度内建立起较高的压力;图 4.19(b)是纵横向开放较大的输送元件,混合作用较好,但漏流量大,物料停留时间分布较宽;图 4.19(c)是纵向开放、横向封闭的共轭螺纹元件,具有较强的输送作用,但混合效果差。

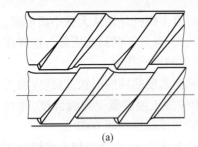
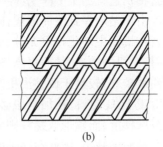
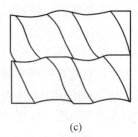

图 4.19　啮合型同向旋转双螺杆的输送元件

2. 压缩元件

如前所述,双螺杆挤出机中物料需在螺槽中被压缩。压缩元件可采用不同的结构形式,形成螺槽容积的变化。压缩元件如图 4.20 所示,图 4.20(a)的螺槽为等深变距,螺棱宽度由薄变厚,双重作用使螺槽体积变小,起到压缩作用;图 4.20(b)是等深变距,螺距连续变小,起到压缩作用。

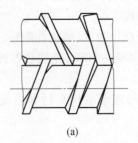
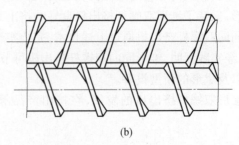

图 4.20　压缩元件

3. 混合混炼元件

图 4.21 为沟槽式混合元件,在结构上相当于在普通输送元件上开出垂直于螺棱的沟槽,这样在相邻两螺槽间压差的作用下,物料会流向压力低的螺槽,起到回混的作用。

图 4.22 为捏合盘元件与螺纹元件相接的情况,图 4.22(a)是偏心圆形;图 4.22(b)是菱形;图 4.22(c)是曲边三角形。

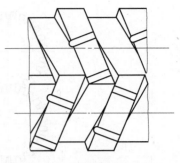

图 4.21 沟槽式混合元件

捏合盘在垂直于两螺杆轴线的平面内是成对使用的,但在每根螺杆上又各自串上 3~5 个捏合盘,两根螺杆上的这些捏合盘又双双相啮合,于是在装有捏合盘的螺杆这个部位,就形成捏合盘组合块。捏合盘就是这样成对又成组使用的。

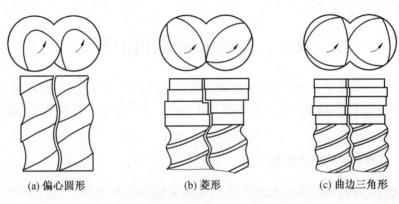

图 4.22 捏合盘元件与螺纹元件相接的情况

无论哪种捏合盘,当它转动时,在它们所形成的空间中的物料要经受压缩、拉伸、滚压和捏合,这些作用的强度取决于螺杆的回转速度、捏合盘的几何形状的精确程度等。

偏心圆捏合盘和单头螺纹元件联合使用,一般用来混合比较难以混合的物料,如环氧树脂、聚酯、聚丙烯酸涂覆粉料等。

菱形捏合盘与双头螺纹元件联合使用时,因其产生的剪切不十分强烈,因此适用于对剪切敏感的物料,如玻纤增强塑料。

曲边三角形捏合盘,因其形成的剪切较强烈,故与三头螺纹元件联合使用时,可用来对那些能承受高剪切的物料进行混合。

装有捏合盘的同向双螺杆挤出机通用性较强,可进行多种混合工艺,如填充、共混、增强、色母粒制作、聚烯烃脱挥发分等。若用来混合 PVC,只能在低速下工作,否则会因强剪切使物料发生分解,不如用异向双螺杆加工更适合。

图 4.23 为齿形混合元件,它由一个或一系列带齿的圆盘组成。它是一种很好的混合元件,在非啮合区,齿可进行分流,增加界面,有利于分布混合;在啮合区,由于一根螺杆上的齿形元件的齿伸入到另一根螺杆的齿形元件两排齿之间,因而可将由齿间流出的料流在垂直方向切割,根据混合理论,这非常有利于分布混合。

如果两根螺杆的齿形元件间的间隙很小,会产生很大的剪切速率,也有利于分散混合。

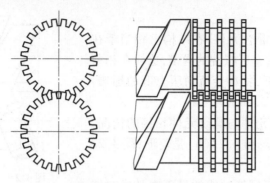

图 4.23 齿形混合元件

如果齿形元件的齿为直齿,则物料通过齿形元件主要靠压力差,故要在其上游形成一定的压力;如果齿为斜齿,且与正向螺纹元件螺旋方向相同,则有一定的拖曳输送作用,消耗较小的压力能。

4.5 几种制品的挤出工艺

如前所述,挤出成型方法可以生产多种多样的连续制品,如管、棒、型材、板、片、薄膜、丝等,每一种制品的工艺、设备和生产技术都各具特色。本节介绍几种常见挤出制品的成型工艺及设备。

4.5.1 塑料管材的挤出成型工艺

管材是塑料、橡胶制品中的大宗产品,其用途是输送液体、固体、气体,并可以作为电线、电缆护套和结构材料。挤出管材(以下简称挤管)的主要聚合物有:聚氯乙烯(硬质与软质)、聚乙烯、聚丙烯、ABS、聚酰胺、聚碳酸酯、聚四氟乙烯、天然胶、丁腈胶和橡胶、塑料的混合物。这里比较详细地介绍聚氯乙烯硬管的成型工艺和设备。

1. 挤管设备

(1)挤出机。

生产硬管的单螺杆挤出机直径一般为 30~200 mm,螺杆结构为等距渐变型,长径比 L/D 为 15~25,压缩比 ε 为 2.0~2.6。

使用双螺杆挤出机成型聚氯乙烯硬管,可以免去粉料造粒环节,这种用途的双螺杆挤出机类型一般为平行异向向外和锥型双螺杆。部分可用于挤硬聚氯乙烯管的双螺杆挤出机的主要技术参数见表 4.5。

(2)管机头。

管机头的作用是对塑化的物料保持塑性状态,并产生一定的压力使塑化的物料经过一定的流道后成型为具有环形截面形状的管坯。

表4.5 部分可用于挤硬聚氯乙烯管的双螺杆挤出机的主要技术参数

型号 规格	SJZ-45	SJZ-55	SJZ-65	SJZ-80	SJS-80/18
螺杆直径 D/mm	45/90	55/110	65/120	80/143	80
螺杆数量	2	2	2	2	2
螺杆特征	锥形异向向外				平行异向向外
螺杆转速 $n/(\mathrm{r\cdot min^{-1}})$	1~45.5	1~34.8	1~34.7	1~36.9	8~28.6
螺杆有效工作长度 L/mm	989	1 195	1 440	1 800	1 440
主电机功率 P/kW	15	25	37	55	22
机筒加热功率 P/kW	11.5	15	24	36	17.4
生产能力 $Q/(\mathrm{kg\cdot h^{-1}})$	80	150	250	360	180
外形尺寸(长×宽×高)/mm	3 360×1 290×2 127	3 620×1 050×2 157	4 235×1 520×2 450	4 750×1 550×2 460	2 760×810×1 850

① 机头结构类型。依物料在挤出机和机头流动方向的相互关系划分如下。

a. 直通(平式)机头。物料在机头和挤出机流动方向一致,是一种使用普遍的机头。这种机头在设计和生产操作中要注意分流器支架造成的接缝线处管材强度低的问题。直通式管材机头结构如图4.24所示,分流器锥部长度为 L_3,一般取 $L_3=(0.6~1.5)D$,D 为螺杆直径,锥形部分可稍有弧形,便于圆滑过渡。硬聚氯乙烯管主要用直通式机头。机头采用螺栓与挤出机法兰盘连接。

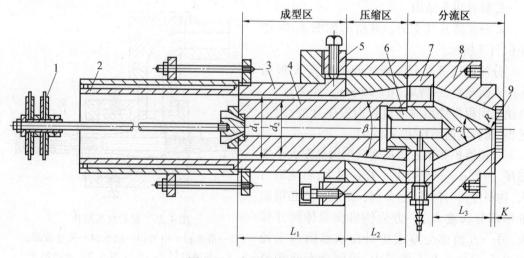

图4.24 直通式管材机头结构
1—橡皮塞;2—定径套;3—口模;4—芯模;5—调节螺栓;6—分流锥;7—芯模支架;8—模体;9—栅板

b. 直角(十字)机头。机头料流与挤出机料流方向呈直角(90°)。这种结构芯棒的一端为支承端,由于不存在分流器支架,熔料从机头一端进入到芯棒对面汇集,只可能产生一条接缝线。这种结构为内径定型法挤管提供方便,但芯棒设计难度较大。直角机头结构如图

4.25 所示。

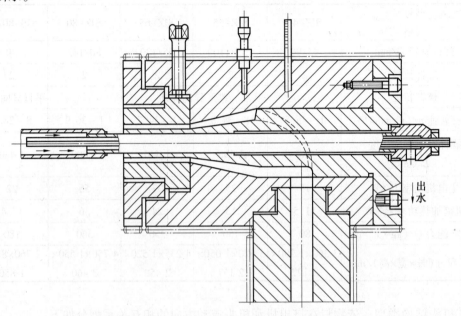

图 4.25 直角机头结构

c. 偏心(支管式)机头。来自挤出机的料流先流过一个弯形流道再进入机头一侧,料流包芯棒后沿机头轴线方向流出。这种设计可使管材的挤出方向与挤出机呈任意角度,亦可与挤出机螺杆轴线相平行。它非常适合大口径管的高速挤出,但机头结构比较复杂,造价较高。偏心机头结构如图 4.26 所示。

② 硬管机头结构。

a. 分流器及其支架。其结构如图 4.24 中件 6、件 7 所示。

分流器顶部至分流板之间的距离 K 根据生产实践经验,一般取 10~20 mm。距离过大,会使此间积料停留时间过长而发生分解;距离过小,物料流速不稳定、不均匀。

分流器扩张角 α 根据熔料熔融黏度大小来选择,一般 $\alpha = 60° \sim 90°$。若 α 过大,料流阻力大,物料停留时间长,易分解;α 过小,势必增加锥形部分长度 L_3,一方面使机头总体尺寸较大,另一方面亦会造成物料在机部圆角半径 $R = 0.5 \sim 2$ mm,R 不能过大,否则会引起积料造成分解。

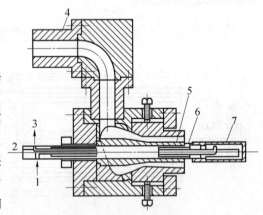

图 4.26 偏心机头结构
1—进水;2—空气;3—出水;4—头连接圈;
5—绝缘材料;6—空气通道;7—水冷却套

分流器支架主要用来支撑分流器及芯模。中小型机头分流器支架与分流器制成一个整体,亦可与大型管材机头一样,制成如图 4.25 中的件 6、件 7 装配在一起的组合式。

分流器支架的支撑筋数目一般为 3~8 根,在满足强度及打通气孔壁后要求的情况下,筋的数目尽量少,宽度尽量小。因为筋的数量越多,料流分束越多,接缝线的数目相应增加;

筋越宽,接缝线越不易消失,影响管材强度。筋的截面形状最好设计为流线型,如图4.27中的A-A剖面。

b. 口模。口模与芯模的平直部分是管材成型部分。口模负责成型管材外表面,其结构如图4.24中件3所示。

从图4.24可知,熔融物料在口模与芯模平直部分受压缩成管状。机头的压缩比是指分流器支架出口

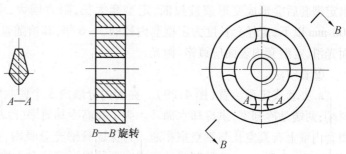

图4.27 分流器支架

处截面积与口模、芯模间环形截面积之比。硬聚氯乙烯管压缩比为3~10,它随管径的增加而取小值。大口径压缩比为3~5。压缩比太大,机头尺寸大,料流阻力大,易过热分解;压缩比太小,接缝线不易消失,管壁不密实、强度。口模平直部分长度L_1,应能保证将分束的料流完合汇合。

③机头的调节。为了使管材壁厚均匀,在装机头时就要调节芯模与口模同心,操作过程中,重力作用、温度的均匀程度以及流道中压力分布的情况,都会对流速和制品壁厚造成影响,因此,机头中要设置对机头壁厚的均匀程度进行调节的结构。一般管材机头可用调节螺栓进行调节,如图4.24中件5所示。这种方式的调节是旋动件5,令螺栓端头顶动口模,实现调节。调节时要略微放松对口模固定的压紧力,并将相对方向上的调节螺栓稍放松,否则无法顶动口模。调节完成后要注意将口模重新压紧,谨防密封端面处漏料。调节螺栓的数目一般为4~8个。

(3)定型装置。

管材的定径及初步冷却都是由定径套完成的。从机头挤出的管坯经过定径套后,形成较稳定的管内外壁冷硬层,这样才算达到定径套的工作目的。

定径方法分为外径定径和内径定径两大类。我国塑料管材尺寸均以外径带公差,故大多采用外径定位法生产管材。外径定位方法很多,采用最广泛的是内压法和真空法。

①内压法。内压定径如图4.28所示。它是在管内加压缩空气,使管壁向外贴紧定型套内壁实现迅速冷却固化定型的,管材经牵引设备均匀引出。

定径套固定在机头上,为减少加热的机头和用水冷却的定型套之间的热量传递,用绝热的聚四氟乙烯垫圈将口模与定径套端面隔开。

压缩空气由芯模中的孔道进入管内,其压力大于大气压力。为保持管内压力不变,在离定径套一定位置(牵引装置与切割装置之间)的管内,用气塞阻住压缩空气,使之不产生泄漏。气塞用相应长度的细钢筋钩挂在机头的芯模上。

定型套的内径一般比管材外径大,放大的

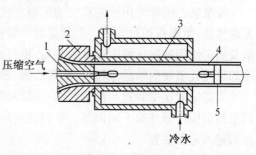

图4.28 内压定径
1—芯棒;2—口模;3—定径套;4—管子;5—塞子

尺寸等于管材收缩率。硬质聚氯乙烯管材收缩率为 0.7%~1%。因收缩率小,设计时可忽略不计。定型套长度应保证管材冷却到材料具有足够的刚度和强度。定型套太短,管材在出定型套后会形成变形或被拉断;定型套太长,阻力增大,牵引功率消耗大。一般管径在 300 mm 以下,定径套长度为定型套内径的 3~6 倍,其值随管径增大而减小。为使管材外表面光滑,定型套内表面应镀铬、抛光。

②真空法。

a. 夹套式定型装置(图 4.29)。夹套内分隔成 3 个密封室:中部为真空室,比较靠近进料端;两端是冷却室,供冷却水循环。为了提高冷却效率,冷却室中可设置挡板;真空段在定型套内壁上有真空孔与真空室相通。为保证管壁充分吸附,孔的分布比较密集且均匀。孔径为 0.5~0.7 mm。这种型式的真空定型装置可安装在水槽的进料端。

b. 管式真空定型装置(图 4.30)。定型套为单壁金属管,管壁打通孔或开槽,将其固定于整体抽真空的水槽进料端内。水槽内的真空度源于开通的孔或槽的内壁上。定型套的长度大于管材直径的六倍。

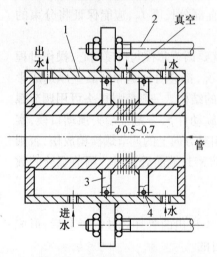

图 4.29 夹套式真空定型装置
1—定型套;2—拉杆;3—隔板;4—密封圈

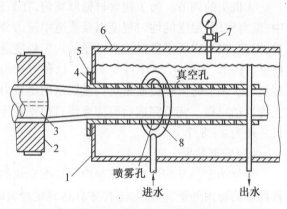

图 4.30 管式真空定型装置
1—水槽;2—口模;3—芯模;4—密封圈;5—定型管;6—密封盖;7—测压阀;8—喷雾环

硬聚氯乙烯管可用管式真空的定型方法。由于定型装置中不用阻住管内的压缩空气,无须气塞,使操作相对容易。尤其是对于管径较小、放置气塞比较困难的,以及管径过大、气塞及固定使用的钢丝绳索较重的装置,更宜使用真空定径方式。对于熔体状态时黏度较低、冷却后比较坚硬的结晶型材料,如聚乙烯、聚丙烯、尼龙等,这种方式更加适合。

真空法的定型装置与机头相距一段距离,这段距离视聚合物材料的不同、管材壁厚的不同及挤出操作条件的不同调节。管材在这段距离行走,实际是在空气中的冷却,并被拉伸,然后进入定型装置。

③顶出法。这种方式的管材成型,辅机中不设牵引装置,直接将管材顶出成型。

顶出法机头结构的特点是:芯模平直部分比口模长 10~50 mm,螺杆推力将管材顶出机头,直接进入冷却水槽,管外表面冷却固化,内表面套在芯模上不能向里收缩而定型。也可用内压法的冷却定型套安装在机头上。

顶出法一般用于生产小口径厚壁硬聚氯乙烯管,其突出的优点是设备简单、操作容易,但管材与芯模和定型套内壁运动阻力大,且挤出速度不能太快。

④内径定型法。如图4.25和图4.26所示,内径定型法通常用直角机头或偏心机头,便于冷却水从芯模后部流入冷却定型芯内。定型套连接在芯模延伸轴上,物料从机头挤出,包冷却定型芯,并在牵引力的作用下向前运动,接受定型芯中的冷却水作用,使管材内表面固化定型。

冷却定型芯子的末端尺寸应比管材内径放大2%~4%,芯子外表面应制成锥形而非栓形,锥度一般为6%~10%,这种结构和尺寸主要是考虑管子冷却过程中产生的收缩。

(4)冷却水槽。

从冷却定型套出来的管材,未得到充分冷却,为防止变形,必须排出管壁中的余热,使之达到或接近室温。

冷却水槽以如下4种型式使用较广泛。

①浸没式水槽。浸没式水槽为开放式,其结构如图4.31所示,具有一定水位,能将管材完全浸没在其中的容器。其长度根据管径和挤出线速度确定,一般为2~3 m,亦可将两个水槽串接使用。水槽内可分隔成若干段。冷却水流动方向与管材挤出方向相反,使管材逐步冷却,以减少管材中的内应力。浸没式水槽结构比较简单,但水的浮力会使管材弯曲,尤其是大口径管材。

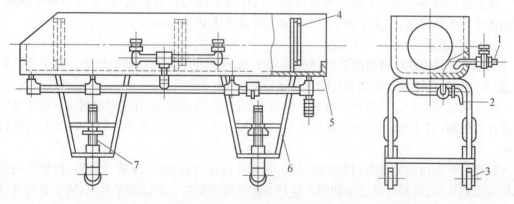

图4.31 浸没式水槽
1—进水管;2—排水管;3—轮子;4—隔板;5—槽体;6—支架;7—螺丝撑杆

②喷淋式水槽。喷淋式水槽是全封闭的箱体,管材从中通过,管材四周有均匀排布的喷淋水管3~6根,喷孔中射出的水流直接向管材喷洒,靠近定径套一端喷水较密。箱体的上盖可以打开,便于引管操作和对喷水管进行维修,并开有视窗,可随时观察槽中的情况。喷淋式水槽结构如图4.32所示。

③喷雾式水槽。为了进一步提高冷却效率,人们设计了喷雾式水槽。其结构是在喷淋式水槽基础上,用喷雾头来代替喷水头。通过压缩空气把水从喷雾头喷出,形成漂浮于空气中的水微粒,接触管材表面而受热蒸发,带走大量的热量,因此冷却效率大为提高。同样道理,还可采用密闭的水槽中抽真空的方法,产生喷雾,低压下的汽化使冷却效率更高。

④真空定径用真空水槽。这种水槽是与管式真空定型装置一起使用的。为了保持对管

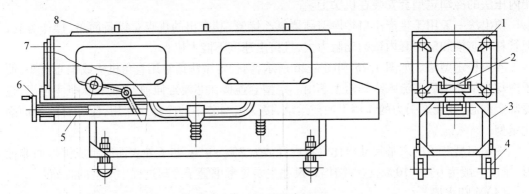

图 4.32　喷淋式水槽结构

1—喷水头;2—导轮;3—支架;4—轮子;5—导轮调整机构;6—手轮;7—箱体;8—箱盖

材良好的吸附,定型管全部浸在水中。整个真空定型水槽分为几个真空室,用带有密封垫片的隔板隔开,各个室分别抽真空达到管材所需的冷却程度。有真空定型管的真空度和水流速度,主要根据定型的吸附情况和冷却状态控制。其他部分用环形喷雾器。水槽为全封闭式,上盖采用铰链连接,盖上或两侧开有视窗。抽真空可使用水环真空泵,各个室可分别抽真空或使用通用真空气源单独控制的方式。

(5)牵引装置。

硬管牵引设备一般有滚轮式和履带式,其作用是均匀将管材引出,并调节管壁厚度。牵引速度为无级调速,线速度为 2~6 m/min,最高可达 10 m/min。

(6)切割装置。

切割装置是将连续挤出的管材,根据需要长度自动或半自动切断的设备。对于硬质管材,较多使用的是圆盘锯切割和自动行星锯切割。

圆盘锯切割的方式是锯片从管材一侧切入,沿径向向前推进,直至完成锯切。由于受锯片直径的限制(管子直径应小于锯片半径),这种方式只能对直径为 250 mm 以下的管材切割。

自动行星锯切割装置可切割大口径管,圆锯片自转进行切削,绕管子公转,使管子圆周上均匀受到切割,直至管壁完全切断。这种方式获得的断口一般比较平整,有利于管与管件的连接。

2. 挤管工艺

硬聚氯乙烯管的成型使用 SG-5 型聚氯乙烯树脂,并加入稳定剂、润滑剂、填充剂、颜料等,这些原料经适当的处理后按配方进行捏合,若挤管采用单螺杆挤出机,还应将捏合后的粉料造成粒,再去成型;若采用双螺杆挤出机,可直接用粉料成型。硬聚氯乙烯管工艺流程图如图 4.33 所示。硬聚氯乙烯管加工温度范围见表 4.6。

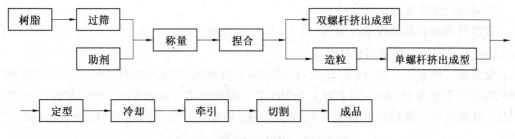

图 4.33 硬聚氯乙烯管工艺流程图

表 4.6 硬聚氯乙烯管加工温度范围

温度/℃ 主机类型	加料口	机身					机头			
		后部	中部	前部			分流器支架处		口模	
单螺杆挤出机	水冷却	140~160	160~170	170~180			170~180		180~190	
双螺杆挤出机	水冷却	一区	二区	三区	四区	五区	1	2	3	口模
		130	160	150	155	170	170	180	185	180

(1)螺杆转速:单螺杆挤出机为 8~25 r/min;双螺杆挤出机为 15~30 r/min。

(2)牵引速度:牵引速度与管材挤出速度配合,一般比挤出线速度快 1%~10%,根据管材壁厚调节。

(3)压缩空气压力和真空度:用于管材定型目的的压缩空气压力和真空度的调节,通过观察管坯外形和管材质量调节,应使管坯保持一定的圆度,管材外观光滑,壁厚均匀。

4.5.2 化学纤维的熔体纺丝

化学纤维的成型通常又称为纺丝。根据成纤聚合物的性质和所纺制的纤维性能的要求,化学纤维的纺丝方法有多种,有熔体纺丝和溶液纺丝,溶液纺丝又分为干法纺丝和湿法纺丝。采用最多的是熔体纺丝。

熔体纺丝中,根据熔体制备情况,又分为熔体直接纺丝和切片(固态聚合物)两种,熔体纺丝流程如图 4.34 所示,图 4.34(a)是将聚合后的高聚物熔体直接进行纺丝,图 4.34(b)是将固态高聚物加热熔融纺丝,这种方法的实质是挤出成型的方法。

图 4.34 熔体纺丝流程

两种方法相比,直接纺丝法可省去聚合得到的熔体造粒、干燥等工序,但对生产系统的稳定性要求十分严格,生产灵活性较差;而切片纺丝则生产流程较长,但生产过程较熔体直接纺丝法易于控制。

完整的纺丝过程可分成熔体制备、纺前准备、纺丝、纤维的拉伸和后处理几部分。

1. 可进行熔体纺丝的聚合物

成纤高聚物必须是线型高聚物,其中,只有其分解温度(t_d)高于熔点(t_m)或流动温度(t_s)的线型高聚物才能采用熔体纺丝。

聚对苯二甲酸乙二酯(PET)是 $t_m<t_d$ 的结晶型高聚物,常采用切片纺丝法。纤维级 PET 的相对分子质量为 15 000~22 000,$t_m ≥ 260$ ℃。通常湿切片含水率<0.5%,纺丝前要除去水分。常规纺丝干燥后要降至 0.01% 含水率,高速纺丝要下降至 0.003%~0.005% 含水率。

聚酰胺(PA)纤维以切片熔融纺丝为主,其中包括 PA6,PA66,PA610,PA11 等。高速纺时,PA 切片中的含水量必须<0.08%。

等规聚丙烯可以粉状或粒状固态物料加入挤出机中进行熔融纺丝。纺丝级聚丙烯(PP)相对分子质量为 18 万~36 万,相对分子质量分布系数<6,熔点为 164~172 ℃。PP 的含水率极低,可不必干燥直接纺丝。由于 PP 染色困难,所以常在纺丝时加入色母粒以制得色丝。

2. 熔体纺丝过程

熔体纺丝过程如图 4.35 所示,切片在挤出机中熔融后,以熔体形式送至纺丝箱中的各纺丝部位,再经纺丝泵定量压送到纺丝组件,过滤后从喷丝板的毛细孔中压出而成为细流,并在纺丝甬道中冷却成型。初生纤维被卷绕成一定形状的卷装(对于长丝)或均匀落入盛丝桶中(对于短纤维)。

由于熔体细流在空气中冷却,传热速度和丝条固化速度快,而丝条运动所受阻力很小,因此熔体纺丝的纺丝速度要比湿法纺丝高得多。目前熔体纺丝一般纺速为 1 000~2 000 m/min。采用高速纺丝时,可达 3 000~6 000 m/min 或更高。为了加速冷却固化过程,一般在熔体细流离开喷丝板后与丝条垂直方向进行冷却吹风,吹风形式有侧吹、环吹和中心辐射吹风等,吹风窗的高度通常在 1 m 左右,纺丝甬道的长短视纺丝设备和厂房楼层的高度而定,一般为 3~5 m。

纺丝成型后得到的初生纤维其结构还不完善,物理力学性能较差,如伸长大、强度低、尺寸稳定性差,还不能直接用于纺织加工,必须经过一系列的后加工,后加工的主要工序是拉伸和热定型

拉伸的目的是使纤维的断裂强度提高,断裂伸长率降低,耐磨性和对各种不同形变的疲劳强度提高。拉伸的方式有多种,按拉伸次数分,有一道拉伸和多道拉伸;按拉伸介质分,有干拉伸、蒸汽拉伸和湿拉伸,拉伸介质分别是空气、水蒸气和水浴、油浴或其他浴液;按拉伸温度又可分为冷拉伸和热拉伸。总拉伸倍数是各道拉伸倍数的乘积,一般熔纺纤维的总拉伸倍数为 3~7 倍,生产高强纤维时,拉伸倍数可达数十倍。

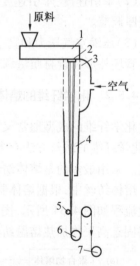

图 4.35 熔体纺丝过程
1—螺杆挤出机;2—喷丝板;3—吹风窗;4—纺丝甬道;5—给油盘;6—导丝盘;7—卷绕装置

热定型的目的是消除纤维的内应力,提高纤维的尺寸稳定性,并且进一步改善其物理力

学性能。热定型可以在张力下进行,也可在无张力下进行,前者称为紧张热定型,后者称为松弛热定型。热定型的方式和工艺条件不同,所得纤维的结构和性能也不同。

化学纤维生产中,纺丝后需进行上油处理,上油的目的是提高纤维的平滑性和柔软性,减少摩擦和静电,增加抱合力,改善化学纤维的纺织加工性能。上油形式有油槽或油辊及油嘴喷油。不同品种和规格的纤维需采用不同的专用油剂。

随着化纤生产技术的发展,纺丝和后加工技术已从间歇式的多道工序发展为连续、高速一步法的联合工艺,如 PET 全拉伸丝,可在纺丝-牵伸联合机上生产,而利用超高速纺丝(纺速为 5 500 m/min 以上)生产的全取向丝则不需要进行后加工,便可直接用作纺织原料。

4.5.3 橡胶挤出

橡胶的挤出在设备及加工原理方面与塑料的挤出基本相似。胶料在橡胶挤出机中,通过螺杆的旋转,使其在螺杆和机筒筒壁之间受到强大的挤压力,不断向前段输送,并借助于口模挤出各种断面的半成品,以达到初步造型的目的。在橡胶工业中,挤出的应用面很广,如轮胎胎面、内胎、胶管内外层胶、电线、电缆外套以及各种异形断面的制品,都可用橡胶挤出机来挤出、造型。

挤出机还适用于上、下工序的联动化作业,例如在热炼与压延成型之间加装一台挤出机,不仅可使前后工序衔接得更好,还可提高胶料的致密性,使胶料均匀、紧密。

橡胶挤出机的优点很多,例如能起到补充混炼和热炼的作用,提高胶料的质量。它适用面广,可以通过口型的变换挤出具有各种尺寸、各种断面形状(管、板、棒、片、条)的半成品。而且挤出机的占地面积小,质量轻,结构简单,造价低,使用灵活机动。

影响橡胶挤出操作的因素很多,主要有以下几点。

(1)胶料的组成和性质。

一般来说,顺丁橡胶的挤出性能接近天然橡胶,挤出性能较好,丁苯橡胶、丁腈橡胶和丁基橡胶的膨胀和收缩性能都较大,挤出操作较困难,制品表面粗糙,氯丁橡胶由于对温度的敏感性大,要注意机身(不高于 50 ℃)和机头、口型的温度控制(约 60 ℃)。

(2)胶料中的含胶量。

含胶量大时,挤出速度慢,收缩大,表面不光滑。在一定范围内,随胶料所含填充剂数量的增加,挤出性能逐渐改善,不仅挤出速度有所提高,而且收缩也减小;但胶料硬度增大,挤出时生热明显。胶料中加入松香、沥青、油膏、矿物油等软化剂,可增大挤出速度,改善挤出物表面的光滑度。掺用再生胶的胶料,挤出速度较快,且可降低挤出物的收缩率和减少挤出时的生热。

(3)胶料的可塑性和生热性能。

除胶料的组成外,胶料的可塑性和生热性能也影响挤出操作。若胶料可塑性较大,则挤出过程中内摩擦小、生热低、不易焦烧;同时挤出速度较快,挤出物表面也较光滑。但可塑性大的挤出物容易变形,尺寸稳定性差。因此,制造某些胶管的内层胶时,要求其可塑度小一些,一般在 0.2 左右。

(4)挤出机的特征。

为使胶料在挤出机内经受一定时间的挤压剪切作用,但又不至于过热和焦烧,要求螺杆有适量的长径比和螺槽深度。一般挤出机的长径比为 4~5.5(冷喂料挤出机的长径比为 8

~16），螺纹深度约为螺杆外径的18%~23%。此外，与塑料挤出机不同，橡胶挤出机加料口一般制成与螺杆呈33°~45°的倾角，以便胶料沿着螺杆底部卷入筒腔内。

挤出机的大小要依据挤出物断面的大小和厚薄来决定。对于压出实心或圆形中空的半成品，一般口模尺寸为螺杆直径的30%~75%。口模过大而螺杆推力小时，将造成机头内应力不足，挤出速度慢和排胶不均匀，以致半成品形状不完整。相反，若口模过小，压力太大，压出速度虽快，但剪切作用增大，易引起胶料生热，增加了焦烧的危险性。另外，对压出像胎面胶那样的扁平半成品，压出宽度可为螺杆直径的2.3~3.5倍。对于某些特殊情况，如小机大断面，就应尽可能增加螺杆转数或适当地提高机头温度；而大机小断面，就可用加开流胶孔等措施来解决。

某些特殊性质的胶料，挤出时对挤出机有某些特殊要求。如挤出氯丁橡胶则希望冷却的效果好；挤出丁基胶料要求螺杆长径比为7~10，螺槽应浅些，螺杆与机筒间隙应较小，才会有较大的挤出速度。

(5)挤出温度。

挤出机的温度控制是橡胶挤出工艺中十分重要的一环。它影响着挤出操作的正常进行和半成品的质量。通常采用口模处温度最高，机头次之，机身最低。由于胶料口模处的短暂高温，使胶料热塑性增大，分子松弛较快，弹性恢复小，膨胀率和收缩率低，获得的半成品表面光滑，并减少了焦烧的危险。含胶率高、可塑性小的胶料可取较高的温度。表4.7列出了几种常用橡胶的挤出温度。

表4.7 几种常用橡胶的挤出温度（单位：℃）

胶种 部位	天然橡胶	丁苯橡胶	氯丁橡胶	顺丁橡胶	丁腈橡胶	丁基橡胶
机筒	50~60	40~50	20~35	30~40	30~40	30~40
机头	80~85	70~80	50~60	40~50	65~70	60~90
口型	90~95	90~100	70以下	90~100	80~90	90~120
螺杆	20~25	20~25	20~25	20~25	20~25	20~25

(6)挤出速度。

挤出速度通常是以单位时间内挤出物的长度（或质量）来表示。橡胶的挤出速度受前述胶料的性质以及工艺条件等因素的影响。在挤出机正常挤出的情况下，应尽量保持一定的挤出速度。否则，因挤出速度的改变而导致机头内压力的改变，引起挤出物断面尺寸和长度收缩的差异。

(7)其他。

挤出物离开口型时温度较高，必须进行冷却，其目的是降低挤出物的温度，减少挤出物在存放时焦烧的危险，另一方面是使形状尽快地稳定下来，防止变形。

常用的冷却方法是使挤出物进入冷却水槽之中，冷却水水流方向应与挤出方向相反，以避免挤出物因骤冷而引起的突然收缩，导致挤出物畸形。挤出大型的半成品（如胎面），需在室温下经预缩后再进入水槽冷却，以减少半成品进入水槽后的变形。

为了防粘，还可在水槽中加入滑石粉等防粘剂，挤出中空半成品，应由机头芯型喷射隔离液或隔离粉进行冷却和防粘。

4.6 挤出成型新工艺

随着聚合物加工的高效率和应用领域的不断扩大和延伸,挤出成型制品的种类不断出新,挤出成型的新工艺层出不穷,其中主要有反应挤出工艺、固态挤出工艺和共挤出工艺。

4.6.1 反应挤出工艺

反应挤出工艺是 20 世纪 60 年代后才兴起的一种新技术,是连续地将单体聚合并对现有聚合物进行改性的一种方法,因可以使聚合物性能多样化、功能化且生产连续、工艺操作简单和经济适用而普遍受到重视。该工艺的最大特点是将聚合物的改性、合成与聚合物加工这些传统工艺中分开的操作联合起来。

反应挤出成型技术是可以实现高附加值、低成本的新技术,已经引起世界化学和聚合物材料科学与工程界的广泛关注,在工业方面发展很快。与原有的成型挤出技术相比,有明显的优点:节约加工中的能耗;避免了重复加热;降低了原料成本;在反应挤出阶段,可在生产线上及时调整单体、原料的物性,以保证最终制品的质量。

反应挤出机是反应挤出的主要设备,一般有较长的长径比、多个加料口和特殊的螺杆结构。它的特点是:熔融进料预处理容易;混合分散性和分布性优异;温度控制稳定;可控制整个停留时间分布;可连续加工;未反应的单体和副产品可以除去;具有对后反应的控制能力;可进行黏流熔融输送;可连续制造异型制品。

4.6.2 固态挤出工艺

固态挤出工艺是指使聚合物在低于熔点的条件下被挤出口模。固态挤出一般使用单柱塞挤出机,柱塞式挤出机为间歇性操作。柱塞的移动产生正向位移和非常高的压力,挤出时口模内的聚合物发生很大的变形,使得分子严重取向,其效果远大于熔融加工,从而使得制品的力学性能大大提高。固态挤出有直接固态挤出和静液压挤出两种方法。

4.6.3 共挤出工艺

在塑料制品生产中应用共挤出技术可使制品多样化或多功能化,从而提高制品的档次。共挤出工艺由两台以上挤出机完成,可以增大挤出制品的截面积,组成特殊结构和不同颜色、不同材料的复合制品,使制品获得最佳的性能。

按照共挤物料的特性,可将共挤出技术分为软硬共挤、芯部发泡共挤、废料共挤、双色共挤等。有 3 台挤出机共挤出 PVC 发泡管材的生产线,比两台挤出机共挤方式控制的挤出工艺条件更准确,内外层和芯部发泡层的厚度尺寸更精确,因此可以获得性能更优异的管材。随着农用薄膜、包装薄膜发展的需要,共挤出吹塑膜可达到 9 层。多层共挤出对各种聚合物的流变性能、相黏合性能,各挤出机之间的相互匹配有很高的要求。

第 5 章 注射成型

5.1 概 述

注射成型是一种注射兼模塑的成型方法,又称注塑成型。它是成型聚合物制品,尤其是塑料制品的一种十分重要的方法。

注射机结构示意图如图 5.1 所示,通用注射成型是将固体聚合物材料(颗粒或粉状)加入料斗中,然后螺杆旋转后退将其输送到外侧装有电加热的料筒中塑化。螺杆的转动使物料进一步塑化,料温在剪切摩擦热及外加热的作用下进一步提高并得以均匀化,螺杆旋转后退的速度受背压控制,螺杆后退至与调整好的行程开关接触。模具一次注射量的预塑和储料过程结束。

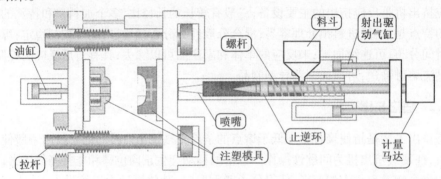

图 5.1 注射机结构示意图

这时,马达带动气缸前进,与液压缸活塞相连接的螺杆以一定的速度和压力将熔料通过料筒前端的喷嘴注入温度较低的闭合模具型腔中。

熔体通过喷嘴注入闭合模具型腔后,必须经过一定时间的保压,熔融物料冷却固化,保持模具型腔所赋予的形状和尺寸。当合模机构打开时,在推出机构的作用下,即可顶出注塑成型的制品。

以上操作过程就是一个成型周期,即注射机工作循环过程,如图 5.2 所示。整个过程通常从几秒钟至几分钟不等,时间的长短取决于制件的大小、形状和厚度,模具的结构,注射机类型及塑料的品种和成型工艺条件等因素。

注射成型具有成型周期短,能一次成型形状复杂、尺寸精度高、带有各种金属或非金属嵌件的制品,产品质量稳定,生产效率高,易于实现机械化、自动化操作等一系列优点。因此,注射成型是一种比较经济而先进的成型技术,具有广阔的发展前景。但是注射成型也有其缺点:设备和工具投入较高,模具设计、制造和试模的时间较长,缺乏专门的技术和良好的保养,会造成较高的启动费和运作费,涉及的技术和交叉学科较多。

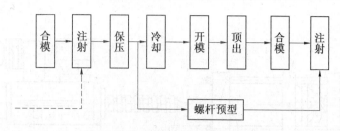

图 5.2 注射成型工作循环示意图

从塑料来说,注射成型的制品占塑料制品总重的 20%~30%,而在工程塑料中有 80% 是采用注射成型,使其总产值占全部注射产品的 40%。正因为如此,注射成型的塑料制品的用途已远不止于一般民用生活制品,对于工程塑料和"塑料合金"的注射制品,主要是作为工程结构材料,并逐步代替传统的金属与非金属制品,广泛地应用在汽车、机械及家用电器的零件和壳体上,甚至在航空、宇航等尖端科学技术中,也有注射制品被使用。

对橡胶来说,注射是在模压法和移压法基础上发展起来的一种较新的成型工艺。目前主要用于注射成型的橡胶制品有密封圈、带金属骨架模制品、减震垫、空气弹簧和鞋类等,也有试用于注射轮胎制品。从注射成型技术的发展来说,近年来,一方面高分子材料的品种得到迅速发展,其中现有高分子材料的改性技术是当前高分子材料发展的主要动向之一,这些材料的特性差异很大;另一方面,为满足当代产业技术(如汽车、电脑、办公设备以及尖端产品)的需要,对各种注射制品从制品的形状结构到宏观性能均提出了更高的要求。因此,在普通注射成型技术的基础上又发展了许多新的注射成型技术,如结构发泡注射成型、气体辅助注射成型、反应注射成型、多相聚合物体系层状注射成型、可熔芯注射成型等。可以说,通过不断创新、不断改进与完善,注射成型技术将拥有崭新的、迅速发展的明天。

5.2 注射成型设备

5.2.1 注射机的基本结构

注射机是塑料成型加工的主要设备。注射机的类型很多,但无论哪种注射机,一般主要由注射系统、合模系统、模具、液压传动系统及电气控制系统 4 部分组成。卧式注射机结构如图 5.3 所示。

1. 注射系统

注射系统主要由塑化部件螺杆(或柱塞和分流梭)、料筒和喷嘴,加料计量装置,传动装置,注射及移动油缸等组成,是注射机最主要的组成部分。其主要作用是将各种形态的塑料均匀地熔融塑化,并以足够的压力和速度将一定量的熔料注射到模具的型腔内,当熔料充满型腔后,仍需保持一定的保压时间,并使其在合适压力作用下冷却定型。

(1) 塑化部件。

塑化部件有柱塞式和螺杆式两种。螺杆式塑化部件结构如图 5.4 所示,主要由螺杆、料筒、喷嘴等组成,塑料在旋转螺杆的连续推进过程中,实现物理状态的变化,最后呈熔融状态而被注入模腔。和螺杆式塑化部件相比,柱塞式塑化部件是将螺杆换成柱塞和分流梭,其他部件基本相同。塑化部件是完成均匀塑化,实现定量注射的核心部件。

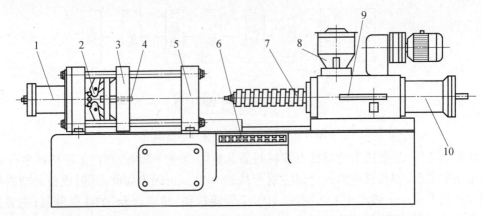

图 5.3 卧式注射机结构

1—锁模液压缸;2—锁模机构;3—移动模板;4—顶杆;5—固定板;
6—控制台;7—料筒;8—料斗;9—定量供料装置;10—注射液压缸

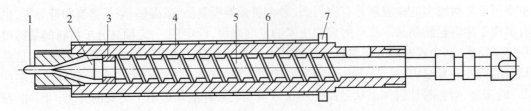

图 5.4 螺杆式塑化部件结构

1—喷嘴;2—螺杆头;3—止逆环;4—料筒;5—螺杆;6—加热圈;7—冷却水圈

① 螺杆。注射螺杆的形式和挤出机螺杆相似,有渐变螺杆、突变螺杆两大类,但在注射机中常使用一种通用螺杆。通用螺杆的特点是其压缩段长度介于渐变螺杆、突变螺杆之间,以适应结晶性塑料和非结晶性塑料的加工需要。虽然螺杆的适应性增强了,但其塑化效率低,单耗大,使用性能比不上专用螺杆。综上所述,与挤出螺杆相比,注射螺杆具有以下特点。

(a) 注射螺杆在旋转时有轴向位移。

(b) 注射螺杆的长径比和压缩比较小。一般 L/D 为 $0\sim10$,压缩比为 $2\sim2.5$。

(c) 注射螺杆的螺槽深度一般偏大,可提高生产率。

(d) 注射螺杆因轴向位移,加料段较长,约为螺杆长度的一半,而压缩段和计量段则各为螺杆长度的 1/4。

a. 注射螺杆的分类。注射螺杆的形式和挤出机螺杆相似,按其对塑料的适应性,可分为通用螺杆和特殊螺杆。通用螺杆又称常规螺杆,可加工大部分具有低、中黏度的热塑性塑料,结晶型和非结晶型的通用塑料和工程塑料,是螺杆最基本的形式;特殊螺杆是用来加工普通螺杆难以加工的塑料。按螺杆结构及其几何形状特征,可分为常规螺杆和新型螺杆。常规螺杆又称为三段式螺杆,是螺杆的基本形式;新型螺杆则有很多种,如分离型螺杆、分流型螺杆、波状螺杆和无计量段螺杆等。

b. 注射螺杆的基本参数。注射螺杆的基本结构参数如图 5.5 所示,主要由有效螺纹长度 L 和尾部的连接部分组成。它们的作用与挤出螺杆相同,注射螺杆对均化段的要求不高。而对于柱塞式注射机来讲,对应螺杆式注射机的螺杆的是柱塞与分流梭,是柱塞式注

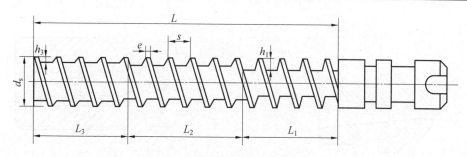

图 5.5 注射螺杆的基本结构参数

d_s—螺杆外径;L—螺杆螺纹部分的有效长度;L_1—加料段长度;h_1—加料段螺槽深度;L_2—塑化段(压缩段)螺纹长度;L_3—均化段长度;h_3—熔融段螺槽深度;ε—压缩比,$\varepsilon = h_1/h_3$,即加料段螺槽深度与均化段螺槽深度之比;s—螺距;e—螺棱宽

射机料筒内的重要部件。

②螺杆头。在注射螺杆中,为使螺杆对物料施压,进行注射时不致出现熔料积存或沿螺槽回流的现象,采用螺杆头部的结构来达到其目的。螺杆头分为两大类:无止逆环型螺杆头(图5.6)和带止逆环型螺杆头(图5.7)。对于带止逆环的,预塑时螺杆均化段的熔体将止逆环推开,通过与螺杆头部形成的间隙流入储料室中,注射时螺杆头部的熔体压力形成推力,将止逆环退回流道封堵,防止回流。

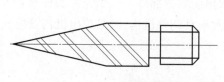

图 5.6 无止逆环型螺杆头

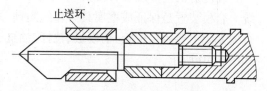

图 5.7 带止逆环型螺杆头

对于有些高黏度或者热稳定性差的塑料,为减少剪切作用和物料的滞留时间,可不用止逆环,但是这样在注射时会产生反流,延长保压时间。

③料筒。料筒是用于塑料加热和加压的容器。柱塞式注射机的料筒容积约为最大注射量的4~8倍。螺杆式注射机因为有螺杆在料筒内对塑料进行搅拌,料层比较薄,传热效率高,塑化均匀,一般料筒容积只需要最大注射量的2~3倍。

④喷嘴。喷嘴是连接料筒和模具的过渡部分。喷嘴的种类繁多,都有其适用的范围,但用得最多的是直通式喷嘴(图5.8)和自锁式喷嘴(图5.9)。

选择喷嘴的类型时应根据加工塑料的性能和成型制品的特点。一般对熔融黏度高、热稳定性差的塑料,例如PVC,宜选用流道阻力小、剪切作用比较小的大口径直通式喷嘴;对融黏度低的塑料,如聚酰胺,为防止"流涎"现象,则宜选用自锁式喷嘴为好。

(2)加料计量装置。

小型注射机的加料装置,通常与料筒相连的锥形料斗。这种料斗用于柱塞式注射机时,一般应配置定量或定容的加料装置。大型注射机上用的料斗基本上也是锥形的,只是另外配有自动上料的装置。

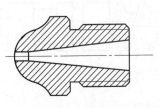
图5.8 直通式喷嘴

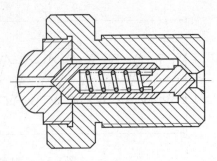
图5.9 自锁式喷嘴

加料计量有容积定量和重量定量两种。容积加料用体积计量,当粒料的容积重量发生变化时,会影响定量的精确程度。重量加料是按重量计量的一种方法。

(3)加压和驱动装置。

供给柱塞或螺杆对物料施加的压力,也就是使柱塞或螺杆在注射周期中发生必要的往复运动进行注射的设施,即加压装置,驱使螺杆式注射机螺杆转动而使其完成对塑料预塑化的装置是驱动装置。

2. 合模系统

在注射机上实现锁合模具、闭合模具(又称合模装置)和顶出制件的机构总称为合模系统。合模装置是保证成型模具可靠的闭锁、开启并取出制品的部件。一个完善的合模装置,合模系统主要由定模板、动模板、拉杆、油缸、连杆以及模具调整机构、制品顶出机构等组成,如图5.10所示。

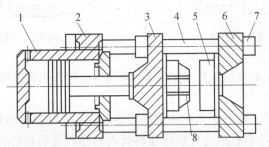

图5.10 合模装置结构示意图

1—合模油缸;2—后固定模板;3—移动模板;4—拉杆;5—模具;6—前固定模板;7—拉杆螺母

合模系统的结构、种类较多,若按实现锁模力的方式,则分为机械式、液压式和液压-机械组合式3大类。用得较多的是液压-机械组合式合模装置。

顶出装置是为顶出模内制品而设的。顶出装置主要有机械式和液压式两大类。通常都在动模板中间放置顶出油缸,而在模板两侧设置机械式的顶出装置。

3. 模具

模具亦称塑模,是在成型中赋予塑料制件以形状和尺寸的部件组合体。塑模的作用是完成塑料制品所需的外形尺寸、强度及性能要求。模具随塑料的品种和性能、塑料制品的形状和结构以及注射机的类型等不同具有千姿百态,但是基本结构是一致的。

塑模主要由浇注系统、成型零件和结构零件3大部分组成。其中浇注系统和成型零件是与物料直接接触部分,并随物料和制品而变化,是模具中变化最大,加工光洁度和精度要求最高的部分。典型塑模结构图如图 5.11 所示。

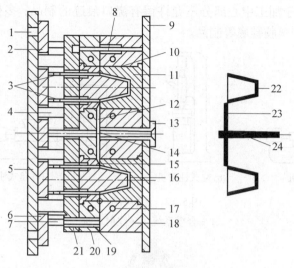

图 5.11 典型塑模结构图

1—用作推顶脱模板的孔;2—脱模板;3—脱模杆;4—承压柱;5—后夹模板;
6—后扣模板;7—同顶杆;8—导合钉;9—前夹模板;10—阳模;11—阴模;
12—分流道;13—主流道衬套;14—冷料井;15—浇口;16—型腔;17—冷却剂通道;
18—前扣模板;19—塑模分界面;20—后扣模板;21—承压板;22—制品;
23—分流道赘物;24—主流道赘物

(1)浇注系统。

浇注系统是指塑料从喷嘴进入型腔前的流道部分,包括主流道、冷料穴、分流道和浇口等。

(2)成型零件。

成型零件是指构成制品形状的各种零件,包括动模、定模和型腔、型芯、成型杆以及排气口等。

(3)结构零件。

结构零件是指构成模具结构的各种零件,包括导向、脱模、抽芯、分型的各种零件,诸如前后夹模板、前后扣模板、承压板、承压柱、导向柱、脱模板、脱模杆及回程杆等。

(4)塑模的加热或冷却装置。

塑模的加热或冷却装置是为了控制不同的模具温度。通用塑料常采用自然冷却或向模具冷却道内通水冷却;对熔融温度高的工程塑料,为了控制冷却速度,要对模具加热(采用电热棒或电热板),控制熔料缓慢冷却。

此外,还有液压传动和电气控制系统保证注射机准确、有效地工作。

5.2.2 注射机的分类

注射机经常按照机器排列方式(外形特征)的不同、塑化方式的不同、工作能力的大小及其用途来进行分类。

1. 按机器排列方式(外形特征)分类

卧式注射机(图 5.12(a)):目前国内外大、中型注射机广为采用的形式;立式注射机

(图5.12(b))：这种类型注射机多为注射量在60 cm³以下的小型注射机；角式注射机（图5.12(c)）：特别适用于加工中心部分不允许留有浇口痕迹的制品；多模转盘式注射机（图5.13）：多应用于生产塑胶鞋底等制品。

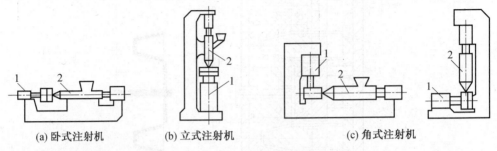

图5.12 注射机类型
1—合模系统；2—注射系统

图5.13 多模转盘式注射机
1—注射机筒；2—注射位模具；3、4—非注射位模具；5—机座

2. 按塑料在料筒的塑化方式分类

按塑料在料筒的塑化方式不同可以分为柱塞式注射机（图5.14）、螺杆式注射机和集前两种为一体的螺杆预塑化柱塞式注射机（图5.15）。

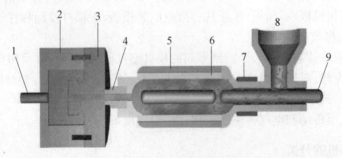

图5.14 柱塞式注射机
1—顶出杆；2—活动模板；3—固定模板；4—喷头；5—加热器；6—分流梭；7—冷却套；8—料斗；9—柱塞

3. 按设备加工能力大小分类

注射机按加工能力的大小可分为超小型注射机、小型注射机、中型注射机和大型注

射机。

4. 按注射机的用途分类

注射机按用途可分为通用注射机和专用注射机。专用注射机又可分为热固性塑料注射机、发泡塑料注射机、多色注射机等。

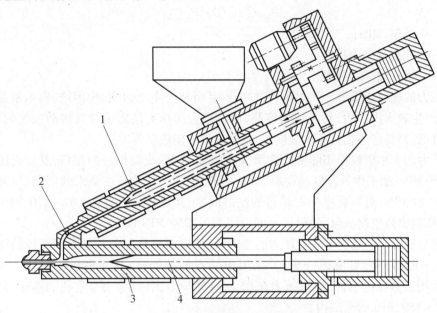

图 5.15 螺杆预塑化柱塞式注射机
1—预塑化螺杆；2—单向阀；3—注射料筒；4—注射柱塞

5.2.3 注射机的规格型号及基本参数

1. 注射机规格型号

注射机产品型号表示方法各国不尽相同，国内也没有完全统一，目前国内常用的型号编制方法有机械部标准（JB 2485—78）。

2. 注射机的基本参数

注射机的主要参数有公称注射量、注射压力、注射速率、塑化能力、锁模力、合模装置的基本尺寸、开合模速度、空循环时间等。这些参数是设计、制造、购置和使用注射成型机的依据。

（1）公称注射量。

公称注射量即实际最大注射量。还有一个理论最大注射量，其表达式为

$$Q_{理} = \pi D^2 S/4 \tag{5.1}$$

式中　$Q_{理}$——理论最大注射量，cm^3；
　　　D——螺杆或柱塞的直径，cm；
　　　S——螺杆或柱塞的最大行程，cm。

$$Q_{公称} = \alpha \cdot Q_{理} \tag{5.2}$$

式中　α——注射系数，相当于密炼机的填充系数。

影响注射系数的因素很多，如螺杆的结构和参数、注射压力和注射速度、背压的大小、模

具的结构和制品的形状以及塑料的特性等。对采用止回环的螺杆头,注射系数 α 一般在 0.75~0.85之间;对那些热扩散系数小的塑料,α 取小值,反之取大值,通常多取 0.8。

(2) 注射压力。

注射压力是指注射螺杆或柱塞的端部作用在物料单位面积上的压力。通常可计算为

$$P_{注} = (D_0/D)^2 P_0 \tag{5.3}$$

式中 P_0——油压,MPa;

D_0——注射油缸内径;

D——螺杆(柱塞)外径。

注射压力的选取很重要。注射压力过高,制品可能产生毛边,脱模困难,影响制品光洁度,使制品产生较大内应力,甚至成为废品,同时还会影响到注射装置及传动系统的设计。注射压力过低,则易产生物料充不满模腔,甚至根本不能成型等现象。

注射压力的大小要根据实际情况选择,如加工黏度低、流动性好的塑料,其注射压力可选用 35~55 MPa;加工中等黏度的塑料,形状一般,但有一定的精度要求的制品,注射压力可选 100~140 MPa;对高黏度工程塑料的注射成型,其注射压力选在 140~170 MPa 范围内;加工优质精密微型制品时,注射压力可用到 230~250 MPa 以上。

为了满足加工不同物料对注射压力的要求,一般注射机都配备 3 种不同直径的螺杆和机筒(或用一根螺杆而更换螺杆头)。采用中间直径的螺杆,其注射压力范围在 100~130 MPa;采用大直径的螺杆,注射压力在 65~90 MPa 范围内;采用小直径的螺杆,其注射压力在 120~180 MPa 的范围内。

(3) 注射时间(注射速率、注射速度)。

注射时间是指注射螺杆或柱塞往模腔内注射最大容量的物料时所需要的最短时间;注射速率是表示单位时间内从喷嘴射出的熔料量;注射速度是表示注射螺杆或柱塞的移动速度。注射时间、注射速率或注射速度 3 者是一致的。注射时间短,则注射速率或注射速度快。3 者的关系可用下面两式来定义,即

$$q_{注} = Q_{公}/t_{注} \tag{5.4}$$

$$V_{注} = S/t_{注} \tag{5.5}$$

式中 $q_{注}$——注射速率,cm/s;

$Q_{公}$——公称注射量,cm;

$t_{注}$——注射时间,s;

$V_{注}$——注射速度,mm/s;

S——注射行程,即螺杆移动距离,mm。

(4) 螺杆直径和注射行程。

注射机的一次注射量由螺杆直径 D 和注射行程 S 所决定,而 S 值与 D 值之间应保持一定比例,即

$$k = S/D \tag{5.6}$$

式中 k——比例系数。

k 值过大,使螺杆的有效长度缩短,影响塑化能力和质量;k 值过小,为保证达到同样的注射容积,势必要增大 D 值,这将会导致塑化部件变得庞大。一般 k 值的范围为 1~3。注射机使用中行程可以调整。

(5)塑化能力。

塑化能力是指单位时间内所能塑化的物料量。显然,注射机的塑化装置应该在规定的时间内,保证能够提供足够量的塑化均匀的熔料。

塑化能力应与注射机的整个成型周期配合协调,若塑化能力高而机器的空循环时间太长,则不能发挥塑化装置的能力,反之则会加长成型周期。目前注射机的塑化能力有了较大的提高。

(6)注射功及注射功率。

机器在实际使用过程中,能否将一定量的熔料注满模腔,主要取决于注射压力和注射速度,即决定于充模时机器做功能力的大小。注射功及其注射功率即作为表示机器注射能力大小的一项指标。注射功为油缸注射总力与行程的积,注射功率为油缸注射总力与注射速度的积。

注射功率大,有利于缩短成型周期,消除充模不足,改善制品外观质量,提高制品精度。随着注射压力和注射速度的提高,注射功率也有较大的提高。

因注射时间短,机器的油泵电动机允许做瞬时超载,故机器的注射功率一般均大于油泵电动机的额定功率。对于油泵直接驱动的油路,注射功率即为注射时的工作负载,也是电动机的最大负载。油泵电动机功率是注射功率的 70% ~80%。

(7)锁模力(合模力)。

锁模力是指注射机的合模机构对模具所能施加的最大夹紧力。在此力的作用下,模具不应被熔融的塑料所顶开。锁模力同公称注射量一样,也在一定程度上反映出机器所能塑制制品的大小,是一个重要参数,所以有的国家采用最大锁模力作为注射机的规格标称。

为使注射时模具不被熔融的物料顶开,则锁模力应为

$$F > KPA \tag{5.7}$$

式中 F——锁模力,N;

P——注射压力或物料在模腔内的平均压力,MPa;

A——制品在模具分型面上的投影面积,mm;

K——考虑到压力损失的折算系数。

橡胶 K 一般在 1.1~1.25 之间选取,塑料一般在 0.4~0.7 之间选取,对黏度小的取大值,对黏度大的取小值;模具温度高时取大值,模具温度低时取小值。

从耗能和设备磨损考虑,应尽可能减小锁模力,一般可以采取以下措施来减少锁模力。

(8)合模装置的基本尺寸。

合模装置的基本尺寸包括模板尺寸、拉杆空间、模板间最大开距、动模板的行程、模具最大厚度与最小厚度等,这些参数规定了机器所加工制品使用的模具尺寸范围,亦是衡量合模装置好坏的参数。

(9)开合模速度(动模板移动速度)。

开合模速度即动模板移动速度,为使模具闭合时平稳以及开模、顶出制品时不使制件损坏,结合生产效率的考虑,在每一个成型周期中,模板的运行速度是变化的,即在合模时从快到慢,开模时则由慢到快再到慢。

目前国产注射机的动模板移动速度,高速为 12~22 m/min,低速为 0.24~3 m/min。随着生产的高速化,动模板的移动速度,高速已达 25~35 m/min,有的甚至可达 60

~90 m/min。

(10) 空循环时间

空循环时间是在没有塑化、注射保压、冷却、取出制品等动作的情况下，完成一次动作循环所需要的时间。它由合模、注射座前进和后退、开模以及动作间的切换时间所组成。

空循环时间是表征机器综合性能的参数，它反映了注射机机械结构的好坏、动作灵敏度、液压系统以及电气系统性能的优劣（如灵敏度、重复性、稳定性等），也是衡量注射机生产能力的指标。

近年来，由于注射、移模速度的提高和采用了先进的液压电器系统，空循环时间已大为缩短。

5.3 注射成型过程分析

在注射成型过程中，加入到机筒中的聚合物受到了机筒加热和螺杆剪切的双重作用，由固态逐渐变成熔融状态，并由于螺杆的输送功能使熔体被堆积到螺杆头部前方，注射（充模）时，螺杆前进，以高压、高速将熔料注入模腔内，经冷却定型而获得制品。由此可见，聚合物的注射模塑主要包括塑化熔融、注射充模和冷却定型3个基本过程，因为这些过程与制品质量、注射成型的生产效率、被注射物料、工艺性能等因素有密切关系。

5.3.1 塑化过程

所谓塑化是指聚合物在料筒内经加热由固态转化为熔融的流动状态并具有良好的可塑性的过程。塑化虽然是预备性的操作，但塑化质量、塑化效率则对随后的操作过程、生产效率以及制品质量有着极重要的影响。

聚合物在料筒内从加料口到喷嘴处的温度变化与注射装置的形式有关。对柱塞式注射装置，仅靠料筒的外部加热，与料筒接触的物料升温较快，靠近轴线的中心物料升温很慢，直到流经分流梭附近时，温度才迅速上升，并逐渐减小物料各点的温差，但仍低于料筒壁温度。对于螺杆式注射装置，开始升温速度并不太大，因为此时物料处于固体状态，摩擦发热不是很大，并以料筒的传热为主，但当出现熔融物料时，黏性流体剪切发热量比较大，促使其温度很快上升，所以在料筒前方或在压缩段以后，由于螺杆的剪切和混合作用，熔体温度不断上升。螺槽中物料熔融后，由于剪切摩擦导致聚合物熔体温度升高，其值可近似计算为

$$\Delta T = \frac{n \cdot \pi \cdot D \cdot \eta}{60 h \cdot c} \tag{5.8}$$

式中　c——聚合物的比热。

由式可见，当浅槽螺杆、转速很高时，可使温升大大提高，强烈的剪切可使熔体温度接近甚至高于料筒壁温度，这种情况在离喷嘴较远处已发生。

延长物料受热时间，即存料量多，能够提高物料的温升，但不适当地延长塑料的受热时间，易使物料降解，故一般机筒内的存料量不超过最大注射量的3~8倍。

螺杆对塑化的强化作用，除与螺杆转速有关外，阻止螺杆后退的背压对剪切摩擦热的产生也有影响。背压提高时，螺杆旋转后退所受的阻力增大，为克服增大的阻力，势必要增大驱动螺杆转动的功率，使更多的机械功转化为热量。但在高背压下塑化时，由于螺杆转动时

的逆流和漏流流量增大,塑化时间延长,致使塑化效率下降。

螺杆对聚合物塑化的作用,除了能提高熔体的温度外,还可以提高熔体温度的均匀性。在一般情况下,采用高转速、低背压下工作,且注射量接近最大注射量时,螺杆头部熔体温度的均匀性就较差,如果塑化效率不是生产中要考虑的主要因素时,采用较低的螺杆转速和较高的背压,延长聚合物在料筒内的停留时间,从而可能建立如同在挤出机工作时那样的更均匀和连续的塑化条件,则有利于提高熔体温度的均匀性。

螺杆式注射机的塑化质量较好。塑料的热扩散速率正比于热传导系数 $\alpha=\dfrac{\lambda}{c\rho}$,其中 α 为塑料的热扩散速率;λ 为塑料热传导系数;c 为塑料比热容;ρ 为塑料密度。由于一般塑料的热传导系数都较小,因此要增大热扩散速率取决于塑料是否受到搅动,很显然,柱塞式注射机的加热效率不如移动螺杆式注射机,塑化质量也比其差,在柱塞式注射机机筒的前端安装分流梭,它能在减少料层厚度的同时迫使塑料产生剪切和收敛流动,加强热扩散作用。

在机筒中的物料有不均匀的温度分布,靠近机筒壁的温度偏高,而料筒中心的温度偏低。此外,熔体在机筒内流动时,机筒中心处的料流速度快于筒壁处,造成径向速度分布不同。因此,料流无论在横截面上还在长度方面都有很大的温度梯度。

5.3.2 注射过程

塑化良好的聚合物熔体,在柱塞或螺杆的压力作用下,由料筒经过喷嘴和模具的浇注系统进入并充满模腔这一重要而又复杂的阶段称为注射过程。由于制品形状的多样性、复杂性、所使用聚合物材料的广泛性,同时大多数聚合物熔体均属黏弹性流体,在高速流动过程中表现出的非牛顿特征,使其在注射过程产生复杂的流变行为,加上由于剪切作用又使机械功转变为热等作用,给这一过程的分析研究和操作控制都增加了很多困难,这是一个非连续非等温的体系,要从理论上进行定量分析更为不易,人们更多的是通过实验测定来揭示这一过程的影响因素及其内在的规律性。根据聚合物熔体注射的流动历程,对物料在料筒和喷嘴的流动和物料充模流动做一简要的分析。

1. 物料通过料筒的压力损失

注射时,熔融物料通过料筒的运动特性,对往模腔内供给熔体和传递压力都有重要影响,注射装置形式不同,熔体流动阻力不同,从而引起注射压力降有很大的差别。

对于柱塞式注射装置,在料筒内柱塞的前端不仅存在有已塑化好的熔体,还有未熔化和半熔化的聚合物粒料,柱塞向前运动,首先将未熔融的粒子压缩,并通过压缩后的料塞将熔融料注入喷嘴和模腔内,而前者的阻力很大,引起很大的压力降,往往占据整个压力降的主要部分,严重时可达料筒总压力降的80%,并且还影响熔体的注射速度,使其下降和存在不可控制的速度不均匀性。

对于螺杆式注射装置,由于螺杆在塑化时的旋转,它把熔融物料推向螺杆前方,注射时,螺杆前移,将熔料推向喷嘴,这时熔料在料筒内的压力损失主要来自熔体的摩擦阻力和喷嘴的阻力,它的压力损失值必然较少,相当于柱塞式注射装置的后20%,熔体的流动速度应该基本与螺杆的平移速度同步进行。

2. 熔体在喷嘴中的流动

喷嘴是注射机机筒与模具之间的连接件,充模时熔体经过喷嘴通道中剪切速率变化相当大,因此熔体流过喷嘴孔时会有较多的压力损失和较大的温升。

其压力损失仍然可以按熔体通过圆形孔道时的压力损失计算。计算的压力损失通常小于实测值,其主要原因一是由于熔体通过喷嘴时有摩擦生热以及热量损失,不是真正的等温过程;二是喷嘴的形式多种多样,多数带有锥度,不是等截面圆管;三是熔体从机筒进入喷嘴,流道由大变小,会出现"入口效应"等。

充模期间熔体高速流过喷嘴孔时必将产生大量剪切摩擦热,该热量几乎全部用于加热熔体使其温度升高。

表5.1为喷嘴的温升与喷嘴直径和注射压力的关系,实际加工中可以参考。

表5.1 喷嘴的温升与喷嘴直径和注射压力的关系

注射压力/MPa	49					98			
喷嘴直径/mm	3.2	2.0	1.4	1.0	0.7	0.5	1.4	1.0	0.7	0.5
熔料温度/℃	18	19	23	25	26	26	43	45	47	46

3. 熔体在模具浇注系统中的流动

正如流过喷嘴一样,熔体流过主浇道、分浇道和浇口时也有温度变化和压力损失,这主要取决于浇注系统的加热状态,同时与熔体的流变性能、浇注系统的形状和尺寸也有关系。熔体流过热浇道时,温度保持在熔点以上,其温度变化和压力损失的影响因素与经过喷嘴的情况相似。

熔体流过冷浇道时,由于浇道温度远低于熔体温度,紧贴槽壁的熔体被迅速冷凝而形成不动壳层,因而使熔体能通过的截面积减小,流动阻力增大,造成熔体的压力损失增加,降低了充模的模腔压力。

不动的冷凝壳层其厚度与熔体的冷凝速度、聚合物的热物理性能、熔体温度、熔体流动速度及模具温度多种因素有关。易结晶的聚合物当温度低于熔点时会很快凝固,如尼龙-6就具有此种表现,降低熔体温度和模具温度都会使壳层加厚。

浇口大小与压力损失和剪切速率有密切关系,浇口越小,压力损失增大,剪切速率也提高,过大的剪切速率会使熔体温度迅速上升,产生焦烧和降解现象,过大的剪切速率也会使熔体出现不稳定流动现象。

为此,当浇口尺寸已定时,提高熔体温度是防止不稳定流动的有效措施,在熔体温度不允许有变化时,可适当降低注射压力以降低注射速度,从而避免不稳定流动发生。

4. 熔体进入模腔后的流动

熔体在模腔的流动是流动充模成型过程中最重要、也是最复杂的时期。熔体的温度较高,而模具型腔的温度相对较低,塑料熔体在流动成型过程中温度会逐渐下降,期间会发生取向、结晶等聚集态结构的变化,同时制品的形状、尺寸、外观、内应力等均在这段时间内基本形成并确定。因此这个时期熔体在模腔内的流动方式、熔体在模腔内的流动类型等均会对产品的质量产生重要的影响。

由于浇口的位置和模腔的形状及结构不同,熔体在模腔内的流动方式可以归纳为4种,如图5.16所示。

图5.16(a)熔体由轴向浇口进入等截面圆柱形模腔,当熔体流出浇口后,沿z方向

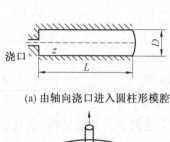
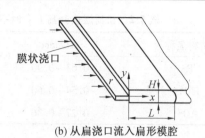

(a) 由轴向浇口进入圆柱形模腔　　　(b) 从扁浇口流入扁形模腔

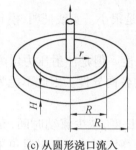
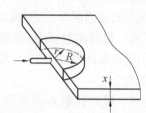

(c) 从圆形浇口流入　　　(d) 从制品平面内的浇口进入矩形截面的模腔

图 5.16　熔体在模腔中的流动方式

流动。

图 5.16(b) 熔体从扁浇口(膜状浇口)流入扁形或平行板狭缝形模腔,沿 z 方向充模。

图 5.16(c) 熔体经过与圆板状制品平面相垂直的浇口流入模腔,流动方式是以浇口为圆心,沿半径 r 方向,同样的速度辐射状地向周边界限为 R、深为 H 的圆盘形模腔中充模流动。

图 5.16(d) 为熔体由制品平面内的浇口进入矩形截面的模腔,其充模方式是越过浇口的料流前缘以浇口为圆心按圆弧状向前扩展。

无论何种流动方式,熔体从浇口进入模腔,首先要保证充满模腔。熔体在模腔内流动时,由于模具温度较低,随冷却时间的延长,模具凝固层的厚度逐渐加大,当凝固层的厚度达到模腔高度的一半或等于圆筒形模腔截面的半径时,熔体在模腔内的流动就完全停止,这一流动长度称为极限流动长度。只有极限流动长度大于制品方向的长度,熔体才能充满型腔。

模具凝固层内表面的温度应与物料的熔融温度相近,而与模壁接触的凝固层外表面温度应与模具温度一致,这两个温度在充模的整个时间内可基本保持不变。充模期间流动中的熔体温度也极少变化,这是因为凝固层与熔体流界面上有摩擦热产生,甚至在熔体与凝固层温差很大时,摩擦热也是阻碍熔体流中心部分降温的热屏障。

熔体在模腔中的极限流动长度是物料熔体的流变性能、热物理性能以及成型工艺条件的综合反映。熔体在模腔中的极限流动长度主要受以下因素影响。

(1) 塑料的流动性和冷凝速度。物料种类不同,加工温度和冷凝速度也不同,流动长度与模腔厚度的比值(流动距离比即流长比 L/t)也不同,塑料流动长度可用模塑性的评价指标阿基米德螺线长度衡量。

(2) 机筒温度。在加工温度范围内,提高机筒温度有利于增加熔体在模腔中的极限流动长度。但物料种类不同,流动长度对机筒温度的敏感性也不同,表 5.2 为机筒温度升高 1 ℃时不同塑料充模流动长度的增加值 ΔL。

表 5.2　机筒温度升高 1 ℃时不同塑料充模流动长度的增加值 ΔL

塑料名称	ΔL/mm	塑料名称	ΔL/mm
PS	0.63 ~ 0.90	PMMA	0.68 ~ 0.85
HIPS	0.54 ~ 0.60	LDPE	0.34 ~ 0.44
ABS	0.27 ~ 0.36	HDPE	0.34 ~ 0.68

（3）模具温度。模具温度的高低对流长比有影响，但是很小。实践证明，模具温度主要影响熔体在模壁上的凝固层厚度，对流动长度无显著影响。

（4）注射压力。提高注射压力，可增加熔体的流动长度。但是注射压力增大的同时也会使聚合物分子流动取向程度增加，导致制品出现明显的各向异性。因此不能为了充模而盲目提高注射压力。

（5）注射速度。提高注射速度有利于增大充模流动长度，减少流动时间，充模速度提高。在不出现湍流的情况下，注射速度尽量加大。同时提高注射速度可以避免采用大的注射压力而导致制品出现各向异性，尤其是成型薄壁制品时应采用此法增加流动长度。

（6）模腔厚度。模腔厚度是影响充模阻力的重要因素，模腔厚度增加，充模流动长度也会增大。

充模时熔体在模腔内的流动类型主要由熔体通过浇口进入模腔时的流速决定。不同充模速率的熔体流动情况如图 5.17 所示。

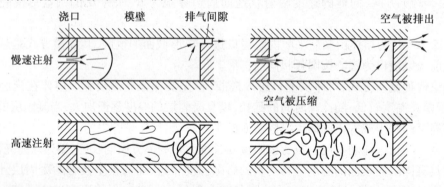

图 5.17　不同充模速率的熔体流动情况

从图 5.17 可见，当熔体从浇口进入模腔的流速很高时，熔体流首先射向对壁，以湍流的形式充满模腔。严重的湍流引起喷射而带入空气，由于模腔底部先被熔体填满，模内空气无法排出，未排出的空气被热熔体加热、压缩成高温气体后，会引起熔体的局部烧伤和降解，造成成型后的制品质量下降，还会使制品形成大的内应力，表面出现裂纹。

当熔体从浇口进入模腔的流速很低时，即慢速充模时，熔体以层流形式自浇口向模腔底部逐渐扩展，形成层流流动充模，慢速充模可避免湍流流动充模引起的各种缺陷，若控制得当可得到表观质量和内在质量均较高的制品。但过慢的速度会显著延长充模时间，易使熔体在流道中冷却降温，引起熔体黏度大幅度提高，熔体的流动性下降，引起模腔充填不满，并出现制品分层和结合不好的熔接痕，影响制品的强度。

熔体从浇口处向模腔底部以层流方式推进时，形成扩展流动的前峰波的形状可分成 3 个典型阶段，充模时熔体前缘变化的各阶段如图 5.18 所示。第一个阶段是熔体流前缘呈圆弧形的初始阶段,第二个阶段是前缘从圆弧渐变为直线的过渡阶段,第三个阶段是前缘呈直线移动的主流充满模腔的阶段。

熔体流的速度分布如图 5.19 所示,熔体以层流方式充模时,热熔体前锋表面由于与冷空气接触而形成高黏度的前缘膜。随后由于降温引起的黏度进一步增大和表面张力的作用,其前进速度会小于熔体自身的流速,所以前缘膜后的熔体单元通常会以更高的速度追到膜上。这时可能出现两种情况:一是受到膜的阻止熔体单元不再前进,只得转向模壁方向且很快被冻结;二是熔体冲破原有的前缘膜,形成新的前缘膜。转向模壁的熔体单元与紧贴模壁的冷冻层接触后,迅速冷凝成线速度和切变速率均接近零的不冻层,由此在熔体流的截面上产生很大的速度梯度,这会使大分子链的两端因处于不同的速度层中而受到拉伸并取向。

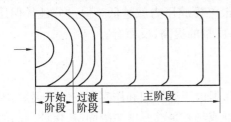

图 5.18 充模时熔体前缘变化的各阶段

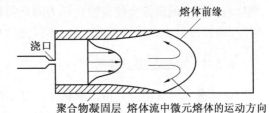

图 5.19 熔体流的速度分布

因此,在靠近模壁的区域内存在着不同于其他部分的特殊取向机理,是造成制品表层形态结构与芯层不同的一个重要原因。

模腔内实测的熔体流动流线分布表明,在充模过程中,熔体单元被前缘膜阻止转向和冲破,原有膜形成新膜的两种情况交替出现,并且是制品表面上出现小波纹的重要原因。这种小波纹在其冷硬之前若能被随后到来的热熔体所传递的压力"熨平",就不会在脱模后的制品表面上出现。因此,较高的注射压力、注射速度和模具温度,有利于获得光洁平整表面的制品。

5. 模腔内熔体的压实与保压

模腔内熔体的压实和保压,也是熔体在模腔的一种流动。

充模流动结束后,熔体进入模腔的快速流动停止,但这时模腔内的压力并没有达到最高值,而此时喷嘴压力已达最大值,因而流道内的熔体仍能以缓慢的速度继续流入模腔,使其中的压力升高到能够平衡浇口两边的压力为止。

模腔内熔体的压实前提条件是浇口出口处有一定的压力和充模期结束时熔体具有一定的流动性。这个压实过程虽然时间很短,但熔体充满模腔各部缝隙取得精确模腔型样,且本身受到压缩使成型物增密,就是在这一极短的时间内依靠模腔内的迅速增压完成的。注射过程中增大注射压力、减小喷嘴和模具浇道系统内的流动阻力,均对增高模腔进口处的压力有利,而提高熔体温度、模具温度、注射速度和增大模腔厚度,均有利于改善模腔内的压力传递条件,这些对于压实流动都较为有利。

压实结束后柱塞或螺杆不立即退回,而必须在该位置上再停留一段时间,该阶段为保压阶段。在保压阶段熔体仍能流动,称保压流动。保压流动和充模阶段的压实流动都是在高压下使熔体致密的一种流动。这时的流动特点是熔体的流速很小,不起主导作用,而压力却是影响过程的主流因素。产生保压流动的原因是模腔壁附近的熔体因冷却而产生体积收缩,这样在浇口冻结之前,熔体在注射压力作用下继续向模腔补充熔体,产生补缩的保压流动。

保压阶段的压力是影响模腔压力和模腔内塑料被压缩程度的主要因素。保压压力高,则能补进更多的料,不仅使制品的密度增高,模腔压力提高,而且持续地压缩还能使成型物各部分更好的融合,对提高制品强度非常有利。但在成型物的温度已明显下降之后,在高压下产生变形往往是弹性的,在制品中会造成大的内应力和大分子取向,这种情况反而不利于制品的性能提高。

保压时间也是影响模腔压力的主要因素,在保压压力一定的条件下,延长保压时间能向模腔中补进更多的熔体,其效果与提高保压压力相似。保压时间越短,而且压实程度又小,则物料从模中的倒流会使模腔内压力降低得越快,最终模腔压力就越低。但过分延长保压时间,也像过分提高保压压力一样,不仅无助于制品质量的提高,反而有害。

5.3.3 冷却定型过程

熔体进入模具型腔后虽已开始了冷却降温过程,但由于充模期和压实期的时间很短,因而还需要在模腔内继续冷却一段时间,使其全部冷凝或具有足够厚度的凝固层,保证制品的形状以及制品取出的时候不发生变形。

典型注射制品的冷却定型过程包括3个时期:保压过程的冷却、熔体倒流过程中的冷却和浇口封断后的冷却。

1. 保压过程的冷却

由于保压的时间很短,而且这个过程要求熔体有一定的流动性,因此该过程熔体的温度下降不多。为了达到以上要求,该阶段的保压压力和保压时间的选择要特别注意。

2. 熔体倒流过程中的冷却

用大尺寸浇口成型厚壁制品时,保压期内可以有足够长的时间向模腔补料并传递压力。若在浇口凝封之前就解除模腔的外压,由于此时浇道内的压力随之急剧下降而远低于模腔内的压力,致使熔体从型腔倒流入浇道。随熔体的流出,模腔内的压力迅速下降,倒流的流速也逐渐减小直至通过浇口的熔体因有充分时间冷却而使模腔封口。

封口时刻模腔内的温度和压力分别称为封口温度和封口压力,这两者是影响注射制品质量的重要工艺参数,可以由修正的范德华方程得到封口压力和封口温度的关系为

$$p = \left[\frac{R'T}{(v-b)}\right] - \pi \tag{5.9}$$

式中 R'——修正的气体常数;

π——内压力;

v——聚合物比容;

b——绝对零度时的比容。

由式(5.9)可见,在聚合物的比容一定时,作用在模腔内物料上的压力与其温度呈直线关系。注射成型时模腔中的压力与温度的关系如图5.20所示。C_2点是物料刚好充满型腔时温度、压力的关系,直线C_2D_2代表保压期模腔内压力与温度的关系。直线C_2D_2与温度坐标轴平行,这一过程物料温度下降,但因有外部熔体的不断补进而使模腔内的压力基本保持恒定。D_2点为保压期结束,螺杆后退,随之出现的倒流引

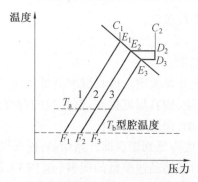

图 5.20 注射成型时模腔中的压力与温度的关系
C_1, C_2—压实至保压切换点；
D_2, D_3—保压切换点；E_1, E_2, E_3—凝封点

起模腔内压力沿 D_2E_2 直线下降，E_2 为封口点。此后模腔内的物料量不再改变，即比容为定值，故温度和压力沿 E_2F_2 呈直线的关系下降。

若将保压时间从 C_2D_2 延长到 C_2D_3，在 D_3 点才解除外压，此后倒流使模腔内压力沿 D_3E_3 直线下降，E_3 为封口点，自封口点 E_3 后模腔内的压力与温度即沿 E_3F_3 直线下降，由此而得到的制品密度和质量较前述情况大，但其内应力较高，而且常因成型收缩过小而引起脱模困难。

直线 C_1E_1 表示在较低的压力下补料而且浇口的凝封发生在螺杆后退之前，这时外压解除后无熔体倒流，从 E_1 点起模腔内物料即沿 E_1F_1 直线降温和降压，但因封口压力较低，所得制品的密度较小。

制品的密度或质量一般是随封口的压力增大而增加。因此调节封口温度和封口压力非常关键，工艺上多借助改变保压时间来调节。

保压时间过短，补进模腔的料量少而倒流出的料量多，致使封口压力很低，由此得到的制品容易出现凹陷和缩孔，且成型收缩率也较大，因而密度低、强度差、尺寸精度也差。延长保压时间，可使封口压力增大，这对改善制品的外观、强度和尺寸精度都有利。但过高的封口压力，不仅会造成制品脱模的困难，而且会因制品内应力过大反而使强度降低。

除保压时间外，改变保压压力、浇口尺寸、熔体温度和模具温度等，对封口温度和封口压力也有不同程度的调节作用。

3. 浇口封断后的冷却

浇口封断后的冷却过程是使模腔内的制品整体或足够厚的表层降温至聚合物玻璃化温度或热变形温度的过程，此时将制品从模腔中顶出才不致发生变形。

这个过程的冷却时间是在无外压作用条件下进行的，在整个冷却时间中占有非常大的比例。主要是通过模具的冷却系统进行冷却。成型物的冷却时间主要由塑料的热物理性能和制品的壁厚所决定。热传导理论的计算表明，制品在模腔内冷却所需要的最短时间 t_k 可表示为

$$t_k = \frac{H^2}{\pi^2 \alpha} \ln\left(\frac{4}{\pi} \cdot \frac{T_a - T_W}{T_E - T_W}\right) \tag{5.10}$$

式中 H——制品的壁厚；
α——塑料的热扩散系数；

T_a——模腔内熔体的平均温度;

T_w——模具温度;

T_E——脱模时制品的温度。

这里模具温度的选择确定非常关键。模具温度高低决定于塑料的结晶性、制品的尺寸与结构、模塑周期等。总的来说,模具温度提高,制品取向程度降低,结晶度升高,制品表面光洁程度提高,产品收缩率增加,保压时间延长。

对于结晶型塑料来说,温度降低到熔点即开始结晶,模具温度高,结晶速率快,有利于大分子松弛过程,取向效应小,对于结晶速率低的塑料(如PET)适合。而中等模温,冷却速率中等,结晶、分子取向适宜,适合大多数的结晶塑料的冷却。模具温度低,熔体在结晶温度区域停留时间短,不利于晶体和球晶的增长,使聚合物结晶度低,此时若塑料的玻璃化温度低(如聚烯烃),就会出现后结晶引起制品收缩,性能改变。

对于无定形塑料,由于没有相变化,模具温度主要影响熔体的流动性,即充模速率。因此对于黏度低或中等的无定形塑料,如PS,CA等,模具温度常偏低。对于黏度高的塑料,如PC、聚苯醚、聚砜等,必须采用高模具温度。另外,高模温也可以调整冷却速率,防止温差过大产生凹痕、内应力、裂纹等。

表5.3为部分塑料注射时可选用的模具参考温度。

表5.3 部分塑料注射时可选用的模具温度

塑料名称	PP	PE	PA	PS	ABS	POM
模温范围/℃	55~65	40~60	40~60	40~60	40~60	40~60
塑料名称	硬PVC	PMMA	PC	聚苯醚	聚砜	
模温范围/℃	30~60	40~60	90~120	110~130	130~150	

5.4 注射成型工艺

如前所述,在聚合物成型加工中,注射成型是一种应用十分广泛而又非常重要的成型方法,特别是对于塑料,除了连续的型材外,许多制品都能采用这种方法生产。为了获得符合使用要求的高质量注射制品,必须要掌握有关聚合物性能、注射工艺过程、操作控制因素以及机械设备、模具等多方面的知识。本节着重介绍注射用的聚合物以及不同种类聚合物的注射成型工艺特点。

5.4.1 注射用聚合物

注射用聚合物取材十分广泛,它包括有绝大多数的热塑性塑料、部分热固性塑料以及某些橡胶。由于不同类型、不同品种聚合物的物理化学性能不同,对注射成型设备、模具、工艺条件、操作过程的要求就可能有很大区别。以上3类聚合物,以热塑性塑料注射成型制品使用最普遍,占数量比例最大。但是,近年来热固性塑料和橡胶的注射制品也有很大发展。

1. 注射用的热塑性塑料

在注射成型中,使用得比较普遍的热塑性塑料介绍如下。

(1) 聚烯烃类聚合物：一般是指乙烯、丙烯、丁烯的均聚物与共聚物，主要品种包括各种不同密度的聚乙烯（LDPE，HDPE，MDPE，LLDPE）以及聚丙烯（PP）等，它们均广泛采用注射成型。近年来，在汽车部件、工业零件等应用领域，改性聚丙烯注射制品的使用日益增多。

(2) 苯乙烯类聚合物：如聚苯乙烯（PS）、苯乙烯–丙烯腈共聚物（AS）、丙烯腈–丁二烯–苯乙烯共聚物（ABS）等，以及这类聚合物的改性品牌，如抗冲 PS、发泡 PS 等。这类聚合物多用于日用品、家电产品及工业零件中，绝大多数是注射制品。

(3) 用于工业零件的聚酰胺塑料、尼龙（PA），70% 以上是注射成型制品，如 PA6，PA66，PA610，PA11，PA12 等。

此外，用注射方法加工的还有聚氯乙烯（PVC）、注射液聚甲基丙烯酸甲酯（PMMA）、纤维素酯和醚类塑料、聚碳酸酯以及其他许多热塑性塑料。

近年来，随着高科技事业的发展，对塑料制品的耐热、耐高温性要求更为苛刻，从而促使某些特种工程塑料——耐高温树脂的注射制品的使用，如聚砜（PSF）、聚苯醚（PPO）、聚苯硫醚（PPS）等。这些材料由于熔点高、黏度大，在注射成型工艺与模具结构上都有特殊的要求。

2. 注射用热固性塑料

到目前为止，几乎所有的热固性塑料都可采用注射成型，但用量最多的是酚醛塑料。除此之外，用于注射成型的热固性树脂还包括脲醛树脂、三聚氰胺甲醛树脂、苯二甲酸二丙烯酯树脂、醇酸树脂以及环氧树脂等。在注射成型过程中，带有反应基团的预聚物或反应物质在热的作用下发生交联反应，其结构由线型转变成体型。因此，热固性塑料的注射成型工艺及设备与热塑性塑料有较大的区别。

3. 注射用橡胶和热塑性弹性体

目前，用于注射成型的橡胶制品主要有密封圈、减震垫、空气弹簧和鞋类等，也有试用于注射轮胎制品。注射橡胶要经过塑化注射和热压硫化两个阶段，所以其注射工艺过程、设备及模具结构与塑料有很大的不同。注射用橡胶有天然橡胶、顺丁橡胶、丁苯橡胶、甲基丁苯橡胶、氯丁橡胶、丁腈橡胶等。

热塑性弹性体兼具塑料与橡胶的双重特性，即在常温下它表现出类似硫化橡胶的弹性，而在高温下又具有类似热塑性塑料的塑性，因此可以采用注射的方法对其进行加工。常用注射成型方法进行加工的热塑性弹性体有：聚烯烃热塑性弹性体（TPR），如丙烯–乙丙橡胶共聚物、乙烯–丁基橡胶接枝共聚物等；苯乙烯类热塑性弹性体，如丁二烯–苯乙烯–丁二烯嵌段共聚物（SBS）等；此外，还有聚酯类热塑性弹性体、聚氨酯热塑性弹性体等。

对于注射成型的材料来说，它可以是纯的聚合物，也可以是以聚合物为主料、加有各种添加剂为辅料的混合物。加入辅料的目的是为了提高聚合物的物理力学性能，改善其加工性能；或是为了节约原材料，以提高经济效益。

5.4.2 热塑性塑料的注射成型工艺过程

图 5.21 为热塑性塑料的注射工艺过程。该工艺可以分为 3 个部分：成型前的准备、注射成型以及塑件后处理。

1. 成型前的准备

成型前的准备主要包括对注射成型的塑料原料、设备以及其他部分进行准备工作。

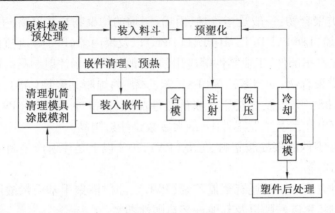

图 5.21　热塑性塑料的注射工艺过程

(1) 原料的准备工作。

注射成型所用的原料品种很多,其中也包括很多的工程塑料。注射用的塑料大多为粒料。塑料原料的准备主要包括原料检验、原料染色以及原料的干燥。

(2) 注射机的准备工作。

注射机的准备工作主要是机筒的清洗。由于注射机的工作总是很频繁地更换物料,因此机筒的清洗就显得很重要。柱塞式注射机由于柱塞不能转动清洗比较困难,一般是利用拆卸或采用专用机筒的方法来进行。螺杆式注射机由于螺杆工作时有转动,一般采用置换的方法,选择合适的温度和正确的步骤进行。

例如,机筒内的料 A,置换料(成型料) B。如果 B 比 A 的成型温度高,升温到 B 的最低温度,加入 B,连续进行对空注射,直至全部存料清洗完毕时才调整温度进行正常生产;如果 B 比 A 的成型温度低,升温到 A 的最佳流动温度后,切断电源,在降温过程中用 B 进行置换清洗;如果 A 是热敏性塑料(PVC),而 B 的熔体黏度高,采用流动性好、热稳定性高的 C 料(如 PS,PE) 过渡清洗。

(3) 嵌件预热。

有一些塑料制品为了安装方便或增加强度,要复合金属嵌件。其中有些金属嵌件,需要在注射前安放在模具内。金属嵌件在安放前需要进行预热,这样可以减小金属嵌件与塑料熔体的收缩率差,防止在冷却定型过程中产生很大的内应力。特别是对于一些刚性较强的链,如 PS,PC 等,更容易产生应力开裂,因此嵌件必须预热;而有些小的嵌件可以通过模具预热。预热的温度为 110 ~ 130 ℃,预热温度不能太高,防止对金属嵌件产生破坏。

(4) 脱模剂的使用。

为了使制品顺利脱模而在模具上喷涂的一种助剂,称为脱模剂。

常用的脱模剂有硬脂酸锌、液状石蜡和硅油等。硬脂酸锌,除聚酰胺外都能使用;液状石蜡也叫白油,作为聚酰胺类塑料的脱模剂最好,除润滑作用外,还可以防止内部产生空隙;硅油,润滑效果好,但要配成甲苯溶液,涂在型腔表面,待干燥后方能显示优良效果。

目前将脱模剂制成喷雾剂形式,使用方便。脱模剂用量要适当,过少起不到效果;过多会影响制品外观及强度,使透明制品出现毛斑或浑浊现象。

2. 注射成型

注射成型工艺的核心问题就是采用一切措施得到塑化良好的塑料熔体,并把它注射到模腔中去,在控制条件下冷却定型,使制品达到合乎要求的质量。最重要的工艺条件应该是足以影响塑化和注射充模质量的温度(包括物料温度、喷嘴温度和模具温度)、压力(注射压力、模腔压力)和相应的各个作用时间(注射时间、保压时间和冷却时间)以及注射周期等,而对影响温度、压力变化的工艺因素,例如螺杆转速、加料量及剩料等也不应忽视。

(1) 温度。

温度是保证注射成型的首要条件,包括机筒温度、喷嘴温度和模具温度。温度主要影响塑料树脂的塑化、流动成型以及冷却定型。

①机筒温度。一般来说,塑料的热性能是首先要考虑的。机筒温度一般控制在塑料的 $T_f(T_m) \sim T_d$ 之间。在 $T_f(T_m) \sim T_d$ 之间温度较窄的热敏性塑料,相对分子质量较低和相对分子质量分布较宽的塑料,机筒温度应选择较低值,比 $T_f(T_m)$ 稍高即可;而 $T_f(T_m) \sim T_d$ 之间温度分布较宽,相对分子质量较高,相对分子质量分布较窄的塑料,机筒温度可适当选取较高值。同时考虑塑料在机筒中停留的时间,常规的做法是机筒温度高,物料在机筒中的停留时间应缩短,尤其对于诸如聚甲醛、聚氯乙烯等塑料更为重要。

同样的塑料如果采用不同设备,机筒温度设定也有差异。例如柱塞式注射机机筒温度的设定比螺杆式注射机要高,主要是因为螺杆式注射机中螺杆转动,剪切作用大,产生的摩擦热也大,螺杆的转动使塑料在机筒中的料层相对较薄,熔体黏度低,热扩散速率大,温度分布均匀,加热效率高,混合和塑化好,因此机筒温度可低些;而柱塞式注射机,仅靠机筒壁和分流梭表面向机筒内的树脂传递热量,机筒中塑料的料层厚,传热速率小,传热速率内外层受热不均,温差较大,塑化不均匀,故机筒温度应比螺杆式注射机高 10~20 ℃。

此外,制品的形状也关系到机筒温度的设定。结构简单、厚壁的制品一般机筒温度设定比较低;而薄壁制品,塑料流动阻力大,易冷却而失去流动能力,为顺利充模,机筒温度应高些;如果制品的形状复杂而且带有金属嵌件,物料的流动阻力也大,机筒温度也应设定高一些。

总之,机筒温度的分布,从料斗开始至喷嘴方向,由低到高分布。螺杆式注射机由于剪切摩擦热,因此前段的温度可以略低于中段,以防塑料的过热分解。

②喷嘴温度。喷嘴温度主要影响塑料的流动。由于喷嘴的口径较小,物料通过喷嘴受到的剪切摩擦热较大,因此喷嘴温度通常是略低于机筒最高温度。降低的温度可以从通过喷嘴产生的较大摩擦热而得到补偿,同时还可以防止塑料在直通式喷嘴中可能发生的"流涎现象"。

机筒和喷嘴温度的设定除了上述因素外,还受到其工艺条件的影响。例如选择较低的注射压力时,为保证塑料的流动,应适当提高机筒温度;反之,机筒温度偏低就需要较高的注射压力。实际生产一般要根据理论数据,在成型前通过"对空注射法"或制品的"直观分析法"来进行调整,以便从中确定最佳的机筒和喷嘴温度。

一般非晶聚合物的极限拉伸强度随注射温度的提高均趋于降低。主要原因是非晶聚合物的取向度随着注射温度的提高而减小,而结晶聚合物的拉伸强度随着注射温度的提高结晶度降低。

③模具温度。模具温度影响塑料的流动和冷却,特别是对产品的表面和内部质量以及产量影响比较大。

前面介绍过,结晶型塑料,模具的温度影响熔体冷却的速度,也关系到产品的结晶与否。

一般情况模温高有利于结晶，同时有利于大分子的松弛，但是成型周期长，而模温低不利于结晶，会造成有些塑料出现后结晶，所以一般采用中等模温。无定型塑料模具温度的高低影响充模情况和冷却速率。

由于模具温度对结晶塑料结晶度的影响，进而直接影响产品的力学性能。总的来说，随着模具温度的升高，结晶塑料的注射制品其拉伸强度和弹性模量增大，断裂伸长率有所下降。

模具温度的设定通常低于塑料的 T_g 或不易引起制件变形的温度，脱模温度稍高于模温。

对于黏度较大的塑料，如聚碳酸酯、聚砜等宜选择高的模温，黏度小的塑料如 PE,PA 宜选择低模温。

模具温度的设定也要考虑对大分子取向、制品内应力和各种物理机械性能的影响。一般情况下模温低，取向作用大，内应力高，不利于结晶。此外，模具温度对制品的收缩率也有一定的影响，但对某些塑料如 PMMA 影响不大。

(2) 压力。

①塑化压力。塑化压力也称背压，是指螺杆式注射成型机在塑化时，螺杆顶部熔料在螺杆转动后退时所受到的压力。塑化压力的大小可以通过调整液压系统中的溢流阀来控制。

背压大小随螺杆的设计、制品质量的要求及塑料种类的不同而不同。如这些情况和螺杆的转速不变的情况下，增加塑化压力，将增加剪切作用，提高熔体的温度，但会减小塑化的速率，增大逆流和漏流。

增加塑化压力能使熔体的温度均匀、色料混合均匀、排出熔体中的气体，但会导致模塑周期延长，塑料降解。

在实际应用中，在保证质量的前提下塑化压力应越低越好，背压很少超过 2 MPa。

②注射压力。注射机提供一定的注射压力，可以克服塑料熔体从机筒流向模腔的一切流动阻力，给予熔体一定的充模速率以及对熔体进行压实。因此，注射压力对注射过程和制品质量有很大影响。

在注射过程中，随注射压力增大，物料的充模速度加快，流动长度增加，制品中熔接强度提高，制品的密度增加，制品的大多数物理机械性能均有所提高。成型大尺寸、形状复杂、薄壁制品、熔体黏度大、T_s 高的，宜选择较高的注射压力，但需退火处理，以消除高压下产生的内应力。

在注射过程中，注射完毕需要对模腔进行保压，这时的压力称为保压压力，也称二次压力。保压压力一般低于注射压力。

注射压力对热塑性塑料力学性能的影响较小。注射压力越大，拉伸强度越高，主要是制品密实度增加了。其影响主要发生在保压阶段，所以还要考虑保压时间。同时注射压力提高会使注射制品的熔接缝在高压下熔合，增加了熔接缝的接合强度。

(3) 时间(成型周期)。

通常将注射机完成一个制品所需的全部时间称为总周期时间，一个注射成型周期内，锁模装置、螺杆和注射座的动作时间与各部分操作时间都要列入其中。

注射的成型周期可以分为两个时间段：一是成型时间，是指熔体进入模具、充满模腔造型和在模腔内冷凝定型所需的全部时间；二是辅助操作时间，是指在总周期时间内除成型时间外的其余所有时间,通常包括注射机有关运动部件为启、闭模和顶出制品的动作时间,以及安放嵌件、涂脱模剂和取出制品等的辅助操作时间。

(4)注射制品中的大分子取向与内应力。

在热塑性塑料注射过程中,很多情况下在不同程度上都存在着大分子取向和内应力,前面已介绍了一些。它们对注射塑件质量,特别是内部质量有不可忽视的影响,是注射成型时必须关注的。

①大分子取向。注射成型过程中,凡能改变熔料流动的速度梯度和熔料停止流动后在凝固点以上温度停留时间等的因素,都会影响塑件的取向度及其分布。

注射制品中的大分子取向会给制品带来明显的各向异性,使得塑件在不同方向上的拉伸强度、模量以及断裂伸长率等力学性能有明显的不同,这种各向异性给塑件质量带来很大损害。

另外,制品尺寸对取向也有影响。通常用表面积与体积之比表征制品尺寸特性,因为这个比值对成型物在模腔内的冷却降温速率有明显影响,比值越大冷却降温就越快。由于注射制品中大分子的取向主要产生在次表层中,故表面积对体积之比大的制品,其取向程度和取向应力都较大。

②内应力。在注射制品成型过程中的充模、压实和保压过程中,外力在模腔内熔体中建立的应力,若在凝固之前不能通过松弛作用全部消失而有部分在制品中存留下来,存留下来的力称为残余应力,也称内应力。内应力的存在会使注射制品在储存和使用中出现翘曲变形和开裂,特别是在制品使用过程中要承受热、有机溶剂和其他能加速其开裂的介质时,更易开裂,影响其光学性能。

用注射制件研究塑料的强度性能时,制件中存在的较大内应力会使测试结果的分散性增大,对材料性能错误评价。例如,聚碳酸酯与通用 ABS 塑料比较,由于内应力的存在,有可能 PC 强度小于 ABS。因此在成型过程中应尽量降低内应力。

在注射制品中由于起因的不同,通常存在以下 3 种不同形式的内应力。

a. 构形体积应力。构形体积应力是由于制品几何形状复杂而引起的不同成形收缩所产生,这种形式的内应力在制品不同部位的壁厚差别较大时容易表现出来,应力值不大时可通过热处理消除。

b. 体积温度应力。体积温度应力与制品各部分降温速率不等而引起的不均匀收缩有关,在厚壁制品中表现明显。这种形式的内应力有时会因形成缩孔或表断凹痕而自行消失,也可以通过热处理来消除。

c. 结晶聚合物产生的应力。结晶聚合物由于在成型降温过程的结晶,从而引起收缩,收缩受到限制也会产生内应力。

总之,注射参数控制不当以及原料处理等问题会使注射产品不同程度地出现表面或内部缺陷,应力都较大。

3. 塑件后处理

注射制件产生的缺陷,有时可通过后处理来减小或者消除。常用的后处理有热处理和调湿处理。

(1)热处理。

热处理是将注射制件放进矿物油、甘油、乙二醇和液状石蜡等的液体介质或空气之中,然后慢速升温到指定温度并在此温度下保持一定时间,最后使制品与加热介质或加热装置一起缓慢冷却至室温。

热处理时间主要由制品的壁厚和聚合物大分子刚性的大小而定:一般说来,制品的壁越厚、大分子链的刚性越大,需要热处理的时间越长。

热处理的作用一是消除内应力,使冻结的大分子链得到松弛时间;二是加速后收缩,尽快达到尺寸稳定;三是对于结晶塑料可以提高结晶度,改变结晶结构,从而提高结晶塑料的弹性模量和硬度,降低断裂伸长率。

需要进行热处理的制件,有分子链刚性大的聚合物,如 PC、PS 制件;有壁厚比较大的,内外冷却不均易产生内应力;也有带金属嵌件的制件,还包括使用温度范围大的制件,尺寸精度要求高的制件,为了使其尽快达到稳定尺寸,也需要进行热处理。一般加热温度为 80~100 ℃。

(2)调湿处理。

调湿处理主要针对聚酰胺之类吸湿性强的制品,其目的一是可加速其吸湿平衡,尽快达到尺寸稳定;二是使其在隔绝空气的条件下受到消除内应力的热处理;三是对避免聚酰胺类制品因在高温下与空气接触而发生氧化变色十分有利;四是调湿处理过程中吸收适量的水分,对聚酰胺类塑料有一定的增塑作用,这对改善这类塑料的韧性非常有力。

调湿处理是将注射制件放进沸水浴、乙酸钾水溶液浴或油水浴中加热一段时间,然后使制品与浴槽内的处理介质一起冷却至室温,一般加热温度在 80~100 ℃。

5.4.3 橡胶注射成型

1. 概述

随着工农业技术的发展,橡胶模塑制品的种类和应用日趋扩大。过去,橡胶模塑制品都是使用平板硫化机进行压制,工艺比较落后,生产效率低。20 世纪 60 年代以后,橡胶制品的注射成型在一些国家中得到较大的发展,到了 20 世纪 80 年代,欧洲、日本已大量使用橡胶注射成型机生产橡胶模塑制品,在美国同样也有了较大范围的使用,使橡胶成型机器及技术均取得很大的进步。

橡胶注射成型技术的优点是:

①自动化程度高,有的产品可以进行全自动生产。

②生产率高。

③制品物理力学性能均匀、稳定。

④胶边小,先合模再注射胶料,可最大限度地减少"飞边"。

⑤节省胶料。

⑥可以采用高温快速硫化工艺,缩短生产周期。

鉴于以上优点,用注射成型方法生产橡胶模塑制品显然是今后坚持的发展方向。目前发达国家已普遍使用橡胶注射成型模制工艺,并由此而开发使用了多种系列的橡胶注射成型机,橡胶注射成型模制工艺如图 5.22 所示。

我国近 30 年来不断有人尝试使用和研制橡胶注射成型机,但是最初进展较慢,究其原因可能是:

①橡胶注射成型工艺技术比较复杂,对成型机械的结构亦要求较高;

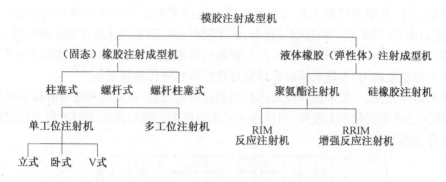

图 5.22 橡胶注射成型模制工艺

②由于种种原因,我国橡胶模塑制品厂的产品特点是品种多、数量少,极少能形成稳定的大批量生产,这样对橡胶注射成型技术的发展很不利。

近年来,随着我国橡胶工业的飞速发展,各种新技术的采用使橡胶注射成型技术在近三四年中亦取得了长足的进步,目前国内已有五六家机械厂生产橡胶注射成型机,并不断扩大机器设备的种类与规格,使之与制品生产相适应。

目前,国产橡胶注射机有立式和卧式两类,以立式为主,其特点是塑化机构和注射机构分开,采用独立的柱塞式注射机构可将注射压力提高到 180~190 MPa,从而可以提高制品质量,节约胶料,并可生产形状复杂的制品。注射成型机采用立式结构可使操作方便,但操作高度较高。

现有注射容积 300 cm^3,600 cm^3,800 cm^3,1 000 cm^3,1 500 cm^3,2 000 cm^3,2 500 cm^3 等多种规格的立式注射成型机,可满足一般使用要求,但机器价格较高,在生产某些特种制品时则必须使用橡胶注射成型机。

2. 橡胶注射成型过程

与热固性塑料注射成型类似,用注射法生产橡胶制品一般要经过预热、塑化、注射、硫化、出模等几个过程。

塑化过程就是把带状和粒状胶料加入到机筒的加料口中,由于机筒内螺杆的旋转,对物料产生输送、混合作用,而机筒外加热及剪切生热的内热,使运动着的胶料逐渐升温变成黏流态,这股热流体沿螺槽向机筒前端运动。

注射过程是经过塑化堆积在机筒前端的热流体在螺杆向前推力或柱塞推力作用下,以强大的压力使胶料经喷嘴、模腔流道、浇口强行注入闭合的热模中。

热压硫化过程则是当注射完毕,模腔中充满胶料后,经过一段时间的保压,使胶料保持所需的硫化压力进行硫化。

脱模过程是硫化到达预定的程序时间,模具自动开启,由顶出机构将制品顶出。

从上面的 4 个过程来看,橡胶注射成型与前面介绍的热塑性塑料和热固性塑料的注射成型有许多共同点,但是对橡胶注射成型来说,胶料的塑化、注射以及胶料在充模后的热压硫化比较特殊,是决定橡胶注射成型顺利与否的关键。

(1)胶料的塑化与注射。

在注射成型过程中,必须控制好各部分的温度和胶料的注射速度,目的是使胶料获得良好的流变性而又不发生焦烧现象。胶料的塑化就是在注射之前使胶料在较低的温度下就具有较好的流动性,从而可借助于压力使胶料顺利充满模腔。为防止焦烧,机筒温度不宜过高,一般控制在 70~80 ℃。在注射过程中,由于胶料在高压下快速通过较小的喷嘴,其流动剪切速率可达 $10^3 \sim 10^4\ \text{s}^{-1}$,因此,胶料产生较强的摩擦生热,胶温可迅速达到 120 ℃ 以上,而且胶料内部温度均匀,为进入模腔后硫化过程的顺利进行做好准备。

与塑料熔体相比,一般来说橡胶流体的流动性较差,这样在塑化和注射阶段掌握好胶料的黏度,即流动性的变化至关重要,对注压工艺影响极大。橡胶注压成型过程中门尼黏度值的变化规律如图 5.23 所示。

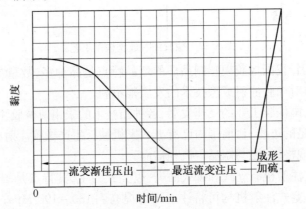

图 5.23 橡胶注压成型过程中门尼黏度值的变化规律

为了能在较低温度下,使胶料具有较佳的流变性,对各种胶料研究其流变性的影响因素十分重要。橡胶流体大多属于剪切变稀流体,随着剪切速率和剪切应力的上升,其黏度下降,胶料的流动性改善,注压时间可缩短。橡胶的流变曲线是生产工艺的重要参考。

(2)胶料的热压硫化。

当胶料被注压入模腔后胶温已经达到 120 ℃ 以上,这时已接近硫化温度,由于模具的加热,在很短时间内模内胶料温度可加热到 80~220 ℃ 的硫化温度,因此模内橡胶制品的热压硫化可在高温下快速进行。

注射硫化的独特优点是:胶料塑化及入模过程使得模腔中内、外层胶料温度均匀性大大提高,从而使硫化胶内外层硫化程度比较一致,质量均匀,并加快了硫化速度。

橡胶的热压硫化过程一般经历以下 4 个阶段。

①预热阶段(硫化前的整个升温过程)。

②交联度增加阶段。

③最佳硫化阶段。

④过硫阶段(网构降解阶段)。

显然,从制品要求来说,希望橡胶制品整体都能均匀达到第三阶段,此时制品的质量最优,而以上 4 个阶段决定于温度,只有均匀的硫化温度分布才可能获得优质产品。所以,在橡胶注压过程中,掌握它的硫化性能十分重要:注压时,在给定的温度和时间条件下,胶料逐渐地由黏流态向高弹态转变,胶料硫化动力学如图 5.24 所示。硫化开始时,在一定温度下胶料进行交联,硫化反应稳定进行,交联程度随时间而增加,并达到最大值(正硫化),该值在一段时间内保持不变(硫化平坦期)。而后,或者由于热量的集聚作用而增大,或者由于热氧化降解而减小,此时,胶料的物理性能开始下降。只有在硫化平坦期(即最佳硫化阶段),制品的物理性能最佳,这就是热压硫化需要正确把握的重要时机。此时,模具开启,顶出制品最为适宜,过早可能欠硫,交联度不够,过迟则会产生过硫现象。

不同成型方法,热压硫化阶段掌握的难易程度不同。对于模压硫化过程,硫化时制品的内外层温差较大,往往外层胶已达到最佳硫化阶段,即硫化平坦期,而内层胶却处于交联度增加阶段。当内层胶进入最佳硫化阶段时,外层胶可能已经发生过硫现象了。而注射成型的注压硫化过程可以在相当大程度上克服以上缺点。由于胶料经螺杆剪切、机筒加热塑化后,温度上升迅速,当胶料通过喷嘴注入模腔,不仅胶温能进一步急剧上升,更可贵的是在很短时间内,制品内外层胶几乎同时达到最佳硫化阶段,整个硫化阶段很短。这样,注射工艺为模制品的高温快速硫化提供了内外层胶料温度均匀一致的条件,使得注射法生产的制品质量良好,生产效率高。

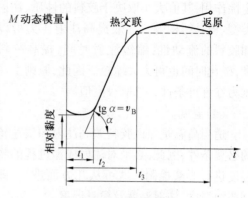

图 5.24 胶料硫化动力学

3. 橡胶注射成型工艺条件

橡胶注射成型工艺条件比较多,如温度、压力、速度等,各种工艺条件之间是互相影响、互相制约的,正确选择与确定工艺条件是生产合格优质制品的保证。通常在注射工艺中主要掌握的工艺条件有如下几方面。

(1)螺杆转速。

实验表明,螺杆转速增加,机筒内的胶料受到剪切、均化作用加强,这样可以获得较高的注射温度,可缩短注射时间和硫化时间。但转速过高,反而使注射温度降低,硫化时间增加,螺杆转速与注射温度和硫化时间的关系如图 5.25 所示。其原因可能是因为螺杆转速过高,使螺杆表面胶料分子链发生取向,产生"包轴现象",结果有一部分胶料随着螺杆而旋转,不能产生剪切作用,故胶温反而下降。

因此,一般认为螺杆转速以不超过 100 r/min 为宜。国内设备一般取 $n = 30 \sim 50$ r/min,螺杆直径大者,转速宜取低值,黏度高的胶料,转速应低。

(2)注射速度。

注射速度是指柱塞或螺杆向前推进的速度。注射柱塞移动速度对注射温度和硫化时间的影响如图 5.26 所示,当注射速度增加,注射温度和硫化速度随之增加,使注射时间减小,生产率提高。

但注射速度过高,会造成过量的剪切摩擦热,易烧焦或制品表面产生皱纹或缺胶。

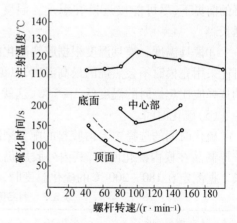

图 5.25 螺杆转速与注射温度和硫化时间的关系

(3)注射压力。

如前所述,注射压力对胶料的充模具有决定性作用,其值大小取决于胶料的性质、注射机类型、模具结构等。一般提高注射压力可以增加胶料的流动性,缩短注射时间,提高胶料温度,硫化时间也可大大缩短。因此,原则上注射压力在许可条件下选取较高值。

(4)温度。

适当高温是保证胶料顺利注射和快速硫化的必要条件,因此,必须对注射成型过程的物料温度进行严格控制。这可从几方面进行,即控制机筒温度、注射温度及模具温度。

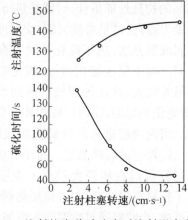

图 5.26 注射柱塞移动速度对注射温度和硫化时间的影响

①机筒温度。机筒温度不仅与橡胶的塑化过程有关,而且对注射成型的其他工艺条件如注射温度、注射时间以及硫化时间都有影响。机筒温度对注射温度、注射时间及硫化时间的影响(天然胶)见表5.4。

表 5.4 机筒温度对注射温度、注射时间及硫化时间的影响(天然胶)

机筒温度/℃	90	100	125
注射温度/℃	118	137	158
注射时间/s	3.8	3.3	1.7
硫化时间/s	180	90	45

由表5.4可以看出,对于机筒温度的选择,通常应在不发生焦烧的前提下尽量提高一些。当然,机筒温度的选择还受注射机类型、操作方式以及胶料种类、配方等因素的影响。

②注射温度。注射温度是指胶料通过喷嘴之后的温度。其控制原则是在焦烧安全性许可的前提下,尽可能接近模腔温度。温度过高,容易发生焦烧,若过低,则造成硫化时间延长。

③模具温度。模具温度根据胶料硫化的条件来确定,从提高生产率的角度看,模温应尽可能采用充模时不会焦烧的最高温度,以免因模温过低,延长硫化时间,降低产量,一般模温的选择应比焦烧时的温度低3~5 ℃,这就是较安全的最高模温。

(5)硫化时间。

硫化时间的选择主要由胶料的配方来决定,但也要因制品的厚度不同而有所变化。对于厚制品在模内硫化阶段,其内外胶层仍会存在一定的温度差,因此其硫化时间要适当延长。据测定在180~200 ℃的硫化温度时,制品厚度与硫化时间的关系见表5.5。

表 5.5 制品厚度与硫化时间的关系

壁厚/cm	0.16	0.28	1.0	2.1	3.8
硫化时间/s	10	15	45	60	60

(6)胶料条件。

一般情况下,可用测定门尼黏度和焦烧时间来预估胶料是否适合于注射。如果门尼黏度不大于65,而焦烧时间在10~20 min之间,通常认为这种胶料适合于注射。

门尼黏度高,注射温度可较高,但所需注射时间长,易于焦烧;门尼黏度低的胶料易于充模,注射时间短,但需要较长硫化时间,故以不低于40 s为好。

胶料的焦烧性能可在注射工艺过程中,通过控制操作温度下的停留时间来控制。对于柱塞式注射机,要求胶料在100 ℃的机筒中停留6~10个周期(每周期2 min计),不产生焦烧;而往复式螺杆注射机,如机筒温度为90~120 ℃,则胶料的焦烧时间比胶料在机筒内的停留时间长两倍以上。若在配方中加延迟性促进剂,可使胶料不易焦烧。

4. 橡胶注射成型技术的发展——轮胎硫化胶囊注射硫化机的开发

如上所述,橡胶制品采用注射法成型已经是近十多年来为人们所公认的成熟的生产工艺技术了。与旧式的模压硫化法相比,其优越性是显而易见的,但是,国内目前橡胶制品的注射成型仅用于中、小制品上,橡胶注射机的一次注射量大多为几百克,比较大型的也只是2 000~3 000 g(如2 500 g)。对于像轮胎硫化机上生产的轮胎硫化胶囊,小规格的是2 000~3 000 g,大规模的可达20 000~30 000 g,这样小型的注射机就难以满足要求了。进入20世纪90年代以后,国防上一些橡胶制造商开发与生产一般小型橡胶注射机后,由于液压技术的发展,推进了橡胶注射硫化机的研制,使一次注射量大大提高,这就使轮胎硫化胶囊用注射法生产成为现实。

大型的轮胎硫化胶囊注射硫化机实际上是集挤出塑化、柱塞注射和平板硫化于一体,它吸取螺杆式挤出机塑化能力大、混炼均匀、塑化质量高等优点,用于塑化胶料上。柱塞式注射机则注射压力高,注射物料黏度高,不产生漏流与逆流的注射特征以及平板硫化机对大型制品的硫化能力高、易于控制等一系列的优点。将3方面集中组合成完整的轮胎硫化胶囊注射硫化机,这种机器在法国(rep公司)、德国(DESMA公司)和美国(H. I. E公司)均已研制开发成功,并已进行生产使用。

用注射法生产轮胎硫化胶囊,与传统的模压法生产轮胎硫化胶囊相比,其优越性十分显著。首先,生产能力提高。采用注射硫化机器,由于在螺杆挤出机与注射机内已经使胶料升温至黏流态,进行注射充模以后,可使胶囊的正硫化时间大为缩短,而由于加料的自动化和制品修边处理方面的简化等,结果使整个成型周期大大缩短。据有关数据介绍,硫化时间可减少一半以上,成型周期可缩短3/4。其次,原料消耗降低。这表现在制品后期修边整理时废边的减薄与减少上。用注射硫化法生产轮胎胶囊制品的壁厚均匀性提高,壁厚公差缩小,这样可使胶囊厚度变薄,如用模压法生产胶囊,一般壁厚为6~8 mm,注射法生产胶囊壁厚可减薄至4~5 mm,壁厚公差在±0.1 mm范围内,从而能减少胶料损耗的20%~30%,节约大量胶料。第三,提高产品质量。其表现之一是提高了轮胎平衡性的合格率。由国外轮胎厂的资料表明,由于采用注射法获得稳定壁厚的薄型胶囊,轮胎在硫化时,能使胶囊在内压介质作用下,更好地自轮胎内层各部位同时接触加压,充压均匀,使应力分布平均,最终可明显地提高高速轮胎平衡性的通过率。随着汽车速度的提高,对轮胎平衡性能的要求也越来越高。法国rep公司采用注射法生产薄壁胶囊提高了轮胎的均匀性和平衡性的公差,废品率减少20%~25%。产品质量提高表现之二是注射法生产的胶囊内部质地均匀、密实,分子网状交联充分,硫化时永久变形小,内部虽长期受高温水内的游离氧作用,但老化剥落程度低，所以使用寿命长，比模压法生产的胶囊寿命延长40%左右，而且制品质量均匀性大大提高。根据以上的优点，可以看到注射法生产轮胎胶囊，其生产成本下降，经济效益提高，但是轮胎胶囊注射硫化机比较复杂，价格比较昂贵，设备投资高，目前国内尚未开始生产。

5.5　注射成型新工艺

　　注射成型的塑料制品精度高，且成型过程易于自动化，在塑料成型加工中有着广泛的应用。目前，已经发展了多种注射成型工艺，如热固性塑料的注射成型、反应注射成型、共注射成型、无流道注射成型、排气式注射成型等。但随着塑料制品的应用日益广泛，人们对塑料制品的精度、形状、功能、成本等提出了更高的要求，主要表现在生产大面积结构制件时，高的熔体黏度需要高的注塑压力，高的注塑压力要求大的锁模力，从而增加了机器和模具的费用；生产厚壁制件时，难以避免表面缩痕和内部缩孔，塑料件尺寸精度差；加工纤维增强复合材料时，缺乏对纤维取向的控制能力，基体中纤维分布随机，增强作用不能充分发挥。因而在传统注射成型技术的基础上，又发展了一些新的注射成型工艺，如气体辅助注射、剪切控制取向注射、层状注射、熔芯注射、低压注射等，以满足不同应用领域的需求。

第6章 压延成型

6.1 概　　述

压延成型首先用于橡胶的成型,包括橡胶的压片、贴合、压型、贴胶、擦胶及表面修饰(如光滑、光泽、粗糙、图案)等作业。后来用于塑料和复合材料的成型加工,也可用于造纸和金属成型加工。

压延成型工艺是将已经塑化的接近黏流温度的物料通过一系列相向旋转着的辊筒间隙,使物料承受挤压和延展作用,成为具有一定厚度、宽度与表面光洁度的薄片状制品的成型方法。

目前,压延成型已经成为生产塑料制品在厚 0.05~0.3 mm 的薄膜及厚 0.3~1.0 mm 的薄片的主要成型方法。用作压延成型的塑料大多数是热塑性非晶态塑料,其中以聚氯乙烯用得最多,另外还有聚乙烯、ABS、聚乙烯醇、醋酸乙烯和丁二烯的共聚物等塑料。压延制品广泛地用作农业薄膜、工业包装薄膜、室内装饰品、地板、录音唱片基材以及热成型片材等。薄膜与片材之间的区分主要在于厚度,大抵以 0.25 mm 为分界线,薄者为薄膜,厚者为片材。聚氯乙烯薄膜与片材又有硬质、半硬质与软质之分,由所含增塑剂量而定。含增塑剂 0~5 份为硬制品,25 份以上者则为软制品。压延成型适用于生产厚度在 0.05~0.5 mm 范围内的软质聚氯乙烯薄膜和片材,以及 0.3~0.7 mm 范围内的硬质聚氯乙烯片材。制品厚度大于或低于这个范围内的制品一般均不采用压延成型,而是用挤出成型法来生产。

压延成型在塑料成型中占有相当重要的地位,它的特点是加工能力大、生产速度快、产品质量好、能连续化地生产。一台 $\varphi 700 \times 1\,800$ mm 的四辊压延机的年加工能力可达 5 000~10 000 t。压延产品厚薄度均匀,厚度公差可控制在 10% 以内,而且表面平整。若与轧花或印刷配套还可直接得到具有各种花纹图案的制品。此外,压延机生产的自动化程度高,先进的压延成型联动装置只需 1~2 人操作。

压延成型的主要缺点是设备庞大、投资高、维修复杂、制品宽度受到压延辊筒长度的限制等,另外生产流水线长、工序多。所以在生产连续片材方面不如挤出机成型技术发展快。

6.2 压延设备

压延制品的生产是多工序作业,其生产流程包括供料阶段和压延阶段,是一个从原料混合、塑化、供料,到压延的完整连续生产线。供料阶段所需的设备包括混合机、开炼机、密炼机或塑化挤出机等;压延阶段由压延机和牵引、扎花、冷却、卷取、切割等辅助装置组成,其中压延机是压延成型生产中的关键设备。

6.2.1 压延机的基本结构

各类压延机虽然其辊筒数目和排列方式不同,但其基本结构大致相同。压延机主要由压延辊筒及其加热冷却装置、制品厚度调整机构、传动设备及其他辅助装置等组成。图 6.1 为四辊倒 L 型压延机构造图。

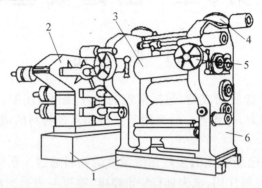

图 6.1 四辊倒 L 型压延机构造图
1—机座;2—传动装置;3—辊筒;4—辊距调节装置;5—轴交叉调节装置;6—机架

辊筒是压延成型机的主要部件,其与物料直接接触并对它施压和加热,制品的质量在很大程度上受辊筒的控制。

压延机辊筒的结构和开炼机辊筒的结构大致相同,但由于压延机的辊筒是压延制品的成型面,而且压延的均是薄制品,因此对压延辊筒有一定的要求。

①辊筒必须具有足够的刚度与强度(工作面硬度达到肖氏 HS65~75 以上,辊颈 HS37~48),以确保在对物料的挤压作用时,辊筒的弯曲变形不超过许用值。

②辊筒表面应有足够的硬度,同时应有较好的耐磨性、耐腐蚀性及抗剥落能力。

③辊筒的工作表面应有较高的加工精度,粗糙度 R_a>0.1~0.125,以保证尺寸的精确和表面粗糙度压延制品的质量。

④辊筒的材料应具有良好的导热性;辊筒工作表面部分的壁厚应均匀一致。

⑤辊筒的结构与几何形状应确保在连续运转中,沿辊筒工作表面全长温度分布均匀一致,并且有最大的传热面积。

因此,压延机辊筒材料一般采用表面硬度高、芯部有一定强度和韧性的冷硬铸铁,加入合金铬、钼或镍以增加冷硬层硬度、机械强度、耐磨性和耐热性。

除此之外,压延机辊筒内部大多数都要通蒸汽、过热水或冷水来控制表面温度,其结构有空心式和钻孔式两种,如图 6.2 所示。

空心式辊筒的筒壁较厚,加热面积较小,传热较慢,工作表面温差较大,往往中部温度比两端高,从而导致压延制品厚薄不均匀,所以这种辊筒目前较少采用。钻孔式辊筒在表面附近沿四周分布钻有直径为 30 mm 左右的通孔数十个,这些孔与中心孔道相通,载热体流道与表面较为接近,其传热面积大,传热分布均匀,因此辊筒的温度控制较准确和稳定,辊筒表面的温度均匀,可有效地提高制品的精度。但这种辊筒加工难度大,制造费用高。目前大型高速压延机还是较多采用这种压延辊筒。每个辊筒都通过一对滑动轴承支撑在机架上。

辊筒挠度补偿装置:根据需要,压延机上还配置辊筒的轴交叉装置和预负荷弯曲装置,

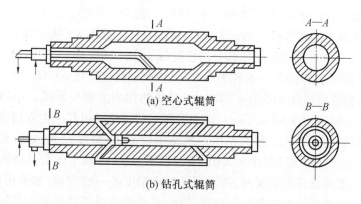

图 6.2 辊筒的结构

以满足挠度的补偿需要。

调距装置：常用的调距装置可分为整体式和单独式两种。整体式调距装置是由电机、蜗轮和蜗杆组成的一套协同动作的机构，它的操作不够简便，机构比较笨重，多用于老式设备中。现代新型压延机常采用单独传动，即每个辊筒（除中辊外）都有单独的电机调距装置，并采用两级球面蜗杆或行星齿轮等减速传动，这样可提高传动效率，减少调距电动机功率和减小体积，便于实现调距机械化和自动化。

6.2.2 压延机的联动装置

在生产实践中，通常压延机主机与若干附属设备（辅机）共同组成压延联动装置，完成高分子材料的压片、纺织物覆层、涂层作业。根据生产用途不同附属设备有所差异，但主要还是由前导开装置、干燥装置、冷却装置、后卷取装置构成。例如在轮胎工业中，压延帘布用的附属设备一般包括支持布辊、扩布器、蓄布架、干燥辊、冷却辊和卷取装置等，此外还包括一些自动测量和调节装置。国产斜 Z 型四辊帘布压机联动装置如图 6.3 所示。

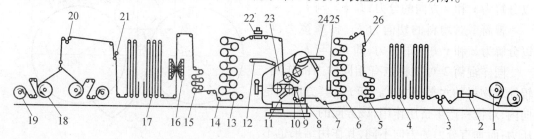

图 6.3 国产斜 Z 型四辊帘布压延机联动装置

1—双导开装置；2—压力接头机；3—送布辊；4—前蓄布器；5—前牵伸装置；6—干燥装置；7—测力辊；8—扩布辊；9—压紧装置；10—扩边辊；11—反射式测厚计；12—摆动供胶装置；13—冷却装置；14—测力辊；15—后牵伸装置；16—排气线架；17—后蓄布架；18—双卷取装置；19—垫布；20—张力保持架；21—自动定中心装置；22—穿透式测厚装置；23—切边装置；24—调距装置；25—温度测量装置；26—自动定中心装置

6.2.3 压延机的规格表示

压延机规格一般用辊筒外直径(mm)×辊筒工作部分长度(mm)来表示。如 $\varphi 610 \times 1730$

四辊 Γ 型压延机,其中 $\varphi 610$ 为辊筒外直径,1730 为辊筒工作部分长度。

我国橡胶压延机的型号也可表示为 XY – 4Γ– 1730,其中 XY 表示橡胶压延机,4Γ 表示四辊 Γ 型排列,1 730 表示辊筒工作部分的长度(mm)。

通常,辊筒直径小于 $\varphi 230$ mm 称为小型压延机,辊筒直径在 $\varphi(360\sim 550)$ mm 之间的称为中型压延机,辊筒直径在 $\varphi(550\sim 700)$ mm 之间的称为大型压延机。小型压延机的结构简单,压延速度一般不超过 10 m/min。而中型和大型压延机视其结构和精密度水平又分普通型压延机和精密型压延机。普通型压延机结构较简单,精度较低,如普通结构的 $\varphi 450\times 1\,200$ Ⅰ型三辊压延机和 和 $\varphi 610\times 1\,730$ Γ 型四辊压延机,即属于此类。精密压延机除具备普通压延机的主要零部件和装置外,还采用了提高精度的一些措施,如采用斜 Γ 型、S 型、Z 型和其他类型的辊筒排列型式和钻孔辊筒,用热水或热油循环加热或冷却辊筒,自动控温。此外采取多种措施以补偿辊筒出现的挠度,以提高压延精度,如 $\varphi 550\times 1\,700$ 斜 Γ 型三辊压延机和 $\varphi 700\times 1\,800$ s 型四辊压延机即属于此类。

6.3 压延成型原理

压延成型过程是借助于辊筒间产生的强大剪切力,使黏流态物料多次受到挤压和延展作用,成为具有一定宽度和厚度的薄层制品的过程。这一过程表面上看只是物料造型的过程,但实质上它是物料受压和流动的过程。

6.3.1 物料进入压延机辊筒的条件

图 6.4 为物料在辊筒间受力情况。物料通过辊筒间隙时主要受到径向力 F_Q(正压力)和切向力 F_T(摩擦力)两种力的作用。

辊筒 1 对物料的径向力 F_Q,即正压力,可以分解为 x 和 y 方向的分力,即 $F_{Q,x}$ 与 $F_{Q,y}$。

辊筒 1 对物料的切向力 F_T,即摩擦力,可以分解为 x 和 y 方向的分力,即 $F_{T,x}$ 与 $F_{T,y}$。

同样辊筒 2 对物料也有相同的力的作用。辊筒对物料的水平分力 $F_{Q,x}$ 和 $F_{T,x}$ 其方向都是向内,对物料产生挤压作用,该方向的力称为挤压力;而垂直分力的方向不同,其作用结果也不同,垂直分力 $F_{Q,y}$ 阻止物料进入辊隙,而垂直分力 $F_{T,y}$ 则力图把物料拉入辊隙。为了保证物料能够进入辊隙就必须使 $F_{T,y} > F_{Q,y}$。

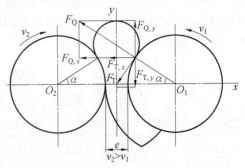

图 6.4 物料在辊筒间受力情况

切向摩擦力 F_T 可以表示为

$$F_T = F_Q \cdot \mu \tag{6.1}$$

式中 μ——物料对辊筒的摩擦系数,即 $\mu = \tan\beta$,β 为摩擦角。

所以有
$$F_T = F_Q \tan\beta \tag{6.2}$$

那么有
$$F_{T,y} = F_Q \tan\beta\cos\alpha \tag{6.3}$$

$$F_{Q,y} = F_Q \sin\alpha \tag{6.4}$$

式中 α——接触角。

为了使压延机正常操作,即物料能够进入辊筒间隙,必须使 $F_{T,y} \geq F_{Q,y}$,即

$$F_Q \tan\beta \cos\alpha \geq F_Q \sin\alpha$$

整理后得到

$$\beta \geq \alpha$$

从得出的结论看到,只有当物料与辊筒的接触角 α 小于或等于物料和辊筒的摩擦角 β 时,才能在摩擦力作用下被带入辊隙中,从而保证压延机的正常操作。

接触角与塑料在两辊上方的存料有关,存料量越大,接触角也大,由于压延是连续加料的,辊隙间堆积的塑料较少,故接触角很小,一般为 30°~100°。而摩擦角与物料的黏度性质有关。一般塑料在正常压延操作的时候,辊温比较高,塑料已达黏流态,塑料与辊筒表面的摩擦角较大。

以上原因使 β 远远大于 α,故压延操作时物料进入辊隙是较容易的。当然辊间的存料量还与辊筒直径和辊筒间隙有关。

图 6.5 为辊筒间物料的压缩变形,两辊间隙为 $e(H_0)$、薄膜厚度为 h_2、薄膜宽度为 W,压延速度为 v。

设能够进入辊距的物料的最大厚度为 h_1,压延后物料的厚度变为 h_2,压延厚度的变化为 $\Delta h = h_1 - h_2$,Δh 为物料的直线压缩,它与物料的接触角 α 及辊筒的接触半径 R 的关系如下。

若 $R_1 = R_2 = R$

则

$$\frac{\Delta h}{2} = R - O_2C_2 = R(1-\cos\alpha) \quad (6.5)$$

即

$$\Delta h = 2R(1-\cos\alpha) \quad (6.6)$$

当辊距为 e 时(忽略塑料的弹性 $e = h_2$),能够进入辊距中物料的最大厚度为

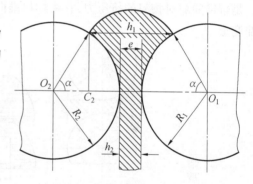

图 6.5 辊筒间物料的压缩变形

$$h_1 = \Delta h + e = 2R(1-\cos\alpha) + e$$

当 e 值一定时,R 值越大,能够进入辊距中的供料最大厚度即允许的供料厚度也越大。进入辊间的物料与辊径和辊隙有关。

6.3.2 压延时物料的延伸变形

处于熔融态的物料的体积几乎是不可压缩的,因此可认为在压延过程中,物料的体积保持不变。

设压延前、后物料的长、宽、厚度分别为 L_1, b_1, h_1 和 L_2, b_2, h_2,相应的体积分别为 V_1 和 V_2,则

$$V_1 = L_1 \times b_1 \times h_1 \quad (6.7)$$

$$V_2 = L_2 \times b_2 \times h_2 \quad (6.8)$$

因为压延前后物料的体积未变,即 $V_1 = V_2$ 所以有

$$\frac{V_2}{V_1} = \frac{L_2}{L_1} \times \frac{b_2}{b_1} \times \frac{h_2}{h_1} = \alpha \cdot \beta \cdot \gamma = 1 \quad (6.9)$$

式中 α——物料的延伸系数,L_2/L_1;

β——物料的展宽系数，b_2/b_1；

γ——物料的压缩系数，h_2/h_1。

压延时，物料沿辊筒轴向，即压延物料的宽度方向受到的阻力很大，流动变形困难，故压延时物料的宽度变化很小，即 $\beta=1$。于是有

$$\frac{V_2}{V_1}=\frac{L_2}{L_1}\times\frac{h_2}{h_1}=\alpha\cdot\gamma=1 \tag{6.10}$$

即 $\quad\alpha=\dfrac{1}{\gamma}$，$\dfrac{h_1}{h_2}=\dfrac{L_2}{L_1}$

压延时物料厚度的减小，必然伴随着长度的相应增大。当压延厚度要求一定时，在辊筒上的接触角范围内的物料厚度 h_1 越大，压延后的物料长度 L_2 也越大

6.3.3 物料在压延辊筒间隙的压力分布

从流体力学知道，任何流体产生流动，都有动力推动。压延时推动物料流动的动力来自两个方面：一是物料与辊筒之间的摩擦作用产生的辊筒旋转拉力，它把物料带入辊筒间隙；二是辊筒间隙对物料的挤压力，它将物料推向前进。图 6.6 为压延时物料的压缩变形和压伸变形。

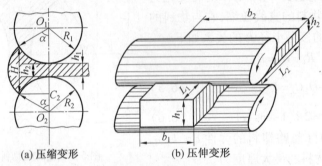

(a) 压缩变形　　(b) 压伸变形

图 6.6　压延时物料的压缩变形和压伸变形

压延时，物料是被摩擦力带入辊缝而流动。由于辊缝是逐渐缩小的，因此当物料向前行进时，其厚度越来越小，而辊筒对物料的压力就越来越大。然后胶料快速地流过辊距处。随着胶料的流动，压力逐渐下降，至胶料离开辊筒时，压力为零，压延时物料所受压力分布如图 6.7 所示。

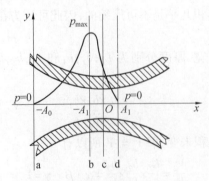

图 6.7　压延时物料所受压力分布

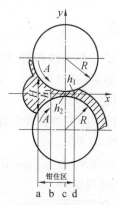

图 6.8 物料在辊筒见受到挤压时的情况

a—始钳住点；b—最大压力钳住点；c—中心钳住点；d—终钳住点

压延中物料受辊筒的挤压，其各点所受压力不同，如图 6.8 所示，受到压力的区域称为钳住区，辊筒开始对物料加压的点称为始钳住点，加压终止点称为终钳住点，两辊中心（两辊筒圆心连线的中点）称为中心钳住点，钳住区压力最大处为最大压力钳住点。

6.3.4　物料在压延辊筒间隙的流速分布

处于压延辊筒间隙中的物料主要受到辊筒的压力作用而产生流动，辊筒对物料的压力是随辊缝的位置不同而递变的，因而造成物料的流速也随辊缝的位置不同而递变。即在等速旋转的两个辊筒之间的物料，其流动不是等速前进的，而是存在一个与压力分布相应的速度分布，物料在辊筒间的速度分布如图 6.9 所示。

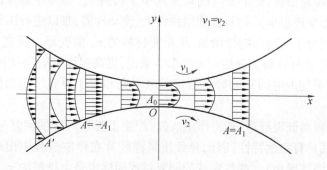

图 6.9 物料在辊筒间的速度分布

实际上辊筒大都是同一直径而有不同表面线速度，此时流动速度分布规律基本一样，只是物料的流动状况和流速分布在 y 轴上存在一个与两辊筒表面线速度差相对应的变化，其主要特点是改变速度梯度分布状态。这样就增加了剪切力和剪切变形，使物料的塑化混炼更好。

在中心钳住点 h_0 处，具有最大的速度梯度，而且物料所受到剪应力和剪切速率与物料在辊筒上的移动速度和物料的黏度成正比，而与两辊中心线上的辊间距 h_0 成反比，当物料流过此处时，受到最大的剪切作用，物料被拉伸、辗延而成薄片。但当物料一旦离开辊距 h_0 后，由于弹性恢复的作用而使料片增厚，最后所得的压延料片的厚度都大于辊距 h_0。

6.3.5 物料在压延中的黏弹效应

高聚物是一种黏弹性体,它兼具黏性和弹性两种性质,在加工中除表现出不可逆形变(黏性流动)外,还发生一定的可回复形变(弹性形变)。尤其当温度低、外力作用时间短(作用速度快)时,橡胶的弹性形变表现得更为明显。

聚合物材料的黏弹性在压延中的效应,主要表现在弹性形变的发展和回复都具有松弛特性,聚合物的形变与时间曲线如图6.10所示。

图6.10中 t_0 为开始施加外力的时间,t_1 为解除外力的时间,由此可见,当高分子材料受外力作用后,需经过一定的时间,才能从弹性变形转变为黏性流动;而当外力解除后,也需要经过一定时间后,才能回复到平衡状态。

材料从弹性变形转为黏性流动所需要的时间,通常等于材料的最大松弛时间 τ_m。高分子材料的松弛时间与其结构和外界条件密切相关,因此,在压延加工中,需依材料的黏弹性质合理选择加工工艺条件,如辊筒速度、温度等。

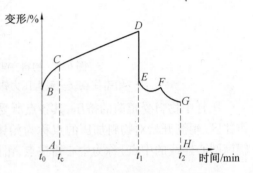

图 6.10 聚合物的形变与时间曲线

当辊筒转速很慢时,形变的时间远大于胶料的 τ_m,形变主要反映为黏性流动(因弹性形变在此时间内几乎已完全松弛),高分子材料表现出有良好的流动性,容易进行压延和加工。

反之,若辊筒转速很快,则形变时间尺度远小于物料 τ_m,形变主要反映为弹性(因这时黏性流动产生的形变还很小),物料表现出弹性大、流动性差,难以进行压延加工。

增加温度会使分子的运动能量增加,从而使材料的 τ_m 值变短。反之,在低温时材料的 τ_m 变长。从对高分子材料的黏弹性行为的影响来说,提高温度其效果就相当于减慢了辊筒的转速(即增加了形变的时间),而降低温度其效果则相当于提高了辊筒的转速(即缩短了形变的时间)。

压延时,当物料离开辊缝后,外力作用消失,产生了弹性形变的回复过程。由于弹性形变的回复过程也都具有松弛特性,因而导致压延橡胶片在停放过程中出现收缩现象(一般表现为长度缩短、厚度增加)。弹性形变的回复过程同样也是由材料的 τ_m 所决定,同时也与压延速度和温度有关。为了增加物料在辊筒上的停留时间,在操作上常常采用大直径辊筒或辊筒数目多的压延机压延,这样能减小压延片材的收缩率,取得较好的压延质量。

6.3.6 压延效应

在压延的片材半成品中,有时会出现一种纵、横方向物理力学性能差异的现象,即沿片材纵方向(沿着压延方向)的拉伸强度大、伸长率小、收缩率大;而沿片材横方向(垂直于压延方向)的拉伸强度小、伸长率大、收缩率小。这种纵横方向性能差异的现象就叫作压延效应。产生这种现象的原因主要是由于高分子及针状或片状的填料粒子,经压延后产生了取向排列。由于针状(如碳酸钙)和片状(如陶土、滑石粉等)填料粒子是各向异性的,由它们所引起的压延效应一般都难以消除,所以对这种原因导致的压延效应特称为粒子效应,其解决办法是避免使用这类材料。

由高分子链取向产生的压延效应,则是因为分子链取向后不易恢复到原来的自由状态,因此,可以采用提高温度、增加分子链的活动能量的办法来加以解决。

对于压延效应,从加工角度来考虑,应尽可能消除,否则会造成半成品的变形(纵横方向收缩不一致),给操作上带来困难。但从制品的角度来考虑,有些制品要求纵向强力高的(如橡胶丝)捆扎带,则要利用压延效应;有些制品需要强度分布均匀(如球胆、薄膜等),则要消除压延效应。

6.4 压延成型工艺

6.4.1 橡胶压延工艺

1. 压延准备工艺

(1)胶料的热炼与供胶。

混炼后的胶料经过长时间的停放后又冷又硬,塑性流动性很差,故在压延前必须重新进行预热软化,提高塑性流动性。同时,在适当提高其可塑性时也可使胶料进一步均化,这就是胶料要进行热炼的目的。

(2)纺织物干燥。

纺织物的含水率一般都比较高,如棉纤维的含水率可达7%左右;人造丝纺织物的含水率更高,在12%左右;尼龙和聚酯纤维织物的含水率虽然比较低,也在3%以上。压延纺织物的含水率一般要求控制在1%~2%的范围以内,最大不能超过3%,否则会降低胶料与纺织物之间的结合强度,造成胶布半成品掉胶,硫化胶制品内部脱层,压延时胶布内部产生气泡,硫化时产生海绵孔等质量问题。因此,压延之前必须对纺织物进行干燥处理。

干燥后的纺织物不宜停放,以免吸湿回潮。生产上将纺织物烘干工序放在压延工序前面,并与压延工序组成联动生产流水作业线,纺织物离开干燥设备后立即进入压延机进行挂胶,这样因纺织物进入压延机时的温度较高,也有利于胶料的渗透和结合。

(3)尼龙、聚酯帘线的热伸张处理。

尼龙帘线热收缩性大,为保证帘线的尺寸稳定性,必须进行热伸张处理;压延过程中也要对帘线施加一定的张力,防止其高温下的热收缩变形。聚酯帘线的尺寸稳定性虽然比尼龙帘线好得多,但为进一步改善其尺寸稳定性,亦应进行热伸张处理。

帘布浸胶和热伸张处理的工艺技术路线有两种:一种是先浸胶后热伸张处理;另一种为先热伸张处理,然后再浸胶。前者帘布附胶量较大,一般为5%~6%,胶布的耐动态疲劳性能较好,胶对布的附着力也比较稳定;但浸胶层的物理力学性能会受到高温老化的损害而降低。后者可使帘线在干燥状态下热伸张定型,然后再浸胶、烘干,从而避免了热处理高温对浸胶层的热氧老化损害作用,使压延后的胶布比较柔软,便于成型操作和提高轮胎制品成型的生产效率。但浸胶帘布的附胶量较少,帘布与胶料之间的结合强度较差。

两种技术路线在实际生产中均有应用,如美国、日本和英国多采用先浸胶后热伸张处理工艺,国内亦然。德国的某些公司则采用先热伸张后浸胶工艺。

2. 压延工艺

（1）胶片压延。

胶片压延是利用压延机将胶料制成具有规定断面厚度和宽度的表面光滑的胶片，如胶管、胶带的内外层胶片，轮胎的缓冲层胶片，隔离胶片和油皮胶片等。若压延胶片的断面厚度较大时，为保证质量，可以分别压延制成两层以上的较薄的胶片，然后再利用压延机贴合在一起，制成规定厚度要求的胶片；也可以将两种不同配方胶料的胶片贴合在一起，制成复合胶片；还可以将胶料制成表面带有一定花纹的胶片。因此，橡胶片材的压延可分为压片、贴合和压型。

压片断面厚度小于 3 mm 的胶片可以利用压延机一次完成压延，这就是压片。对压延胶片的质量要求是表面光滑、无皱缩；内部密实，无孔穴、气泡或海绵；断面厚度均匀、精确；各部分收缩变形一致。

压片的工艺方法依设备不同分为三辊压延机和四辊压延机两种压延方法，这两种方法是最普遍采用的胶片压延方法。也可以用两辊压延机或开放式炼胶机压片，但其厚度的精密度太低，故一般很少使用。

压片工艺方法如图 6.11 所示。图 6.11(a)(b) 为三辊压延机压延胶片，图 6.11(c) 为四辊压延机压延胶片。三辊压延机压片又分为两种情况。图 6.11(a) 表示中、下辊无积胶压延法，图 6.11(b) 为中、下辊间有积胶压延法。有适量的积存胶可使胶片表面光滑，有利于减少内部气泡，提高密实程度，但同时也会增大压延效应。有积胶法适用于丁苯橡胶，无积胶法适用于天然橡胶。

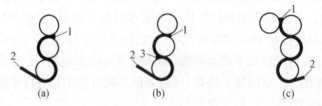

图 6.11　压片工艺
1—胶料；2—胶片；3—积存胶

采用四辊压延机压片时，胶片的收缩率比三辊压延机压出的片材小，断面厚度的精度较高，但压延效应较大，这在工艺上应加以注意。当胶片的断面厚度要求的精度较高时，最好采用四辊压延机压片，其胶片的厚度范围在 0.04 ~ 1.00 mm。若胶片厚度为 2 ~ 3 mm 时，采用三辊压延机压延比较理想。

影响压片质量的因素有辊温、辊速、生胶种类、胶料的可塑度与配方的含胶率等。

（2）贴合胶片。

贴合是利用压延机将两层以上的同种胶片或异种胶片压贴在一起，结合成为厚度较大的一个整体胶片的压延作业。适用于胶片厚度较大、质量要求高的胶片压延；配度的精确程度差，故不适于厚度小于 1 mm 的胶片贴合。

（3）压型。

压型工艺可以采用两辊压延机、三辊压延机和四辊压延机完成。但不管哪种压延机，都必须有一个带花纹的辊筒，且花纹辊可随时更换，以变更胶片的品种及规格，胶片压型工艺如图 6.12 所示。

图 6.12　胶片压型工艺
（图中带剖面线者为花纹辊筒）

(a) 二辊压延机压型　　(b) 三辊压延机压型　　(c) 四辊压延机压型

为了保证压延质量,胶料配方的含胶量不宜过高,应添加适量的增塑剂和较多的填料,以便增大胶料的塑性流动和半成品延性,减少收缩变形率,防止花纹塌扁,胶料的收缩变形率一般应控制在 10% ~30% 范围以内。对压型胶料的塑炼、混炼、停放、返胶的掺用比例及热炼温度等条件均应保持恒定;压延工艺应采用提高辊温、减慢辊速或急速冷却等措施。

3. 纺织物挂胶

纺织物挂胶是利用压延机将胶料覆盖于纺织物表面,并渗透入织物缝隙的内部,使胶料和纺织物紧密结合在一起成为胶布的压延作业,故又称为胶布压延工艺。

虽然利用涂胶法和浸胶法也能使纺织物挂胶,但胶布表面的附胶量少,生产效率也比压延法低得多,故对附胶层厚度要求较大的胶布只能采用压延法挂胶。

压延胶布使用的纺织物为帘布和帆布,一般平纹布较少。挂胶的目的是使制品中纺织物的线与线、层与层之间通过胶料的作用相互紧密牢固地结合成整体,共同承受应力作用减少相互间的位移和摩擦生热,并使应力分布均匀;还可以提高胶布的弹性和防水性能,保证制品具有良好的使用性能。

对压延胶布的质量要求主要是胶料对纺织物的渗透性好,附着力高;附胶层厚度均匀,胶布表面无缺胶、皱缩和压破织物等现象;胶布表面不得有杂物且光洁等。纺织物挂胶的压延工艺方法主要有 3 种:纺织物贴胶压延、压力贴胶压延和擦胶压延。多使用三辊压延机。

6.4.2　塑料压延成型工艺

塑料压延成型原料主要是 PVC 树脂、改性 PS、润滑 PE 树脂、PU 树脂等。主要产品有软质 PVC 薄膜、硬质 PVC 片材、改性 PS 片材、PVC 人造革等。

如果用压延机将压延的 PVC 薄膜贴合于纸张或纺织物的表面上,所得的制品常称为涂层制品或人造革制品,这种方法通称为压延涂层法。

塑料的压延过程可以分成前、后两个阶段:前一阶段为压延前的备料阶段,主要包括所用塑料的配制、塑化和向压延机供料等;后一阶段包括压延、牵引、轧花、冷却、卷取和裁切等,这是压延成型的主要阶段。塑料压延成型工艺过程如图 6.13 所示。这里仅就 PVC 软质薄膜的压延和 PVC 人造革的压延加以讨论。

1. 软质 PVC 薄膜的压延成型工艺

四辊压延工艺简易流程如图 6.14 所示。PVC 树脂经过加料风机送入密闭振动筛,筛去杂质后落入提升风管,送至料仓,经电子秤定量加至高速捏合机。

增塑剂、稳定剂等各种添加剂经三辊研磨机或胶体磨研磨分散均匀,再经柱塞泵定量打至高速捏合机。

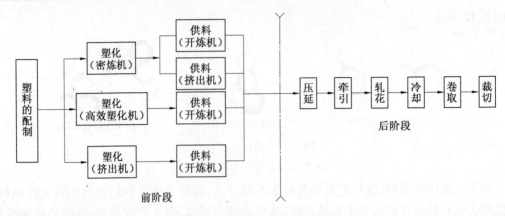

图 6.13 塑料压延成型工艺过程

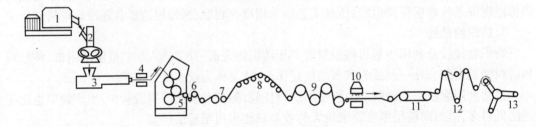

图 6.14 四辊压延工艺简易流程

1—高速捏合机;2—密炼机;3—挤出机;4—金属检测器;5—四辊压延机;6—引离辊;7—压花辊;8—冷却导辊(自然冷却);9—水冷却辊;10—γ射线测厚仪;11—皮带输送辊;12—张力控制装置;13—卷取辊

颜料按各自的吸油量经胶体磨研磨至浆状,或经三辊研磨机研至膏状,再经称量后加入高速捏合机。

以上原料在高速捏合机中高速搅拌 5~8 min,温度升至 80 ℃~100 ℃,使树脂溶胀完全后,送至螺杆挤出塑化机(也有用双辊开炼机塑化的),塑化好的物料由输送带送往压延机。在进入压延机之前,物料还必须经过金属检测器检测,以清除可能含有的金属杂物,然后被均匀送往压延机,压制成具有要求厚度的薄膜,再由引离辊承托而撤离压延机,并经轧花或进一步拉伸,使薄膜表面呈现花型或厚度减薄至要求指标。接着薄膜经冷却和测厚,即成为成品薄膜而卷取。

除图 6.14 所示的工艺外,还可以采用热捏合及冷捏合后,再经密炼机、多台开炼机进一步塑化后直接供料给四辊压延机的加工方法。

2. 影响塑料压延质量的因素

塑料压延的影响因素与橡胶的压延基本相同,一般可归结为 4 个方面,即压延机的操作(工艺)因素、原材料(配方)因素、设备因素和辅助过程中的各种因素。

(1)压延机的操作因素。

压延机的操作因素主要包括辊温、辊速、速比、存料量和辊距等。它们之间又是互相联系和互相制约的。

①辊温和辊速 物料在压延成型时所需要的热量,一部分由加热辊筒供给,另一部分则来自物料与辊筒之间的摩擦,以及对物料的剪切作用产生的热量。摩擦生热量除了与辊速有

关外,还与物料的增塑程度有关,亦即与其本身黏度有关。因此,配方不同时,在相同的辊速条件下,压延温度的控制也就不一样。同样道理,配方相同时,压延速度不同,压延机辊筒温度的控制也不一样。如果在压延速度提高之后,在物料配方和压延制品厚度不变的条件下,仍旧采用原来较低辊速下的辊温操作,则物料温度势必会升高,从而会引起包辊故障;反之,如果在压延速度减慢后,仍旧沿用高速下的辊温,则料温会过低,从而使压延制品的表面粗糙、不透明、有气泡,甚至会出现孔洞。

辊温与辊速之间的关系还涉及辊温分布、辊距与存料调节等条件的变化。如果其他条件不变而将压延速度加快,必然会引起物料压延时间的缩短和辊筒分离力(横压力)的加大,从而使制品厚度偏大,厚度的横向分布及存料都会发生变化;反之,压延速度减慢时,制品的厚度先是减薄,而后出现表面发毛现象。该现象产生的原因,前者是压延时间延长及分离力减小所致,后者是摩擦热减少引起的热缝不足的反映。

压延时,物料常黏附于高温和快速运转的辊筒上。为了使物料能够依次包在辊筒上,避免夹入空气而使薄膜带孔泡,各辊筒的温度依物料前进的方向一般是依次增高的;但3,4号辊筒的温度应接近于相等。这是因为便于薄膜的引离,各辊筒间温差在5~10 ℃范围内。

②辊筒的速比。速比不仅在于使物料依次包贴于压延机的辊筒上,而且还在于能使物料更好地塑化,这是因为速比增大了辊筒对压延物料的剪切作用。另外,有速比还可使压延物料取得一定的延伸和定向,从而使所制薄膜厚度减小,质量得到提高。为了达到这一目的,辅机各转辊的线速度之间也应有一定的速比,这就是从引离辊、冷却辊到卷绕辊之间的线速度需依次增高,并且都大于压延机主辊筒(四辊压延机中为3#辊筒)的线速度。但是,辊筒间的速比又不能过大,否则压延薄膜的厚度会不均匀,有时还会产生过大的内应力。当压延薄膜被冷却之后,要尽量避免延伸。

调节速比使物料发生不吸辊和包辊现象。速比过大会出现包辊现象;反之则不易吸辊,以致空气夹入而使制品出现气泡。例如对硬片来说,则会产生"脱壳"现象,使塑化不良,造成质量下降。

辊筒的速比应根据压延薄膜的厚度要求和辊速的高低而定。$\varphi 650 \times 1\ 800$ mm 四辊压延机压延 PVC 薄膜各辊间速比见表6.1。

表6.1 $\varphi 650 \times 1\ 800$ mm 四辊压延机压延 PVC 薄膜各辊间速比

膜厚/mm		0.1	0.23	0.14	0.50
主辊线速/(m·min^{-1})		45	35	50	18~24
速比范围	v_2/v_1	1.19~1.20	1.21~1.22	1.20~1.26	1.06~1.23
	v_3/v_2	1.18~1.19	1.16~1.18	1.14~1.16	1.20~1.23
	v_4/v_3	1.20~1.22	1.20~1.22	1.16~1.21	1.24~1.26

三辊压延机上、中辊的速比一般为1∶1.05,中、下辊一般等速,借以起熨平作用。

此外,引离辊与压延机主辊间的速比也应控制适当,速比过小会影响引离,速比过大又会使延伸过多。压延厚度为0.10~0.23 mm 的薄膜时,引离辊的线速度一般比主辊高10%~34%。

③辊距及辊隙间存料调节辊距的目的。一是为了适应不同厚度产品的要求,二是为了调节辊隙间的存料量。压延机辊距,除了最后一道与产品厚度大致相同外(应为牵引和轧

花留有余量),其他各道辊距都比这一数值大,而且按压延辊筒的排列次序自下而上逐渐增大,使辊隙间有少量存料。辊隙存料对压延成型起储备、补充和进一步塑化的作用。存料过多,薄膜表面毛糙和出现云纹,并容易产生气泡。在硬片生产中还会出现冷疤。此外,存料过多对设备也不利,因为增大了辊筒负荷。存料太少,常因压力不足而造成薄膜表面毛糙,在硬片中会连续出现菱形孔洞。存料量太少还可能经常引起边料的断裂,以致不易牵至压延机上再用。存料旋转不佳会使产品横向厚度不均匀、薄膜有气泡、硬片有冷疤。存料旋转不佳的原因在于料温太低、辊温太低或辊距调节不当。故辊隙存料量是塑料压延操作中需经常观察和调节的重要因素。$\varphi 700 \times 1\ 800$ mm 斜 Z 型四辊压延机辊隙存料控制见表 6.2。

表 6.2 $\varphi 700 \times 1\ 800$ mm 斜 Z 型四辊压延机辊隙存料控制

存料量 \ 辊隙 \ 制品	2#/3#辊隙存料量	3#/4#辊隙存料量
0.1 mm 农用薄膜	直径 7~10 mm,呈铅笔状旋转	直径 5~8 mm,旋转时流动性好
0.23 mm 普通薄膜	直径 12~16 mm,呈铅笔状旋转	直径 10~14 mm,旋转着向两边流
0.5 mm 硬片	折叠状连续消失,直径约 10 mm,呈铅笔状旋转	直径 10~20 mm,缓慢旋转

④剪切和拉伸。由于沿压延方向上物料受到很大的剪切和拉伸力作用,因而聚合物大分子会顺着薄膜的压延方向取向排列,使薄膜在物理力学性能上出现各向异性,这种现象在压延成型中通称为压延效应或定向效应。PVC 压延薄膜因定向效应引起的性能变化主要有:与压延方向平行和垂直两向(即纵向和横向)上的断裂伸长率不同,纵向为 140%~150%,横向为 37%~73%;在自由状态下受热时,因解取向而使薄膜各向尺寸发生不同变化;纵向出现收缩,横向与厚度则出现膨胀。这与橡胶的压延效应是一致的。

定向效应或压延效应的程度随压延速度、辊筒的速比、辊隙中的存胶量以及物料表观黏度等参数的增高而增大;随辊温、辊距及压延时间的增加而减小。此外,由于引离辊、冷却辊和卷取辊等均具有一定的速比,所以也会引起压延效应的增大。

(2)原材料的因素。

①树脂。使用相对分子质量较高和相对分子质量分布较窄的树脂,可以得到物理力学性能、热稳定性和表面均匀性好的制品,但这要增加压延温度,同时设备负荷也会增高,不利于生产厚度较薄的膜制品。

树脂中的灰分、水分和挥发分含量都不能过高,灰分含量过高会降低薄膜的透明度;水分及挥发分含量过高会产生气泡。

②其他组分配方中对压延影响较大的是增塑剂和稳定剂。

增塑剂含量越多,物料黏度就越低,因此,在不改变压延机负荷的条件下可以提高压延速度或降低压延温度。

稳定剂选用不当常会使压延机辊筒(包括花纹辊)表面蒙上一层蜡状物质,致使薄膜表面不光,生产中还会发生粘辊现象,或者在更换产品时发生困难。压延机的辊温越高,这种现象越严重。出现蜡状物质的原因在于所用稳定剂与树脂的相容性较差,并且其分子的极性基团之正电性较高,致使压延时析出物料表面而黏附于辊筒的表面,形成蜡状层。颜料、润滑剂及螯合剂等原材料也有形成蜡状层的可能,只是程度较轻而已。

避免形成蜡状层的方法有:选用适当的稳定剂,即分子中极性基团的正电性较小,与树脂相容性较好的稳定剂。例如,钡皂比镉皂和锌皂析出严重,就是因为钡的正电性高,镉较小,锌更小,所以压延物料配方中应控制钡皂的用量。此外,最好少用或不用月桂酸盐而选用液态稳定剂,如乙基已酸盐和环烷酸盐等;掺入吸收金属皂类更强的填料,如含水氧化铝等;加入酸性润滑剂,如硬脂酸等。酸性润滑剂对金属具有更强的亲合力,可以先占领辊筒表面并对稳定剂起润滑作用,因而能避免稳定剂黏附于辊筒表面。但硬脂酸用量不能过多,否则易析出薄膜表面。

③供料的事前混合与塑炼。混合与塑炼(又叫炼塑)是为了使物料中各组分的分散和塑化均匀。若分散不均匀,常会使薄膜出现鱼眼、挠曲性降低及其他质量缺陷;塑化不均会使薄膜出现斑痕。

塑炼温度不能过高,时间也不宜过长,否则会使过多的增塑剂挥发,并易引起树脂降解。

塑炼温度过低会出现物料不粘辊或塑化不均的现象。适宜的塑炼温度视具体配方而定,一般温度范围为 150~180 ℃。

(3)设备因素。

压延产品质量上的突出问题之一是横向的厚度不均匀,通常是中间和两端厚度较大,而近中区的两边较薄,俗称"三高两低"现象;这种现象主要是由于辊筒的弹性弯曲变形和辊筒两端的温度偏低造成的。

①辊筒的弹性弯曲变形。物料对辊筒产生很大的分离力,即横压力,因而两端支撑在轴承上的辊筒就如受载梁一样,会发生弯曲变形。这种变形从变形最大处的辊筒中心向辊筒两端逐渐展开并减小,这就导致压延制品的断面厚度呈现中间厚、两边薄的现象,如图 6.15 所示。这样的塑料薄膜在卷取时,其中间的张力必然高于两边,致使放卷后出现不平整现象。

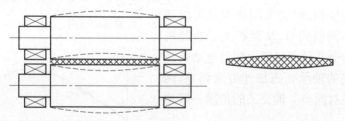

图 6.15 辊筒的弹性形变对压延产品横向断面的影响

辊筒长径比越大,弹性变形也越大,为了克服这一现象,除了从辊筒材料及结构设计等方面着手提高其刚度外,生产中还采用中高度、轴交叉和预应力等措施加以补偿,通常是 3 种方法联用的补偿效果最好。单用任何一种措施的补偿作用都有局限性。具体阐述如下:

a. 中高度补偿法。中高度补偿法是将辊筒的工作面磨成腰鼓形,如图 6.16 所示。辊筒中部凸出的高度称为中高度或凹凸系数,其值很小,一般只有百分之几或十分之几 mm(表 6.3)。产品偏薄或物料黏度偏大所需要的中高度偏高。基于这种理由,即定中高度辊筒生产薄膜时,选用的原料和制品厚度也应固定,最多亦只能对原料的流变性能和厚度两者的限制略为放宽,否则厚度的补偿效果就很差。

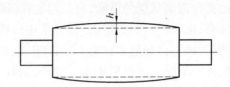

图 6.16 中高度凸缘辊筒

表 6.3 $\varphi700\times1\,800$ mm 斜 Z 型四辊压延机中高度

辊 筒	Ⅰ辊	Ⅱ辊	Ⅲ辊	Ⅳ辊
中高度/mm	0.06	0.02	0	0.04

b. 轴交叉法。轴交叉法是采用一套专用的辅助机构使辊筒的轴线之间交叉成一定角度,形成辊筒两端间隙大、中间辊隙较小的状态,这与挠度对辊隙的影响相反,从而起到补偿作用。辊筒轴交叉法如图 6.17 所示。

轴交叉法的作用相当于辊筒表面有了一定弧度,但用该法造成的间隙弯曲形状和因分离力所引起的间隙弯曲并非完全一致,如图 6.18 所示。当用轴交叉方法将辊筒中心和两端调整到符合要求时,在其两侧的近中区部分却出现偏差,也就是轴交叉产生的弧度超过了因分离力所引起的弯曲,致使产品在这里偏薄,轴交叉角度越大,这种现象越严重,不过在生产较厚制品时,这一缺点并不突出。

轴交叉法通常都用于最后一个辊筒,而且常与中高度结合使用,轴交叉的优点是可以随产品规格品种不同而调节,从而扩大了压延机的加工范围。轴交叉角度通常由两台电动机经传动机构对两端的轴承壳施加外力来调整,两台电动机应当绝对同步。轴交叉的角度一般均限制在 2°以内。

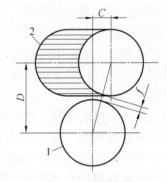

图 6.17 辊筒轴交叉
1—固定辊;2—轴交叉辊;C—辊筒端交叉距离;
f—辊偏移的距离,$f=\sqrt{C^2+D^2}-D$

c. 预应力法。预应力方法是在辊筒轴承的两侧设一辅助轴承,用液压或弹簧通过辅助轴承对辊筒施加应力,使辊筒预先产生弹性变形(图 6.19),其方向与分离力所引起的变形方向正好相反。这样,在压延过程中辊筒所受的两种变形便可互相抵消。所以这种装置也称为辊筒反弯曲装置。

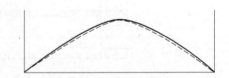

图 6.18 辊筒轴交叉所形成的弧度(实线)和真正需要的弧度(虚线)比较

预应力装置可以对辊筒的两个不同方向进行调节。当压延制品中间薄、两边厚时,也可以用此装置予以校正。这种方法不仅可以使辊筒弧度有较大变化范围,从而使弧度的外形接近实际要求,而且比较容易控制。但是,如果完全依靠这种方法来调整,则需几十 t 甚至几百 t 的力。由于辊筒受有两种变形的力,这就大大增加了辊筒轴承的负荷,降低了轴承的使用寿命。在实际使用中,预应力只能用到需要量的百分之几十,因而预应力一般也不作为

单一的校正方法。

采用预应力装置还可以保证辊筒始终处于工作位置(通常称为"零间隙"位置),以克服压延过程中辊筒的浮动现象。辊筒的浮动现象是由辊筒轴颈和轴瓦之间的间隙引起的。之所以需要留有一定间隙,是为了确保轴颈和轴瓦之间的相对转动和润滑,这也是通常压延机采用滑动轴承的理由。不过在这种情况下,辊筒在变动的载荷下转动时轴颈能在间隙范围内移动,产品厚度的均匀性必然受到影响。

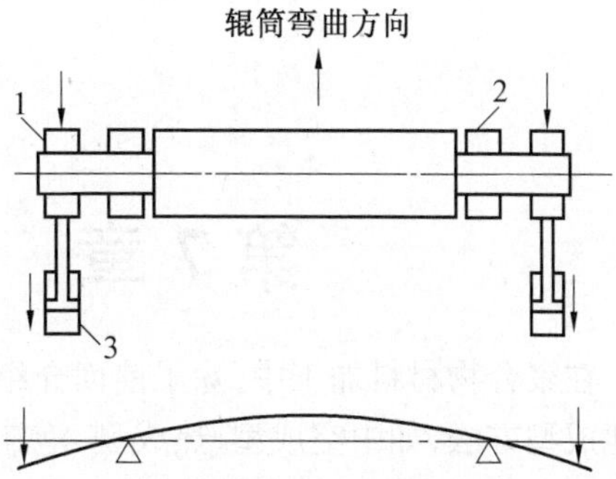

图 6.19 预应力装置
1—辅助轴承;2—辊筒轴承;3—液压缸

② 辊筒表面温度的变动在压延机辊筒上,两端温度常比中间温度低。其原因一方面是轴承的润滑油带走了热量;另一方面是辊筒不断向机架传热。辊筒表面温度不均匀,必然导致整个辊筒热膨胀的不均匀,这就造成产品两端厚的现象。

为了克服辊筒表面的温差,虽可在温度低的部位采用红外线或其他方法做补偿加热,或者在辊筒两边近中区采用风管冷却,但这样又会造成产品内在质量的不均。因此,保证产品横向厚度均匀的关键仍在于中高度、轴交叉和预应力装置的合理设计、制造和使用。

(4)冷却定型的因素。

① 冷却温度制品在卷取时应冷却至 20 ~ 25 ℃。若冷却不足,薄膜会发黏,成卷后起皱和摊不平,收缩率也大;若冷却过分,辊筒表面会因温度过低而凝有水珠,制品被沾上后会在储藏期间发霉或起霜,夏天潮湿季节尤需注意。

② 冷却辊流道的结构。为了提高冷却效果并进行有控制性地散热,一般都采用强制冷却的方法。但冷却辊进水端辊面温度往往低于出水端,所以制品两端冷却程度不同,收缩率也就不一样,薄膜成卷后也会起皱和摊不平,硬片则会产生单边翘曲。解决的方法是改进冷却辊的流道结构,务使冷却辊表面温度均匀。

③ 冷却辊速度。冷却辊速度太小,会使薄膜发皱;若速度太大,产品出现冷拉现象,导致收缩率增大,所以操作时必须严格控制冷却辊速度。通常冷却辊的线速度比前面的轧花辊快 20% ~ 30%。对于硬质聚氯乙烯透明片,牵引速度不能太大,通常比压延机线速度快 15% 左右。

6.5 压延成型进展

近几年来压延机正在向大型化、高速化、自动化、精密化、多用化方向发展,并开发了异径辊筒压迫机,冷却装置向小辊多辊筒方向发展,压延后牵伸工序采用了拉伸扩幅工艺。

第7章 其他成型方法

在聚合物材料加工中，除了前面介绍的挤出成型、注射成型和压延成型外，还采用许多其他成型方法，如中空成型、热成型、泡沫塑料成型、模压成型、涂覆成型和浇铸成型等。下面将对这些成型方法作简单介绍。

7.1 中空吹塑

7.1.1 概述

中空吹塑是制造空心塑料制品的一种成型方法，它借鉴于历史悠久的玻璃容器吹制工艺，至20世纪30年代开发出塑料吹塑技术。1950年吹塑塑料瓶开始工业化应用，自1954年高密度聚乙烯问世以后，大大促进了吹塑成型中空薄壁容器和其他制品的开发应用。迄今为止，中空吹塑已成为塑料的主要成型方法之一，其吹塑模塑方法和成型机械的种类方面也有了很大的发展。

所谓中空吹塑成型是借助于气体的压力，把在闭合模具中呈热熔状态的塑料型坯吹胀形成空心制品的工艺技术。根据型坯的生产特征不同，可以分为：挤出吹塑和注射吹塑两种。

在工业生产和日用生活中所使用的许多塑料容器和中空制品，都可以用中空吹塑方法制造，如储存酸、碱的大容器，各种各样的塑料瓶和大量用于农业、食品、饮料、化妆品、药品、洗涤产品的储存容器以及儿童玩具等。进入20世纪80年代，由于吹塑工业水平的提高，其制品应用领域已扩展到形状复杂、功能独特的办公用品、家用电器、家具、文化娱乐用品及汽车工业零部件，如汽油箱、燃料油管等，具有更高的技术含量和功能性，因此，又称为"工程吹塑"。

用作中空吹塑的塑料有聚乙烯、聚氯乙烯、聚丙烯、聚苯乙烯、乙烯—醋酸乙烯共聚物、聚对苯二甲酸乙二醇酯(PET)、聚碳酸酯、聚酰胺等，其中以聚乙烯使用最广泛。凡熔融指数为 $0.04 \sim 1.12 (g/10 \min)$ 范围内的塑料都是比较优良的中空吹塑材料，大多用于制造包装药品的各种容器。低密度聚乙烯主要用作食品包装容器，高密度聚乙烯混合料用于制造各种商品容器，超高分子聚乙烯则用于制造熔料罐和大型桶等。聚氯乙烯塑料因透明度和气密性都较好，人们用无毒聚氯乙烯中空制品做食品包装，如包装食用油、矿泉水和其他软饮料；聚丙烯因其气密性、耐冲击强度都较聚氯乙烯和聚乙烯差，作为中空吹塑制品用量有限，自从采用双向拉伸吹塑工艺后，聚丙烯的透明度和强度均有很大提高，宜于制作薄壁瓶子，多用于洗涤剂、药品和化妆品的包装容器；而聚对苯二甲酸乙二醇酯因透明性好、韧性高、无毒，已大量用于饮料瓶等。近年来，有些国家正在研究开发用改性聚丙烯或聚酯经中空吹塑法生产啤酒瓶以代替玻璃瓶，这不仅有效地保障了人身安全，而且啤酒瓶及容器为中空吹塑提供了广阔的市场。

用作中空吹塑制品的材料一般应具有下列特性:

①耐环境应力开裂性。作为容器,当与表面活性剂溶液接触时,在应力作用下,应具有防止龟裂的能力。

②气密性。气密性是指阻止氧气、二氧化碳、氮气及水蒸气等向容器内外透散的特性。

③耐冲击性。为保护容器内装物品,制品应具有从一定高度落下不破不裂的耐冲击性。

此外,还有耐药品性、抗静电性、韧性和耐挤压性等。

7.1.2 挤出吹塑

1. 挤出吹塑工艺过程

挤出吹塑的工艺过程(图7.1)如下。

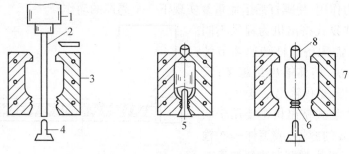

图7.1 挤出吹塑工艺过程

1—挤出机;2—挤出管坯;3—吹塑模具;4—吹气夹子;
5—闭模和吹塑;6—吹塑瓶;7—挤出吹塑成型;8—尾料

(1)挤出管坯:塑料在挤出机中塑化成熔融状态,再从机头挤出型坯。

(2)管坯入模:当管坯达到预定长度时,迅速闭合模具,夹住管坯,将吹塑头子插入管坯一端,管坯另一端被切断。

(3)管坯吹胀:从气嘴通入压缩空气,尚处于可塑状态的管坯被吹胀而紧贴于模腔壁,形成制品。

(4)冷却定型:在保持空气压力下进行冷却定型。

(5)制品取出、修饰:开模取出制品,切除尾料,对制品进行修边、整饰。

根据管坯挤出情况不同,可分为连续挤出吹塑成型法和间歇挤出中空成型法。

连续挤出吹塑成型法是挤出机连续地挤出管坯,操作中管坯的成型和前一段管坯的吹胀、冷却、脱模都是同步进行的。当成型管坯达到预定长度,闭合模具夹住管坯并切断,模具立即移至吹塑工位,完成吹塑、冷却定型及启模取出制品,该模具移出的同时另一模具即移入接收成型管坯。

2. 挤出吹塑设备

挤出吹塑设备可分为3个部分,即管坯成型装置、吹胀装置及辅助装置。

(1)管坯成型装置。

管坯成型装置包括挤出机、机头及口模。

①挤出机。挤出机是整套挤出吹塑装置的最主要设备。吹塑制品的力学性能和外观质量、各批成品之间的均匀一致性、成型加工的生产效率和经济性,在很大程度上取决于挤出

机的性能与正确操作。

挤出吹塑用的挤出机有连续挤出熔料的连续式螺杆挤出机和间歇挤出熔料的往复式螺杆挤出机。前者的结构、特点与普通挤出机完全相同,一般用于挤出各种原料和产品的挤出成型机均可用于吹塑。

间歇挤出往复式螺杆挤出机,这类设备又分为连续旋转往复式螺杆挤出机和不连续旋转往复式螺杆挤出机。

连续旋转往复式螺杆挤出机如图7.2所示,其螺杆与柱塞油缸相连,螺杆连续旋转并往复运动。当塑料从料斗进入机筒后,螺杆旋转使塑料沿螺槽前移并受热熔融成熔体,熔体储存于螺杆头前部机筒内,随熔体量增加,螺杆头部受熔体压力作用而后退。当熔体储存量达到预定体积时,柱塞油缸通入压力油,柱塞推力使螺杆前移,将贮存的熔体挤入机头并通过口模成型为管坯。在管坯被吹胀成型的同时,螺杆处于前移位置,由于柱塞油的卸压,螺杆头部熔体的压力作用,使螺杆后退而重复实现下一个周期的动作。

连续旋转往复式挤出机为提供不同的熔体输出量,需配备螺杆转速调节装置,螺杆转速越快,熔体输出量越多;反之,螺杆转速越慢,熔体输出量越少。

连续旋转往复式挤出机主要用于吹塑容积大于10 L的容器,或熔体一次输出量高达2.3 kg的大型容器吹塑加工。

不连续旋转往复式螺杆挤出机的构造与连续旋转往复式螺杆挤出机基本相似,吹塑工艺过程相同。两者差别在于,前者在螺杆往复移动过程中停止旋转,因此机筒中固体塑料转变为熔体是不连续的。这种挤出机的最大优点是螺杆恒速旋转,利用螺杆旋转、停止时间的变化,改变熔体的输出量。

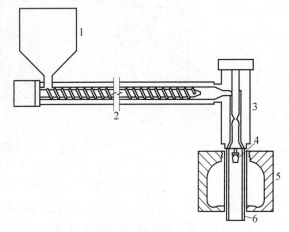

图7.2 连续旋转往复式螺杆挤出机
1—料斗;2—挤出机;3—机头;4—吹气针;5—模具;6—管坯

② 机头及口模。机头及口模是把从挤出装置挤出的熔融物料成型为管状型坯的吹塑成型机的关键部件。

机头包括多孔板、滤网连接管与型芯组件等。对机头的要求是:流道应呈流线型,流道内表面要有较高的光洁度,没有阻滞部位,防止熔料在机头内流动不畅而产生过热分解。吹塑机头一般分为:转角机头、直通式机头和带储料缸式机头3种类型。其中有特点的是带储料缸式机头。

a. 转角机头。转角机头是由连接管和与之呈直角配置的管式机头组成。绝大多数吹塑是采用方向向下的转角机头,其结构与前述挤管机头基本一致。适合于挤出聚乙烯、聚丙烯、聚碳酸酯、ABS等塑料。

b. 直通式机头。直通式机头与挤出机螺杆轴线呈一字形配置,从而避免塑料熔体流动方向的改变,可防止塑料熔体过热而分解。直通式机头的结构能适应热敏性塑料的吹塑成型,常用于硬聚氯乙烯透明瓶的制造。

c. 带储料缸的机头。生产大型吹塑制品,如啤酒桶及垃圾箱等,由于制品容积较大,需要一定的壁厚以获得必要的刚度,因此需要挤出大直径管坯,而大管坯的下坠与缩颈严重,制品冷却时间长,要求挤出机的输出量大。为此采用带料缸的机头,该机头设有油缸、柱塞,其结构如图7.3所示。熔体由螺杆输送入机头,壳体上移,储料腔容积增大,熔体储存于腔内,当熔体储存量达到预定体积时,壳体受油缸柱塞推力作用而下移,挤压熔体通过环形口模成型管坯。此过程挤压力仅能克服熔体流经口模的阻力,挤压力较低,管坯内应力大大下降,此外管坯断面上挤压应力分布均匀,可提高管坯壁厚均匀性,从而有利于提高吹塑制品的质量。

(2)吹胀装置。

吹胀装置包括吹气机构、模具及其冷却系统等部分。当管坯进入模具后,模具闭合,吹胀装置即将管坯吹胀成模腔所具有的精确形状,进而冷却、定型、脱膜取出制品。

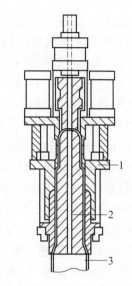

图7.3 带储料缸机头结构
1—移动壳体;2—程序芯棒;3—管坯

①吹气机构。吹气机构的形式有多种,一般有针管吹气、型芯顶吹、型芯底吹3种方式,应根据设备条件、制品尺寸、制品厚度分布要求等加以选择。但是,不论采取哪一种形式,压缩空气的压力应以吹胀型坯得到轮廓、图案清晰的制品为原则。下面简单介绍不同的吹气形式。

a. 针吹法。如图7.4所示,吹气针管安装在模具型腔的半高处,当模具闭合时,吹针管前移,穿破型腔壁,压缩空气通过针管吹胀型坯,然后吹针缩回,熔融物料封闭吹针遗留针孔。另一种方法是在制品颈部有一伸长部分,以便吹针插入,又不损伤瓶颈。在同一型坯中可采用几支吹针同时吹胀,以提高吹胀效率。

b. 顶吹法。如图7.5所示,顶吹法是通过型芯吹气。模具的颈部向上,当模具闭合时,管坯底部夹住,顶部开口,压缩空气从型芯通入,型芯直接进入开口的管坯内并确定颈部内径,在型芯和模具顶部之间切断管坯。较先进的顶吹法由两部分组成:一部分是定瓶颈内径;另一部分是在吹气型芯上安装滑动的旋转刀具,吹气后滑动的旋转刀具下降,切除余料。

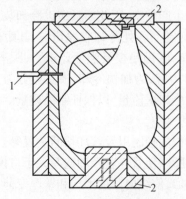

图7.4 针吹法吹针的布局
1—吹针;2—夹口嵌件

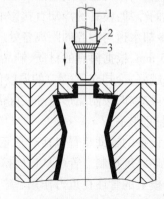

图7.5 具有定径和切径作用的顶吹装置
1—定径吹塑杆;2—带齿的旋转套;3—分割瓶的溢边

c. 底吹法。底吹法的结构如图 7.6 所示。从挤出机口模出来的管坯落到模具底部的吹气芯轴上,通过型芯对管胚吹胀,型芯的外径和模具瓶颈配合以固定瓶颈的内外尺寸。为保证瓶颈尺寸的准确,在此区域内必须提供过量的物料,这就导致开模后所得制品在瓶颈分型面上形成两个耳状分边,需要后加工修饰。

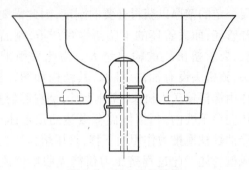

图 7.6 底吹法的结构

底吹法适用于颈部开口偏离制品中心线的大型容器,如化工包装容器、啤酒桶等。也能用于非圆形的开口或有几个开口的容器。

②吹塑模具。吹塑模具通常是由两瓣合成。

模具的材质:吹塑模在生产过程中受压不大,模具结构也较简单,对模具的强度要求不高,故常选用铝、锌合金、铍铜和钢材等,可根据生产制品的数量和质量以及塑料品种来选择。铝合金易于铸造和机械加工,多用于形状不规则的容器;铝的导热系数高,机械加工性能优良,可采用冷压技术来制造不规则形状的模具;镀铜多用于成型硬质塑料的模具,因其导热系数高,有利于模具冷却;对需要大批量生产硬质塑料制品的模具,宜选用洛氏硬度 45~48 的工具钢来制造,内表面应抛光镀铬,以提高制品的表面光泽。

模具的分型面:模具分型面的位置应使容器能从模具内顺利脱模。大多数吹塑模具是设计成以分型面为界相配合的两个半模。但是,对于形状不成规则的瓶类和容器,则可能需要不规则分型面的模具,有时甚至要使用 3 个或更多的可移动部件组成的多分型面模具,以利产品脱模。

模具的模口部分:一般呈锋利的刀口状,以利切断管坯。切断管坯的夹口的最小纵向长度为 0.5~2.5 mm,切口的形状,一般为三角形或梯形。

模具的排气:排除模具表面和管坯表面之间的空气是必要的。其目的是使管坯吹胀时能紧贴模腔使两者充分接触,这样吹塑制品能获得清晰的花纹图案及字迹,同时能提高制品成型后的冷却效果,可改善制品的外观及制品强度。模具的排气最古老的方法是使模具表面带有轻度的粗糙度,这种凹凸不平能使塑料管坯和模具之间的空气得到逃逸,但这种排气方法排气量少,同时也影响制品的表面光洁度。因此,模具应设置排气孔或排气槽。

模具的冷却:模具的冷却直接影响制品的性能和生产效率,因此模具应设冷却装置。其要求是:冷却水道与型腔的距离各处应保持一致,保证制品各处冷却收缩均匀,其距离一般为 10~15 mm,根据模具的材质、制品形状和大小而定,在满足模具强度要求下,距离越小,冷却效果越好;冷却介质(水)的温度保持在 5~15 ℃ 为宜,为加快冷却,模具可分为上、中、下三段分段冷却,按制品形状和实际需要来调节各段冷却水流量,以保证制品质量。

(3)辅助装置。

吹塑设备的辅助装置包括对管坯厚度控制、管坯长度控制以及管坯切断装置等。

①管坯厚度控制。管坯从口模挤出时,由于出口膨胀使管坯直径和壁厚大于口模间隙,悬挂在口模上的管坯在重力作用下产生下垂,长度增加,使纵向厚度不均和壁厚变薄。对这种情况要加以控制,其方法如下。

a. 调节口模间隙。可以在口模处安装调节螺栓以调节口模间隙,也可用圆锥形的模芯,用液压缸驱动口模芯轴上下运动,调节口模间隙,以控制管坯壁厚。

b. 差动挤出管坯法。其原理是根据管坯的出口膨胀与挤出速度有关的关系,即出口膨胀随挤出速度提高而加大。为此,在间歇挤出场合,一直使用着使管坯的挤出速度发生阶梯式变化,这样可使管坯的外径恒定,壁厚分级变化,以改善管坯下垂的影响,并赋予制品一定的壁厚;

c. 还可采用预吹塑法以及管坯厚度的程序控制等来达到控制吹塑制品的壁厚和质量。

②管坯长度控制。管坯的长度直接影响吹塑制品的质量和切除尾料的长短。尾料涉及原材料的消耗。管坯长度的波动受挤出机加料量的波动、温度变化、工艺操作的影响。一般采用光电控制系统控制管坯的长度。通过光电管检测挤出管坯长度与设定长度之间的变化,将讯号反馈给控制系统微调螺杆转速,对管坯长度进行补偿,并减少外界因素对管坯长度的影响。

③制品自动取出装置。对于小型容器,多采用启模后,从吹气喷嘴喷吹压缩空气,把制品吹落,在拔出吹塑喷嘴的同时,用另外的喷嘴抽吸制品,再把制品毛边敲落这样的方法取出制品。而对于大中型制品取出的方法,多是抓住制品上端的毛边移出机外。

④其他装置。作为制品的自动修整装置,在小型容器的情况下,利用吹气喷嘴的打入,进行边缘端面的整修以及毛边的去除。为了提高生产率,用作制品内部的冷却介质已有采用吹送冷冻空气、干冰或液氮等方法。对于吹塑大型制品的成型机械,需要某些装置用于制品的后处理、机头、模芯的更换,模隙的检查调节,制品厚度分布的调节以及模具装卸、调节等操作的合理化和机械化等,为此已开发出满足上述要求的各种辅助装置,如机头更换装置、锁模装置、型坯打印装置、模具自动脱模装置、滑动式升降操作台等。

3. 挤出吹塑成型条件的控制

挤出吹塑工艺包括挤出管坯的温度和挤出速度、吹气压力和鼓气速度、吹胀比、模具温度和冷却时间等。

(1)管坯温度和挤出速度。

挤出管坯时,首先熔体温度应均匀。温度的选择不能偏高,也不能太低。如果温度过高,不仅冷却时间增长,而且悬挂于模口的管坯会因自重而严重下垂,引起管坯纵向厚度不均,严重时甚至会丧失熔体强度,难以成型。但熔体温度亦不能过低,由于聚合物的弹性效应,使出口膨胀严重,管坯长度收缩,壁厚增大,制品表面不光亮,内应力增加导致表面粗糙,强度下降。另外,在挤出管坯时,必须控制模芯与口模温度一致,以防止管坯卷曲。

对于加工温度和螺杆转速的选择,应遵循这样一个原则,在既能够挤出光滑而均匀的管坯、又不会使挤出传动系统超负荷的前提下,尽可能采用较低的加工温度和较快的螺杆转速,这对于加工那些温敏性的塑料和长度较大的中空制品来说,尤为重要。否则,型坯的黏度低,挤出速度又慢,由于塑料自重作用而引起的管坯下垂,将会造成壁厚相差悬殊,甚至无法成型。表7.1列出了3种通用塑料挤出管坯时的温度控制,仅供参考。

表7.1 3种通用塑料挤出管坯时的温度控制(单位:℃)

塑料品种	聚乙烯	聚丙烯	透明聚氯乙烯	塑料品种	聚乙烯	聚丙烯	透明聚氯乙烯
机身温度1	110~120	170~180	155~165	机头温度		145~150	
机身温度2	130~140	200~210	175~185	储料缸温度		170~180	
机身温度3	140~150	200~215	185~195				

(2)吹气压力和鼓气速率。

管坯的吹胀是利用压缩空气的压力作用在管坯上而产生的。吹塑过程中应有足够的空气压力,才能使管坯吹胀并紧贴模壁,从而获得清晰的图案花纹。此外,压缩空气也起到冷却作用。由于塑料种类和管坯温度不同,熔体的黏度大小不同,为了达到吹胀的要求,所需气体压力也不同,很明显熔体黏度大的塑料所需空气压力比黏度小的高。同时,吹气压力的大小还与管坯的壁厚、制品的容积大小有关,对厚壁小容积制品可采用较低的吹气压力,由于管坯厚度大、降温慢,熔体黏度不会很快增大以致妨碍吹胀。对于薄壁大容积制品,需要采用较高的吹气压力来保证制品的完整。综上所述,一般吹气压力在0.2~1 MPa范围内选择。鼓气速率是指充入空气的容积速率。一般来说,鼓气速率越大越好,因为这样可以缩短型坯的吹胀时间,使制品得到较为均匀的厚度和较好的表面质量。但鼓气速率过大,可能会产生两种不正常现象:一是在空气进口处产生局部真空,造成这部分型坯内陷;二是空气会把型坯在口模处拉断,以致无法吹胀。解决的办法是加大空气的吹管口径,当吹制细颈瓶不能加大吹管口径时,只能降低鼓气速率了。

(3)吹胀比。

吹胀比是指吹塑制品的最大外径与型胚的最大外径之比。型坯的尺寸和质量一定时,型坯的吹胀比越大制品的尺寸就越大。加大吹胀比,制品的壁厚变薄,虽然可以节约原料,但是吹胀变得困难,制品的强度和刚度变低;吹胀比过小,原料消耗增加,制品壁厚,有效容积减小,制品冷却时间延长,成本升高。一般吹胀比为2~4,应根据塑料的品种、特性、制品的形状尺寸和型坯的尺寸等考虑确定。通常大型薄壁制品吹胀比较小,取1.2~1.5;小型厚壁制品吹胀比较大,取2~4;吹胀细口瓶时,也有高达5~7倍的。

(4)模具温度。

模具温度应保持均匀分布,以保证制品各部分得到均匀的冷却。对于模具温度的选择,首先不能过低,因为这使型坯冷却快,形变困难,夹口处塑料的延伸性降低,不易吹胀,造成制品该部分加厚。过低的模温常使制品表面质量下降,出现斑点或橘皮状;其次模温亦不宜过高,这会增加制品的冷却时间,使成型周期延长,当冷却不充分时,制品脱膜后易变形,收缩率大。

通常对小型厚壁制品模温控制偏低,对大型薄壁制品模温控制偏高。确定模温的高低,应根据塑料的品种来定,对于工程塑料,由于玻璃化温度较高,故可在较高模温下脱模,这样有助于提高制品的表面光洁度。一般吹塑模温控制在低于塑料软化温度40℃左右为宜。

(5)冷却时间和冷却速率。

管坯在吹胀后应进行冷却定型。冷却时间的控制与制品的外观质量、性能和生产效率有关。冷却时间增加,制品冷却充分,可提高制品表面质量,减少脱模后制品的变形,但对结晶性塑料,缓慢冷却会使结晶度与晶粒增大,使制品韧性与透明度降低,生产效率下降。而过快的冷却,会使制品产生应力而出现孔隙。

通常是在保证制品充分冷却定型的前提下,加快冷却速率以提高生产效率,其方法有:加大模具的冷却面积,采用冷冻水或冷冻气体在模具内进行冷却,另外还可如前述的用液态氮或二氧化碳进行管坯的吹胀和内冷却。

制品在模具内的冷却时间随制品壁厚增加而延长。不同的塑料品种,由于热传导率不同,冷却时间也有差异,例如在相同厚度下,高密度聚乙烯比聚丙烯冷却时间长。

对于大型厚壁和特殊构形的制品,可采用平衡冷却,对其颈部和切料部位选用冷却效能高的冷却介质,对制品主体较薄部位选用一般冷却介质。对特殊制品还需要进行第二次冷却,即在制品脱模后采用风冷或水冷,使其充分冷却定型,防止收缩和变形。

综上所述,挤出吹塑的优点是:

① 适用于多种塑料。

② 生产效率较高。

③ 能生产大型容器。

④ 设备投资较少等。

因此,挤出吹塑在当前中空制品生产中仍占绝对优势。

7.1.3 注射吹塑

1. 注射吹塑工艺过程及其特点

(1) 注射吹塑的工艺过程。

注射吹塑工艺过程可分为以下两个阶段。

第一阶段,注射吹塑工艺过程如图 7.7 所示,由注射机在高压下将熔融塑料注入带吹气芯管的管坯模具内成型管状型坯,开模后,型坯留在芯管上,通过机械装置将热管坯与芯管一齐转到吹塑模具内。

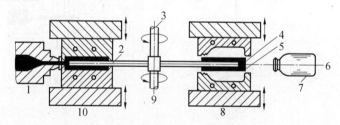

图 7.7 注射吹塑工艺过程

1—注射机;2—吹气型芯;3—压缩空气入口;4—型坯;5—吹气孔;6—注射吹塑成型;7—吹塑瓶;8—吹塑成型;9—旋转机构;10—注射成型

第二阶段,闭合吹塑模具,压缩空气通入芯管,使管坯吹胀达到吹塑模腔的形状,并在空气压力下进行冷却定型,脱模后得到制品。当管坯转到吹塑模具中时,下一管坯成型即开始。

注射成型管坯与挤出成型管坯不同,注射成型管坯是包裹在芯管上的封闭管坯,吹塑制品颈部在管坯上预成型。

(2) 注射吹塑的特点。

注射吹塑具有以下优点:吹塑制品尺寸精度高,吹塑成型后不需修整后加工,制品的质量偏差小,吹塑周期易控制,生产效率高;但注射吹塑仅适宜生产批量大的小型精制容器和广口容器,一般能生产的最大容积量不超过 4 L。注射吹塑容器的形状比较简单,如圆柱或椭圆柱形塑料瓶,不能吹塑成型带手把的容器。

注射吹塑的中空容器主要用于化妆品、日用品、医药和食品的包装。注射吹塑加工用塑料品种主要有聚乙烯、聚丙烯、聚苯乙烯、聚氯乙烯、聚碳酸酯以及丙烯腈-苯乙烯共聚物等。

2. 注射吹塑设备

注射吹塑的基本特征是:型坯是在注射模具中产生的,而制品是在吹塑模具中得到的,所以每件制品都需要使用两副模具(注射型坯模和吹胀成型模)。

注射吹塑具有二工位、三工位和四工位等多种。二工位吹塑设备如前面的图7.7 所示。三工位注射吹塑设备如图7.8 所示,它是最常用的注射吹塑机组。与二工位设备相比,增加第三工位,每一工位相互成120°,当完成吹塑成型后启模,制品随同芯管转到第三工位后,利用脱件板自动顶脱制品。四工位吹塑设备是在三工位机的基础上,再增加一个第四工位,各工位相互成90°,它是为特殊用途的工艺服务的。如某些四工位机各工位的安排分别为注射成型管坯、管坯预吹塑、吹塑成型制品、自动顶脱制品,这样增设的第二工位管坯预吹塑适合于拉伸吹塑工艺。

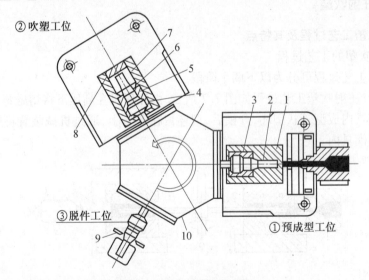

图 7.8 三工位注射吹塑设备

1—预成型模具;2—管坯;3—预成型颈环;4—吹塑模颈环;5—吹塑模具;6—吹气芯棒;7—吹塑容器;8—吹塑模底盖;9—脱件板;10—旋转头

(1)注射型坯模。

注射型坯模常由两半模具、芯棒、底板和颈围 4 部分组成。注射模模腔的形状则由型坯和芯棒所确定。型坯的整体形状则根据制品的形状、壁厚、大小和塑料的收缩比、吹胀比来加以设计的。当型坯的形状和尺寸确定后,再设计芯棒。在注射吹塑工艺中,芯棒具有 3 种功能:在注射模具中以芯棒为中心充当阳模,成型管状型坯;作为运载工具将型坯由注射模内输送到吹塑模具中去;芯棒内有加热保温通道,常用油做加热介质,控制其温度;芯棒内有吹气通道,供压缩空气进入型坯进行吹胀,吹气通道上还装有控制开关装置,使芯棒吹气时打开,注塑时闭合。芯棒的结构如图7.9所示。要注意的是,芯棒的直径应小于吹塑容器颈部的最小直径,以使吹塑过程完成后,芯棒能顺利脱出。

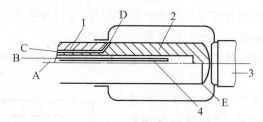

图 7.9　芯棒结构
1—型芯座；2—型芯；3—底塞；4—加热油导管；
A—热油入口；B—热油出口；C—气道；D—吹气口；
E—L/D 大时,瓶底吹气口位置

(2)吹塑模具。

吹塑模具是容器成型的关键装置,直接呈现容器的形状、表面粗糙度及外观质量。因此,模具应保证在吹胀后能充分冷却至定型,各配合面选用公差的上限值,以防制品表面出现合缝线。为使吹胀过程中模具夹带的气体顺利排除,在合模面上应开设几处排气槽,根据容器的形状,排气槽的深度 15~20 μm、宽度 10 mm 为宜。容器的底部应设计呈凹状以便脱模,一般对软塑料容器底部凹进 3~4 mm,硬塑料容器底部凹进 0.5~0.8 mm 已足够。特殊要求可设计为具有伸缩性的成型底座。模体材质一般选用耐腐蚀的碳素工具钢及普通合金钢制造。

3. 注射吹塑工艺要点

(1)管坯温度与吹塑温度。

注射型坯时,管坯温度是关键。温度太高,熔料黏度低,易变形,使管坯在转移中出现厚度不均的现象,影响吹塑制品质量;温度太低,制品内常带有较多的内应力,使用中易发生变形及应力开裂。

为能按要求选择模温,常配置模具油温调节器,由精度较高的数字温控仪控制(温度范围为 0~199 ℃),温差<±2 ℃。一般还配置有较大制冷量(23 kW)的水冷机,有利于缩短生产周期,节约费用。

(2)注射吹模的树脂。

适合注射吹模的树脂应具有较高的相对分子质量和熔融黏度,而且熔体黏度受剪切速率及加工温度的影响较小,制品具有较好的冲击韧性,有合适的熔体延伸性能,以保证制品所有棱角都能均匀地呈现吹塑模腔的轮廓,不会出现壁厚明显偏薄、薄厚不均。

7.1.4　其他中空吹塑工艺简介

1. 拉伸吹塑

拉伸吹塑又称双向吹塑,管坯除了吹塑使其径向拉伸外,借助拉伸芯管使管坯轴向也产生拉伸(拉伸应变 100%~200%)。拉伸吹塑制品内聚合物分子链沿两个方向整齐排列,从而使制品的冲击强度、透明度、抗蠕变性以及抗水汽和蒸汽的渗透性都有很大提高。

拉伸吹塑加工用塑料有热塑性聚酯、聚丙烯等。拉伸吹塑广泛用于制造各种包装容器如清洁剂瓶和饮料瓶。

拉伸吹塑可分为以下两种工艺。

一种工艺是将注射成型管坯加热到塑料拉伸温度,在拉伸装置中进行轴向拉伸,然后将已拉伸的管坯移到吹塑模具中,闭模,吹胀管坯成型制品。

该工艺的优点是管坯受热时间短,特别适合于热敏性塑料(如聚乙烯、热塑性聚酯)的加工。

拉伸吹塑工艺过程如图7.10所示。加热到拉伸温度的管坯放入模具,闭模成型瓶颈和螺纹,通过拉伸芯管下移使管坯轴向拉伸,然后吹胀管坯成型制品。

另一种工艺是将挤出管材按要求切成一定长度,作为冷管坯,然后将冷管坯放入加热装置中加热到塑料拉伸温度,再将热管坯送至成型台,闭模使管坯一端成型容器颈部和螺纹并进行轴向拉伸,吹胀管坯成型制品。

该工艺的优点是:减少废品;降低螺纹粗糙度;生产效率高;管坯预制。

拉伸吹塑适合于制造形状简单的小型容器,容器容积不超过2 L。

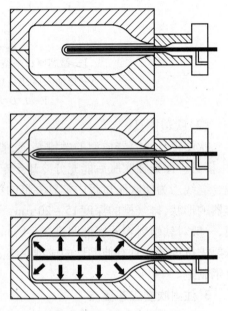

图7.10 拉伸吹塑工艺过程

2. 多层共挤出吹塑

多层共挤出吹塑是吹塑工艺的新发展。挤出机配置2~5层共挤出储料机头,最常用的为3层共挤出储料机头。

3层共挤出吹塑机头如图7.11所示。3层共挤出吹塑工艺过程如下:3台螺杆式挤出机挤出的熔体分别进入机头分离储料腔,环形柱塞上升,熔体储存于腔中,当熔体储存量达到预定体积,加压环形柱塞,挤压熔体通过环形口模成型多层复合管坯。多层复合管坯进入模具,完成吹塑成型。

共挤出多层复合管坯一般由塑料内层、热塑性聚合物中间黏结层和塑料外层组成。多层复合吹塑制品具有综合性能好的特点。例如汽车油箱为防止汽油蒸气渗入聚乙烯,选用聚丙烯做内层,采用双层共挤出吹塑成型复合油箱。

3. 中空吹塑的一些新技术

(1) 多维挤出吹塑。

多维挤出吹塑是指吹塑不规则多维形状中空制品的吹塑技术,如汽车进气管等。多维挤出吹塑有以下几种形式。

① 挤出机在 X-Y 方向上可移动,机头在 Z 方向可移动。

② 下模板可倾斜,并能在 X-Y 方向上移动,型坯直接挤在模腔内,转动、调整下模板并与上模板合模,然后吹塑成型。

③ 模板左右合模。在模板的上、下部设有挡板,模具在闭合状态下,由机头挤出型坯,型坯在模腔内下降到底部,上下挡板闭合,然后进行吹塑成型。

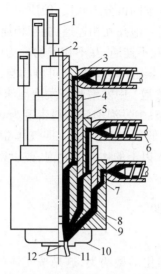

图7.11 3层共挤出吹塑机头
1—液压油缸；2—支撑杆；3—挤出机；4—环形柱塞；5—分隔套；6—中间黏结层；
7—圆形通道；8—外壳；9—储料腔；10—机头外套；11—管坯；12—芯棒

④采用机械手。按规定将型坯放置在模腔中合模、吹塑。

按上述4种多维挤出吹塑方法制造的制品与普通挤出吹塑制品比较，可减少80%以上的废边，因而可选用螺杆直径较小的挤出机，设备投资小，节约能耗。

（2）扁平吹塑成型。

生产扁平中空产品，如缓冲器、保险杠、配电盘等，一般多采用挤出圆形型坯吹塑形成扁平状中空制品，因此废边多，壁厚不均匀。

采用偏平型坯生产扁平中空制品时具有以下优点：制品壁厚均匀，废边少，后续工序少，加工周期缩短。

（3）交替挤出吹塑。

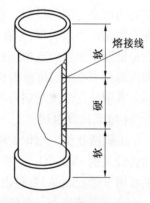

图7.12 交替吹塑产品

交替挤出吹塑可制备非单一塑料的中空制品，具有交替吹塑机头，能生产软、硬塑料组合的中空制品。交替吹塑产品如图7.12所示。交替吹塑要关注软、硬塑料之间的熔接强度。

7.2 泡沫塑料成型

泡沫塑料是以塑料为主要组分，以气体为填料的复合材料。由于泡沫塑料内部含有大量气泡，所以泡沫塑料不仅质量轻、省原料，而且热导率低，隔热性能好，能吸收冲击载荷，具有优良的缓冲性能、隔音性能以及比强度高等优点，从而广泛用作消音、隔热、防冻保温、缓冲防震以及轻质结构材料。在交通运输、建筑、包装、日常生活用品以及航天、国防等工业部门得到广泛应用，泡沫塑料生产已成为塑料工业的主要组成部分。

泡沫塑料按制品的软硬程度不同可分为软质、硬质和半硬质泡沫塑料；按泡孔结构的不同又可分为开孔和闭孔泡沫塑料。泡孔互相连通、能互相通气的称为开孔泡沫塑料，具有良好的吸收声波和缓冲性能；泡孔互不连通、互不相干的称为闭孔泡沫塑料，闭孔泡沫塑料具有很低的导热系数和吸水率。根据泡沫的结构又可分为自由发泡塑料和结构泡沫塑料；按发泡倍率的不同还可以分为低发泡、中发泡和高发泡泡沫塑料；低发泡泡沫塑料密度大于 $0.4\ g/cm^3$，即气体/固体小于 1.5；中发泡泡沫塑料密度为 $0.1\sim0.4\ g/cm^3$，即气体/固体 = $1.5\sim9$；而高发泡泡沫塑料密度低于 $0.1\ g/cm^3$，即气体/固体大于 9，但是，一般也有将发泡倍率在 5 以下的称为低发泡，5 以上的称为高发泡；或以密度为 $0.4\ g/cm^3$ 为界限来划分低发泡或高发泡。

7.2.1 发泡方法和发泡原理

1. 发泡剂

发泡剂一般可分成物理型和化学型两类，这是按气体的产生是物理过程（即挥发或升华）还是化学过程（即化学结构的破坏或其他化学反应）来划分的。物理发泡剂一般是能溶于聚合物母体的低沸点液体或气体。当增加体系的温度和（或）降低体系的压力时，使物理发泡剂沸腾，从而发挥它们的发泡作用。聚合物系统的化学性质和变形特性决定了可以采用的物理发泡剂的类型。在热固性材料中，化学发泡作用常常通过链增长和交联反应形成挥发性副产物而实现，如在聚氨酯、酚醛塑料和氨基塑料中。相反，对于热塑性塑料，化学发泡是借助于相容的或很细的、分散的化学物质，在高于聚合物配料温度，但又在加工温度范围内的相当窄的温度范围内，按所要求的速率分解而完成的。

常用的化学发泡剂分为无机发泡剂和有机发泡剂两类。

（1）无机发泡剂。

①碳酸盐类。用作发泡剂的碳酸盐主要有碳酸铵[$(NH_4)_2CO_3$]、碳酸氢铵（NH_4HCO_3）和碳酸氢钠（$NaHCO_3$）。前两种虽然价格低，但由于分解产物碳酸钠（Na_2CO_3）具有强碱性，主要用于橡胶制品，有时也可作为 PF、醇酸树脂等塑料制品的发泡剂。

②亚硝酸盐类。亚硝酸铵是极不稳定的化合物，作为发泡剂使用的亚硝酸铵实质上是氯化铵（NH_4CL）和等摩尔的亚硝酸钠（$NaNO_2$）的混合物。该混合物配入橡胶后经加热放出氮气（N_2）。

无机发泡剂的主要特性是价廉，不影响塑料的热性能，分解时是吸热反应，但分解气体的速率受压力的影响较大，分解反应进行缓慢，难于均匀分布在塑料中。

（2）有机发泡剂。

有机发泡剂是目前工业上最广泛使用的发泡剂。在它们的分子中几乎都含有 =N—N= 或 —N=N— 结构，这些化学键和发泡剂分子中其他化学键相比是不稳定的，因此，在热的作用下很容易断裂而放出氮气（同时也可能有少量的 NH_3,CO,CO_2,H_2O 以及其他气体的生成），从而起到发泡作用。有机发泡剂主要是偶氮类、酰肼类或胺类的有机物。

有机发泡剂的主要优点是在聚合物中分散性好，分解温度狭窄且能控制，分解产生的气体以氮气为主，因此不会燃烧、爆炸，也不易液化，并且扩散速度小，不容易从发泡的物料中逸出，因而发泡效率高。有机发泡剂存在的主要问题如下。

①有机发泡剂分子内不稳定的键 =N—N= 或 —N=N— 发生热分解后，其余部分是比

较稳定的。这些比较稳定的部分就成为残渣(其中也有水和挥发性等物质)而留在塑料中。这些残渣有时会引起异臭或表面喷霜等现象。

②有机发泡剂在热分解时必然会放出一定的分解热。如果使用分解热大的发泡剂，发泡物料内部的温度就会比外部的温度高得多。若内部温度过高，就会损害聚合物的性能，有时甚至使制品中心完全碳化。因此，在生产较厚的泡沫塑料时要特别注意。

③有机发泡剂几乎都是易燃的，分解温度比较低，所以在储存和使用时都应注意防火。

没有一种发泡剂是可以用于制造各种泡沫塑料皆合适的，这是因为各种树脂的固有性能不可能相同，加工条件也不一样。此外，为了求得性能各异的同一种泡沫塑料，加入的助剂也往往不同。毫无疑义，这些不同都是选择发泡剂的根据。选择时就是在这些根据和发泡剂特性之间求得平衡。下面是对选择中所用的几项主要特性进行讨论。

(3) 发泡剂的分解温度。

发泡剂的分解温度就是它开始产生气体的温度，所选发泡剂的分解温度要与塑料的熔融温度接近，发泡剂应能在一狭窄的温度范围内迅速分解，即当热塑性树脂达到适宜的黏度或热固性树脂达到所需的交联度时的温度范围内均匀放气，否则是很难取得密度均匀的制品，发泡剂的分解作用必须要在较短的时间内全部完成，以便迎合工艺上对发泡体的快速冷却定型，否则就不能提高生产效率或不能有效地利用发泡剂。

发泡剂的分解速率是随温度变化的，用实验方法求得。有机发泡剂受热后，一般能在很短时间内分解完。但是无机发泡剂受热后的分解反应却进行得较慢，需要较长的时间才能完成，有机发泡剂分解是放热反应，而无机发泡剂分解则是吸热反应。放热可以提高发泡时原料的温度，而吸热则正相反。为此，工业上必须做出相应的措施，否则会影响制品质量，除非吸收或放出的热量很小，才可以不计。

任何化学发泡剂都是在一定的温度下进行热分解而产生气体的。但是，可以借助于某些助剂来调节产气量，并控制它的分解温度和分解速率。例如磺酰肼系发泡剂，可借助于磷酸酯系、苯二甲酸酯系增强剂来控制其分解速率；又如偶氮甲酰胺的分解温度较高，常于其中加入铅、锌等盐类来降低其分解温度。

有机发泡剂分解出的氮气比无机发泡剂分解出的二氧化碳气体发泡效率高，这是因为二氧化碳对塑料泡壁的扩散速率比氮气高，所以二氧化碳气体的发泡效率低，制造低比重的泡沫塑料是比较困难的。当有机与无机发泡剂并用时较单独使用有机或无机发泡剂能显示较好的效果。

理想的分解型发泡剂应具有以下性能。

①发泡剂分解温度范围应比较狭窄稳定。
②释放气体的速率必须能控制并且能应用成型条件进行调节控制。
③放出的气体应无毒、无腐蚀性和具有难燃性。
④发泡剂分解时不应大量放热。
⑤发泡剂在树脂中具有良好的分散性。
⑥价廉，在运输和储藏中稳定。
⑦发泡剂及其分解残余物应无色，对发泡聚合物的物理和化学性能无影响。
⑧发泡剂分解时的发气量应较大。

2. 发泡方法

（1）物理发泡法。

物理发泡法是指利用物理原理发泡的方法，包括以下3种。

①在加压下把惰性气体压入熔融聚合物或糊状复合物中，然后降低压力，升高温度，使溶解的气体膨胀释放而发泡。目前聚氯乙烯和聚乙烯泡沫塑料等有用这种方法生产的。优点是气体在发泡后不会留下残渣，不影响泡沫塑料的性能和使用。缺点是需要高的压力和比较复杂的高压设备。

②利用低沸点液体蒸发气化而发泡。把低沸点液体压入聚合物中或在一定的压力、温度下，使液体溶入聚合物颗粒中，然后将聚合物加热软化，液体也随之蒸发气化而发泡，此法又称为可发性珠粒法。目前采用该法生产的有聚苯乙烯泡沫塑料和交联聚乙烯泡沫塑料。做发泡剂用的低沸点液体有脂肪族烃类（丁烷、戊烷等）、含氯脂肪族烃类（如二氯甲烷）和含氟脂肪族烃类（如F—11，F—12，F—114等）。此外，脂环烃类、芳香烃类、醇类、醚类、酮类和醛类等也可使用。

③物理方法还有溶出法、中空微球法等。溶出法是将可溶性物质如食盐、淀粉等和树脂混合，成型为制品后，再将制品放在水中反复处理，把可溶性物质溶出，即得到开孔型泡沫制品，多用作过滤材料。

物理发泡法常将低沸点的烃类或卤代烃溶解在塑料中，当塑料受热而软化时，溶解在塑料中的烃类或卤代烃液体就会挥发，同时膨胀发泡。例如制造聚苯乙烯泡沫塑料，可在苯乙烯聚合成聚苯乙烯时，事先把戊烷溶解在苯乙烯单体中，聚合时就会发泡。也可以在加热和加压下用戊烷处理聚苯乙烯塑料，制得可发泡性聚苯乙烯塑料，然后使它在热水或水蒸气中预发泡，再放到模具中通入水蒸气，使预发泡后的聚苯乙烯塑料二次膨胀，并互相熔结在一起，冷却后即得到与模具形状相同的制品。

挤出成型的物理发泡法可用于聚苯乙烯塑料，使其熔融，再加入卤代烃混合均匀，当物料离开机头时即膨胀发泡。物理发泡法还有中空微球法，是将熔化温度很高的空心玻璃微珠与塑料熔融体相混合，然后在玻璃微珠不会破碎的条件下塑料成型，可制得特殊的闭孔型泡沫塑料。

物理发泡法的优点是操作的毒性较小，用作发泡的原料成本低，发泡剂无残余体；其缺点是生产过程设备投资大。前述几种物理方法中，以在塑料中溶入气体和液体而后使其气化发泡的两种方法在生产中占有主要位置，适应的塑料品种较多。

物理发泡法生产聚氯乙烯泡沫塑料：由于聚氯乙烯本身并不能溶解惰性气体，能够溶解这种气体的只是它的增塑剂或溶剂，所以采用溶解惰性气体为发泡剂来生产聚氯乙烯泡沫塑料时须选用增塑剂含量大的聚氯乙烯糊或溶液为原料，以这种方法生产硬质泡沫体而只用少量溶剂，就须施加很高的压力。显然，施加高压对设备的要求就高。如采用大量溶剂，则以后的溶剂脱除与回收都比较麻烦，不仅成本提高，还要采取严格的防火和防爆措施。所以用溶解惰性气体发泡的方法大多用来生产软质聚氯乙烯泡沫塑料。

生产软质聚氯乙烯泡沫塑料有间歇法和连续法两种。间歇法比较简单，将适当的聚氯乙烯糊放入加压釜中，然后在搅拌作用下将20~30大气压的二氧化碳通入釜内，压力稳定到规定数值时，即将充气的聚氯乙烯糊由釜底喷嘴放至塑模中，并在较短的时间内送至110~135℃的烘室中烘熔，而后经过冷却和脱模，获得泡沫塑料制品。

(2) 化学发泡法。

制造泡沫塑料时,如果发泡的气体是由混合原料的某些组分的化学作用产生的,则这种方法即称为化学发泡法。按照发泡的原理不同,工业上常用的化学法有以下3种。

① 发泡气体是由混合原料中的某些组分在成型过程中发生的化学作用而产生的。

② 发泡气体是由加入的热分解型发泡剂受热分解而产生的,这种发泡剂称为化学发泡剂。常见的有碳酸氢钠、碳酸铵、偶氮二甲酰胺(俗称 AC 发泡剂)、偶氮二异丁腈甲酰胺等。化学发泡剂的分解温度和发气量,决定其在某一塑料中的应用。

③ 发泡组分间相互作用产生气体的化学发泡法。此法是利用发泡体系中的两个或多个组分之间发生化学反应,生成惰性气体(如二氧化碳或氮气)而使聚合物膨胀发泡。发泡过程中为控制聚合反应和发泡反应平衡进行,保证制品有较好的质量,尚需加入少量催化剂和泡沫稳定剂(或称表面活性剂)。聚氨酯泡沫塑料常用此法生产。

(3) 机械发泡法。

机械发泡法是采用强烈地机械搅拌使空气卷入树脂乳液、悬浮液或溶液中成为均匀的泡沫体,然后再经过物理或化学变化使之胶凝,固化成为泡沫塑料。为缩短时间可通入空气和加入乳化剂或表面活性剂。常用该法生产的有脲醛树脂、聚乙烯醇缩甲醛、聚醋酸乙烯、聚氯乙烯溶胶等泡沫塑料。这里即以脲甲醛开孔硬质泡沫塑料为例说明。

脲甲醛开孔硬质泡沫塑料制造时,按配方先将甲醛水液加至反应釜中,并用10%(质量分数)烧碱水液调其 pH 使其达到6.4~6.5。而后在搅拌和回流的情况下加入脲和甘油,并于1 h 左右的时间内将反应混合物加热到它的沸点。沸腾15 min 后,用10%(质量分数)甲酸水溶液使混合物的 pH 降至5.0~5.5。继续在沸腾温度下使反应进展到混合物的黏度达到25~30厘泊时为止。用烧碱水液中和反应混合物使 pH 上升到6.8~7.0。冷却至20~30 ℃后,用水稀释使反应混合物中的树脂含量达到27%~32%,最后将树脂溶液放在铝制的储槽中备用。鼓泡时,在搅拌情况下,向鼓泡设备先加入一定量的发泡液,2~3 min 后便会产生大量的泡沫,随后,在1~2 min 内加入定量的树脂溶液。继续搅拌15~20 s 后,即可出料。装有泡沫物的塑模应先在室温下放置4~6 h,以便从模底漏除一部分的水(约为总料量的14%)并使泡沫物得到一定程度的硬化。而后从塑模中脱出泡沫物并将它放在漏孔的托架上。由托架承托的泡沫物应在严格控制温度的烘室内进行热处理,处理的温度和时间随具体情况而定。处理时,泡沫物既有化学变化的交联作用,又有物理变化的干燥作用,水分由80%降至12%,所以温度必须严格控制,否则不易得到质量较好的制品。

3. 发泡原理

无论采用什么方法发泡,其基本过程都是在液态或熔融态塑料中引入气体,产生微孔,使微孔增长到一定的体积,通过物理或化学方法固定微孔结构。发泡原理分为以下3个过程。

(1) 泡孔的形成:气体在溶液中过饱和逸出成核。加入成核剂有利于提高泡孔生成速度,提高泡孔细度。如 PU 发泡通入少量空气泡,PE 发泡加入少量填料。

(2) 泡孔的增长:增加溶解气体量和升高温度使气体膨胀,有利于促进泡孔生长。

(3) 泡孔的稳定:稳定有两个途径,一是加入表面活性剂降低界面张力,二是提高树脂黏度,如冷却和交联。液体与气体相混合能否成为泡孔物主要决定于液体的性质。

当液体与气体形成泡沫时,液体表面积会有很大增加。衡量的尺度是液、气界面张力与增加表面的乘积。从热力学角度说,这种能量的增加势必造成该系统的不稳定。增加能量越大,稳定性越小,越会受到该系统为维持稳定而进行缩小表面的自发过程的控制。所以,作为形成泡沫物的首要条件就是液、气的界面张力必须具有较小的数值。界面张力并不是形成泡沫物的足够条件,实验证明,形成泡沫物的另一条件是液体必须具有多相性,且界面处的液体组分比率应与液体主体部分有所不同。实践表明,在纯液体中加入表面活化剂不仅能够满足这种条件,而且还能使液、气界面张力降低,因此容易使液体成为泡沫物,并且能使泡沫大小均匀。表面活化剂的分子结构具有亲液和疏液两个部分,当它与液体和气体共存时,亲液部分向着液体,疏液部分向着气体,因此改善了液体和气体间的吸引力,从而降低了液体和气体间的表面张力。泡沫物是热力学不稳定体,它的持续时间不会很长,但这种持续时间应大于泡沫物中树脂成为固体所需的时间,否则无法支撑泡沫塑料。泡沫物的持续时间很大程度上取决于其中液体的性质。由于液体是泡壁的构成物,壁的机械强度越大,泡沫越能持久。首先,所有具有凝胶结构的液体泡沫物的持久性具有有利作用。其次,组成泡壁的液体受自重会向下流动,使泡壁薄化以至破裂,因此应加大液体黏度,增加泡沫物持续时间。再次,形成泡壁的液体不应有很大的挥发度,不然泡壁也会因液体不断的散失而破裂。因为液体黏度和挥发度都是温度的函数,所以还应控制温度。

7.2.2 泡沫塑料生产工艺

1. 挤出发泡法

将粒状树脂送入挤出机中熔化,用高压加料器将液体发泡剂(二氯甲烷或氯甲烷)注入挤出机的熔化段。树脂与发泡剂经挤出螺杆转动而混合均匀,然后由口模挤出。发泡剂在减压下汽化,致使挤出物发泡而膨胀,最后经缓慢冷却与切割,即获得泡沫塑料产品如板、棒、管以及异型产品。此法缺点是需要设置昂贵的高压加料设备,泡孔大小较难控制,制品仅限挤出型材,因此在工业上应用较少。

2. 注射发泡法

发泡注射成型模具的基本结构与普通注射成型模具基本相同,其设计方法也与注射成型模具极为类似,但只限于高密度的低发泡物。由于发泡材料的物理性质与非发泡材料有所不同,因此在个别部位的设计上有其特殊要求。与一般注射不同的是:每次注射量要相等,每次注射的料的体积要比型腔小,在型腔充满后,模内压力只有寻常注射模塑的10%~20%。一般用较高的注射速率。

在普通注射机上也可以进行低发泡注射成型。一般有两种方法:一是减量注射法,二是瞬间开模注射法。两种方法都必须对原有模具进行适当改造。改造的内容如下:增加排气通路把原来分型面上的排气槽增加,把通过拼缝和推杆排气的气隙增大;增加推杆数量,在试模后观察,发现有推杆处受力过大的现象时,再适当增加推杆数量或加大推杆直径;加强冷却水流量。

3. 模压发泡法

模压发泡法包括配料制糊、装料入模并使模内的糊料在加压和加热的情况下发泡和塑化、冷却。脱出泡沫物、在适当温度下使泡沫物进一步膨胀成为制品。按照上列程序制造的成品都是闭孔型的。如果要制品成为开孔型的,则可将模具改为敞开式的,也就是发泡和烘熔均在烘室中不加压的情况下进行。生产中,各种条件的确定都是实验的结果,聚氯乙烯泡沫塑料生产的大致范围是:发泡和烘熔的温度是 120~180 ℃,时间是 10~30 min,施加压力时所用的压力约为 300 kg/cm²。后烘的温度为 100~175 ℃,时间约为 20 min。

用化学发泡法生产聚烯烃泡沫塑料制品都采用模压法,具体实行时又有一步法和二步法两种。生产密度高的用一步法,生产密度低的用二步法。现以高压聚乙烯的制品生产为例说明如下:高压聚乙烯常用过氧化二异丙苯做交联剂,偶氮二甲酰胺为发泡剂。生产时,先按配方配齐原料,而后在混炼机上进行混炼,混炼温度应在树脂熔点以上,但却须保持在交联剂和发泡剂分解温度以下,以防过早交联和发泡致使以后发泡不足或降低制品的质量。经过充分混炼的料片裁切后即加入模具并放进压机,在加热加压下,交联剂分解使树脂交联,随之再进一步提高温度使发泡剂分解而发泡。一般控制压力为 50~10 kg/cm²。发泡剂分解完毕后,卸压使热的熔融物料膨胀弹出而完成发泡。

7.2.3 微孔泡沫塑料

泡沫塑料具有质轻、比强度高、隔热、隔音好、抗震能力强等优点,且外观、性能、二次加工性等与木材有很多相似之处,是一种十分理想的"以塑代木"材料。但美中不足的是普通泡沫塑料的泡孔直径一般大于 50 μm,泡孔密度小于 106 个/cm³,且泡孔分布很不均匀。这些泡孔在受力时,常常成为泡体破裂的发源地,因而泡孔的存在往往会降低材料的强度。为了克服普通泡沫塑料力学性能劣化的缺点,又能保持泡沫塑料的独特优点,美国麻省理工学院 Nam P. Suh 教授等人通过研究高分子材料中的添加剂发现,当添加剂的粒子尺寸在微米级,且小于高分子材料中的临界孔隙尺寸时,能有效地增强材料的性能,因此,认为若将微米级的泡孔引入高分子材料基材,应该具有微米级添加剂同样的增强效应,这种制造微观结构的工艺过程后来被用于开发微孔聚合物。

微孔塑料是指泡孔直径为 1~10 μm,泡孔密度为 10^9~10^{12} 个/cm³,泡孔分布非常均匀的泡沫塑料,其设计思想即在高分子材料内部产生比原有缺陷更小的气泡,使泡孔的存在不仅不会降低材料的强度,反而会使材料中原有的裂纹尖端钝化,阻止裂纹在应力作用下扩展,从而提高其力学性能。微孔泡沫塑料还可以是透明的。

与普通泡沫塑料相同,微孔塑料可分为闭孔微孔塑料和开孔微孔塑料。经过微孔发泡后,塑料密度可降低 5%~95%,对于闭孔微孔塑料,与不发泡的纯塑料相比,冲击强度是其 2~3 倍,韧度是其 5 倍,疲劳寿命是其 5 倍,强度质量比是其 3~5 倍,并且具有良好的热稳定性、较低的介电常数及良好的热绝缘性能等,可作为结构材料使用,在建筑、航空和汽车等行业具有广阔的应用前景。开孔微孔塑料的特点是材料中的泡孔结构是开放的,能形成复杂的通道,让小分子气体或流体通过材料流动。假如能够精确地控制开孔微孔塑料中泡孔的尺寸和形态,就可以确定穿过材料的微粒的大小,使其起到分离作用,实现特殊用途。例如,开孔微孔塑料可作分离和吸附材料、催化剂载体、药物缓释材料等。在生物医学领域具有巨大的应用前景,如用作人造皮肤、人造血管、血液氧化和微滤膜等。另外,由于微孔塑料的泡孔直径非常小,可制成厚度小于 1 mm 的薄壁发泡制品,如微电子线路绝缘层、导线包皮和内存条密封层等。

微孔塑料的成型过程虽然和普通泡沫塑料相似,也要经过成核、长大和固化定型这 3 个阶段,但由于其泡孔尺寸非常小、泡孔密度非常大,因而对各阶段的要求非常高。微孔塑料的加工过程主要由以下 3 个阶段组成。

①气体在一定的压力和温度下全部溶解在聚合物中形成气体/聚合物饱和均相体系。即使微量气相的存在也不利于形成均匀细密的泡核,因为成核时气体会优先进入已存在的气相中而形成大的泡孔,以至不能得到微孔塑料。

②通过快速降压或升温使溶解在聚合物中的气体产生大的过饱和度,从而扩散聚集、发生相变形成气泡核。

③气泡核的长大和定型。

目前微孔塑料的成型方法主要有以下几种:间歇成型法、连续挤出成型法、注射成型法和相分离法,下面分别对这几种成型方法做一简单的介绍。

1. 微孔塑料的间歇成型法

在微孔塑料的研究中,最早采用的是间歇法,又称两步法。其主要加工步骤分为两步,第一步是在室温和等静压条件下(一般为 5~7 MPa),将聚合物试件浸泡在 CO_2 或 N_2 等惰性气体中,经过一段时间(一般在 25 h 以上)后形成过饱和状态,第二步是将聚合物试件从等静压容器中取出,快速降低压力或提高温度,使 CO_2 或 N_2 等惰性气体在聚合物中的溶解度迅速降低,从而在含有饱和气体的聚合物中诱导出极大的热动力学不稳定性,激发气泡的成核和长大。具体是将聚合物试件从压力容器中取出以后,立即放在热甘油浴池中加热,温度控制在玻璃化温度 T_g 附近,控制加热温度和加热时间,制品经液态 N_2 冷却后,就可以得到所需的微孔塑料。微孔塑料的间歇成型法如图 7.13 所示,间歇法相关工艺参数见表 7.2。

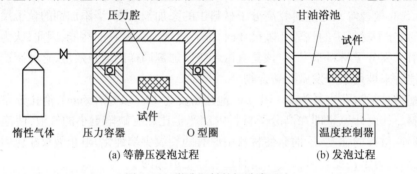

(a) 等静压浸泡过程　　　　(b) 发泡过程

图 7.13　微孔塑料的间歇成型法

表 7.2　间歇法相关工艺参数

材料	PET	PS	SAN	PC	PVC	HAPE
饱和压力/MPa	6.3	6.34	6.34	6.34	5.51	5.15
饱和温度/℃	25	50	70	70	25	23~25
饱和时间/h	24	28	45	19	48	110
发泡温度/℃	110~240	110~120	120	155、165	70~130	130~150
发泡时间/s	5	—	—	—	1~30	20
发泡剂种类	CO_2	N_2	N_2	N_2	CO_2	CO_2

2. 微孔塑料的连续挤出成型法

微孔塑料的连续挤出成型法的加工示意图如图 7.14 所示,整个工艺过程包括 3 个阶段:聚合物塑化段、均相气体/聚合物形成段、微孔塑料发泡段。这 3 个阶段分别完成聚合物

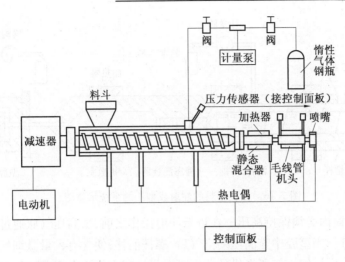

图 7.14　微孔塑料的连续挤出成型法的加工示意图

的塑化,气体/聚合物均相体系的形成,气泡的成核、长大及定型。聚合物粒料或粉料从料斗口进入塑料挤出机,CO_2 或 N_2 从塑料挤出机熔融段中部注入,形成较大的初始气泡,经过螺杆的高速混合、剪切后,初始气泡分裂为很多小气泡,加快了气体扩散进入聚合物熔体的速度。如果仅仅通过螺杆的剪切来形成气体/聚合物均相体系还不够,则可以采用其他元件来加速这一过程,通常是增加静态混合器。为了进一步提高气体在聚合物熔体中的溶解速度,还可以将超临界流体注入聚合物熔体中。采用超临界流体而不是气体的优点是能够缩短气体在聚合物熔体中的饱和时间,增加成核密度,改善对泡孔尺寸的控制,并有利于生产泡孔尺寸更小的微孔塑料。图 7.15 为挤出过程中气体/聚合物体系状态变化图。

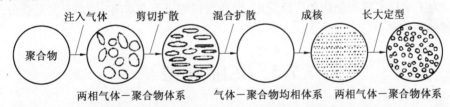

图 7.15　挤出过程中气体/聚合物体系状态变化图

微孔塑料连续挤出成型中气泡成核所需的压力降及压力降速率,通常是采用快速降压口模来实现的。采用快速降压口模的连续挤出系统结构简单,不需要过多的辅助设备,是目前研究微孔塑料用得最多的一种方法。但长径比大的快速降压口模限制了产量和挤出流率的提高。

3. 微孔塑料的注射成型法

微孔塑料的注射成型法的系统示意图如图 7.16 所示,聚合物粒料由料斗加入机筒,通过螺杆的机械摩擦和加热器的加热使粒料熔融为聚合物熔体。高压气瓶中的气体通过计量阀的控制以一定的流率注入机筒内的聚合物熔体中,然后通过螺杆头部的混合元件及静态混合器将气体/聚合物两相体系混合为气体/聚合物均相体系。随后气体/聚合物均相体系进入扩散室,通过分子扩散使体系进一步均化。随后,通过加热器快速加热(例如 1 s 内使温度从 190 ℃ 升至 245 ℃),从而使气体在聚合物熔体中的溶解度急剧下降,诱导出极大的热力学不稳定性,气体从聚合物熔体中析出形成大量的微细气泡核。为了防止机筒内形成

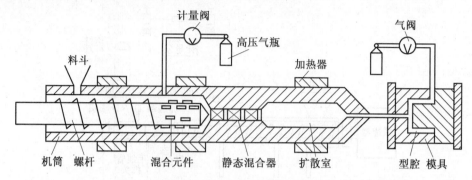

图7.16 微孔塑料的注射成型法的系统示意图

的气泡核长大,机筒内必须保持高压。在进行注射操作之前,由高压气瓶通过气阀向模具型腔中通入压缩空气。当型腔中充满压缩空气后,螺杆前移,使含有大量微细气泡核的聚合物熔体注入型腔内。由压缩空气所提供的背压可以尽量减少气泡在充模过程中的膨胀。当充模过程结束后,型腔内压力的下降使气泡膨胀,同时模具的冷却作用使泡体固化定型。由上述过程可知,尽管注射成型本身是间歇的,但其发泡成型过程却是连续的,即气体/聚合物均相体系的形成、气泡的成核和长大这几个过程是连续的,这与微孔塑料的间歇成型是有根本区别的。该方法通过快速升温来成核,与快速降压相比,比较容易控制,但由于聚合物的导热系数很小,该方法只适用于薄壁零件,另外,快速升温的幅度有限,限制了其应用范围,这些都是注射成型法存在的缺陷。

对塑料基体进行微孔发泡制得的微孔塑料不仅可以节省原料,材料的物理和力学性能也得到提高。国内对微孔塑料的研究还刚刚起步,而国外在微孔塑料的工业化上已经领先了一步。为了早日实现产业化和广泛应用,微孔塑料的成型方法将成为21世纪高分子材料加工领域的研究热点。

7.3 模压成型

模压成型(compression molding)又称压缩模塑或压塑,它是最古老的聚合物加工技术之一,是生产热固性塑料制品最常用的成型方法之一,也用于部分热塑性塑料、橡胶制品和复合材料的成型。

模压成型是将固体成型物放进已加热到指定温度的敞开式模腔内,然后闭模并对物料施压,使其转变为成型物,经定型后开模取出即得到模压制品。模压成型主要用于热固性塑料的成型,成型物在模腔内的定型是依靠树脂的固化反应来实现的,工业上生产模压制品用量最大的热固性塑料品种是酚醛模塑料、脲醛和三聚氰胺甲醛模塑粉及玻纤增强酚醛压塑料,其次是不饱和聚酯的团状模塑料(DMC)、片状模塑料(SMC)和预制整体模塑料(BMC),以及环氧树脂、DAP树脂和有机硅等模塑料。

对于热塑性塑料,由于模具交替加热和冷却,生产周期长,生产率较低,同时易损坏模具,故生产中很少采用该方法生产,但是对于成型面积较大的热塑性塑料或流动黏度非常大的如 PMMA,PTFE 可以采用此方法。

用模压法加工的塑料主要有酚醛塑料、氨基塑料、环氧树脂、有机硅、硬聚氯乙烯、聚三氟氯乙烯、氯乙烯与醋酸乙烯共聚物、聚酰亚胺等。

模压成型与注射成型相比,其优点是生产过程控制容易,使用的设备和模具投资少,工艺简单,易操作,较易成型大型制品,成型中材料取向程度小,制品性能在各个方向上较均匀,制品无流道及浇口,材料浪费少,可以适用的成型材料较多,可成型带有碎屑状、片状及纤维状填料的制品等。

其缺点是模压成型的物料只能靠模具传给的热量进行交联反应,因此压缩模塑固化时间长,生产效率低。加压方向的制品尺寸取决于坯料量的准确性,因而精度不高。在模具的合模面处,制品易产生飞边,需人工修整。对于形状复杂及带有嵌件的制品,模具结构复杂,甚至难以成型。由于成型材料需预处理,生产难以实现自动化。

模压成型用于机械零部件、电器绝缘件、交通运输、日常生活用品的成型。

7.3.1 模压成型所用设备

模压成型所用设备为压机和模具。

压机用得最多的是液压机,吨位从几十吨至几百吨不等,典型的液压机结构如图 7.17 所示。液压机有下压式压机和上压式压机。

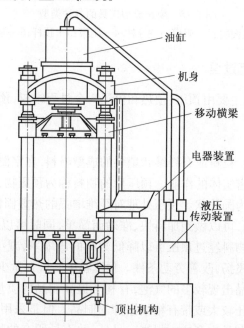

图 7.17 典型的液压机结构

模具的阴阳模分别与上下压板固定,液压机的下压板是固定不动的,依靠上压板的升降即能完成模具的开闭和对塑料施加压力等基本操作。

用于压缩模塑的模具称为压制模具。压制模具分为 3 类,有溢料式模具、半溢料式模具和不溢料式模具(半溢料式模具又分为有支撑面和无支撑面两种)。模压成型模具的各种类型如图 7.18 所示。

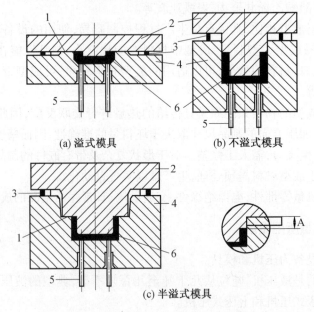

图 7.18　模压成型模具的各种类型
1—溢面料；2—阳模；3—导柱；4—阴模；5—顶杆；6—制品

7.3.2　模压成型工艺过程

模压成型的工艺过程主要由预压、预热和模压 3 个过程组成，预压和预热属于原料的预处理工序。

1. 预压

预压是将松散的粉料、粒料或有纤维状填料的成型材料，在室温或稍高于室温条件下压成形状规整、质量一定的密实体的作业。预压后的物料称为预压物，或压片、锭料、型坯。预压物的形状多种多样，常为圆片状。预压处理对纤维增强的热塑固性塑料尤为重要。

松散的物料经过预压，可以做到加料快、准确而简单，同时可以避免加料过多或不足时造成废品。此外，松散的物料经过预压可以降低塑料的压缩率，减小模具的装料室、简化模具的结构，避免压缩粉的飞扬，改善劳动条件。预压物中空气含量少，传热加快，缩短了预热和固化时间，并能避免制品出现较多的气泡，有利于提高制品的质量。另外，经过预压还能够改进预热规程，便于模压较大或带有精细嵌件的制品。但是采用预压物就必须增加相应的预压设备和人力，导致制品生产成本提高。另外，并不是所有的物料预压后性能都好，例如松散度大的含长纤维塑料，结构复杂、混色斑纹制品等都不合适预压。

在预压过程要特别注意对原料的以下几点要求。

(1) 模塑粉中水分及挥发分含量过高时，不宜预压，否则会导致制品内出现气泡等缺陷，但模塑粉过于干燥也不容易制成预压物。

(2) 制备预压物的塑料模塑粉颗粒最好粗细相间，如果大颗粒过多，制得的预压物较松散，细小颗粒过多时，会造成加料装置堵塞，并将过多的空气封入预压物中。

(3) 模塑料的压缩率不能太大，否则预压不方便，但是太小时又失去预压的意义，合适的压缩率一般为 3 左右。

(4) 原料中润滑剂的存在对预压物有利,但其含量过多,特别是外润滑剂含量过大,会积存在预压物表面,造成制品在预压物与预压物之间的机械强度降低。

(5) 注意原料在预压时温度对原料的影响。一般预压是在室温下进行的,有时需稍微升高物料温度,这时物料内部会发生部分或轻微的化学变化,如凝胶化;此时物料的流动性因此降低。

预压时采用的压力一般以使预压物密度达到制品密度的 80% 为宜,压力范围在 40~200 MPa,这时的预压物有较好的传热能力,同时也有足够的强度,不至于在模塑成型前的输送搬运过程中破裂。

总之,预压的总原则应是使预压物结构均匀、致密,在预压中不发生或尽可能少发生化学转变。

2. 预热

模压成型前加热的主要目的是为了改善物料的成型性能,该工序称为预热,但热塑性塑料进行预热的目的主要是除去物料中多余的水分和其他挥发物质,因此一般称其为干燥。

无论预热的目的是哪种,都应保证塑料不因此而发生降解或其他不应有的化学变化,对热塑性塑料的加热,还应注意以不使塑料颗粒熔结在一起为宜。几种常用热固性塑料的预热温度和预热时间见表 7.3。

表 7.3 几种常用热固性塑料的预热温度和预热时间

塑料	预热温度/℃	预热时间/s	塑料	预热温度/℃	预热时间/s
酚醛塑料	90~120	60	聚邻苯二甲酸乙烯丙酯塑料	70~110	30
脲醛塑料	60~100	40	环氧树脂	60~90	30
三聚氰胺甲醛塑料	60~100	60	不饱和聚酯塑料	55~60	—

成型前进行预热的优势有以下几个方面。

(1) 预热阶段可将物料温度升高到接近成型温度,这样可大大缩短物料在型腔内达到最低黏度的时间以及固化时间,因而模塑成型周期也随之缩短。

(2) 预热后的物料内部与模具的温差大大降低,物料各部分能较均匀地升温和固化,成型出的制品内应力小,物理机械性能优良。

(3) 预热后的物料可很快达到流动状态,减少了模具损耗,避免了物料可能产生的充模不足的缺陷。预热的物料可在较低压力下模压,因而使采用小吨位压机模塑大型制件或多模腔制件成为可能。

预热可以采用热板加热、烘箱加热、红外线加热、高频加热等方法。

3. 模压过程

热固性塑料的模压过程主要包括加料、闭模、排气、固化、脱模与清理模具。如果制品带有嵌件,在加料前应先将嵌件安放好,模压成型过程如图 7.19 所示。

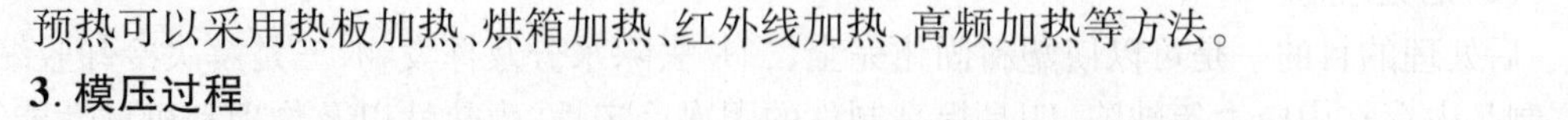

原料的处理 → 加料 → 闭模 → 排气 → 固化 → 脱模 → 吹洗模具 → 后处理

图 7.19 模压成型过程

(1) 原料处理。

原料处理主要包括预压、预热,以及安放金属嵌件等。

(2) 加料。

加料方法有重量法、容量法和计数法。重量法加料准确,但操作麻烦;容量法操作方便,但不够准确;计数法只能用于预压过的物料。物料在模腔中的堆放原则应有利于物料在熔融之后充满型腔。

(3) 闭模。

加料完毕后模具的阳模和阴模在压机的作用下进行闭合。闭模速度先快后慢,阳模没有接触到物料之前,闭模速度应尽量快些,接触到物料之后闭模速度应适当放慢,可避免因物料流动性差而损坏型腔以及型腔内的嵌件和成型件,同时也是为了使留存在物料中的空气、水分及挥发分有足够时间被压挤向型腔边壁而逸出。

(4) 排气。

模压热固性塑料时发生化学交联反应,常有水分和低分子挥发物放出。因此待化学交联反应进行适当时间后,需将压机短暂卸压,使塑模松开,这个过程称为排气。同时排气还可以排出型腔深处的空气、改善物料的传热条件、缩短固化时间,还可以避免制品出现烧焦、鼓泡以及表面光泽差等缺陷。

(5) 固化(硬化)。

热固性塑料在模压温度下保持一定时间,树脂的缩聚反应达到一定交联程度,使制品具有所要求的物理力学性能的过程。物料在型腔中的固化速率取决于塑料种类、制品厚度、物料形式、模具强度以及物料的预热温度等因素。

固化的最终程度应以硬化完全为宜,过熟或欠熟对制品性能均不利。对于硬化速率不高的物料,为提高设备利用率,在模腔内固化到具有足够刚度后即行脱模,脱模后的制件通过后烘达到完全硬化。

(6) 脱模。

固化完毕,模具打开后,使制品脱离模具的操作称为脱模。带嵌件的制品在脱模时应先将成型杆件拧脱,再将制品用手或模具顶出机构脱出。如果制品有因冷却不均而发生翘曲的可能,可将其在烘箱中缓慢冷却。

(7) 清理模具型腔。

卸件后的模具型腔应用钢刷等刮去模具上残留的塑料,并用压缩空气吹净,为下一成型周期的加料做好准备。

(8) 后处理。

后处理的目的一是可以使塑料固化完全,二是去除水分及挥发物,三是解决冷却收缩不均、制品内存在内应力等缺陷,四是提高制件的因次稳定性、耐热性以及物理和机械性能等。

后处理一般在鼓风烘箱中进行,温度和时间随塑料种类及制品尺寸而定,一般酚醛或环氧塑料制件的后烘温度在150 ℃左右,氨基塑料的后烘温度在100 ℃以下。有时后烘温度也选择在高于该塑料的马丁耐热温度10~15 ℃范围内,时间从几 h 到十几 h 不等。

7.3.3 模压工艺条件的控制

1. 模压温度

模压温度是指模压时规定的模具温度,它并不总等于模腔中各处物料的温度。对于热塑性塑料,模压温度总是不低于模腔中物料的温度。而对于热固性塑料,由于在模压过程中会因发生固化反应放出热量,模腔中某些部位如中心部位的温度,有时能高于模具温度。中心部位和边缘开始固化时间不同,边缘快、中心慢,因此使制品表面带有残余压应力,中心带有残余张应力。而热塑性塑料也会有这种情况,原因是冷却不均匀。

模具具有一定的温度,主要使塑料在模具型腔中受热软化,并达到熔融状态,以便获得足够的流动性,顺利地充满型腔,同时提供热固性塑料固化所需要的热量,以达到在型腔中固化定型的目的。

模压温度越高,模压周期也就越短。同时设定模压温度还应考虑成型材料的形态、预热情况、成型物料的固化反应特性、制品的厚度以及型腔中各部位物料的温度均匀程度等。

需要注意的是,温度在物料中要尽量均匀,否则会造成物料固化速度及固化程度不均匀,最终导致制品产生内应力,影响制品的因次稳定性及物理机械性,同时也会造成制品表面过熟而中心欠熟的现象。另外,温度过高甚至会引起制品表层材料的降解。

模压温度的确定主要按照以下原则,首先成型前经过预压和预热过的物料在成型时可采用较高的模压温度,但是以不致引起温度分布的过分不均匀为度。其次如果制品厚度较大,传热距离增大时(大制件),应适当降低模具温度。最后成型材料的固化反应特性不同,宜选用的模压温度也不同。

实际生产中,具体制件的最佳模压温度是以原材料生产厂提供的标准试样的模压温度范围为依据,再经模塑实验确定的。热固性塑料的模压温度与模压压力见表 7.4。

表 7.4 热固性塑料的模压温度与模压压力

塑料类型	模压温度/℃	模压压力/MPa	塑料类型	模压温度/℃	模压压力/MPa
苯酚甲醛塑料	145 ~ 180	7 ~ 42	聚酯	85 ~ 150	0.35 ~ 3.5
三聚氰胺甲醛塑料	140 ~ 180	14 ~ 56	环氧树脂	145 ~ 200	0.7 ~ 14
脲甲醛塑料	135 ~ 155	14 ~ 56	有机硅	150 ~ 190	7 ~ 56

2. 模压压力

模压压力是指模压时迫使塑料充满型腔和进行固化而由压机对塑料所加的压力,模压压力可用表示为

$$p_m = G\frac{1\,000}{A}$$

式中 p_m——模压压力,MPa;
G——压机的公称重力,N;
A——塑件或加料室在垂直压力方向上的投影面积,m^2。

通常,实际生产中所采用的模压压力比计算高 20% ~ 30%。

模压压力除可使熔融物料充满模具型腔,压实物料使制品获得必要的密度外,还可克服热固性塑料模塑过程中发生固化反应放出的小分子物质挥发、气体逸散,以及物料热膨胀等

因素造成的负压力,使小分子物质及气体及时排出,以避免制品起泡和在其内部残存太多气孔。同时使模具紧密闭合,从而使制品具有固定的尺寸、形状和最小毛边,并防止制品在冷却时发生形变。

模压压力选择时要注意以下几个问题。

(1)考虑原料的性质和制品形状。塑料在模压温度下流动性越差,压缩率越大,固化速度越高,制品的形状结构越复杂,成型深度越大,所需的模压压力也应越大。

(2)考虑原料是否预热。对物料预热和提高模压温度均有利于降低模压压力。在这一温度区域内,预热温度越高,所需的模压压力越低,但当预热温度超过一定值后,预热将主要导致物料交联,流动性降低。因此,在此温度范围内,预热温度越高,所需的模压压力反而会增大。预热的理想温度所对应是一个温度范围。

根据公式计算得到的模压压力是一个确定的数值,但物料实际受到的模压压力往往是随时间变化的,模压压力的变化规律与成型采用的塑模类型有关。

3. 模压时间

模压时间特指从热固性塑料熔融体充满型腔到固化定型所需的时间,它在模压周期中占有较大比例,直接影响模压周期的长短。

一般提高模压温度能够缩短模压时间,而成型前预热物料也可以缩短模压时间,但是成型制品的壁越厚,在相同模压温度条件下,所需要的模压时间却越长。

其他应用较多的成型方法还有热成型、铸塑成型等,随着对高分子材料需求的不断扩大,人们还会创造出新的成型方法。

第8章 聚合物合金及流变性

8.1 多相系高分子材料与材料改性

多相系高分子材料(multiphase polymer 或 multicompanent polymer)指由连续相(也称基体)和分散相构成的多组分高分子材料,连续相多为聚合物树脂,分散相可以是聚合物树脂、增塑剂、颗粒状填料如碳酸钙、纤维状填料如玻璃纤维、织物状填料、气体等。它们分别被称为不同的材料及材料改性方法。如果第二组分分散相为增塑剂如 DOP 加到 PVC 中,则称为增塑材料。如果第二组分分散相为碳酸钙、蒙脱土等颗粒状填料,则称为填充材料(filled polymer material);如果填充如玻璃纤维、碳纤维等纤维状填料,则称为增强材料(reinforcement/reinforcing material)、如果填充织物状填料,则称为层压材料(laminated composite material),3 者又统称为复合材料(composites material)。

1. 聚合物共混物及共混改性。

聚合物共混的本意是指两种或两种以上聚合物经混合制成宏观均匀的材料的过程。在聚合物共混发展的过程中,其内容又被不断拓宽。广义的共混包括物理共混、化学共混合物理/化学共混。其中,物理共混就是通常意义上的混合,也可以说就是聚合物共混的本意。化学共混如聚合物互穿网络(interpenetrating polymer networks,IPN),则应属于化学改性研究的范畴。物理/化学共混则是在物理共混的过程中发生某些化学反应,一般也在共混改性领域中加以研究。

毫无疑问,共混改性是聚合物改性最为简便且卓有成效的方法。将不同性能的聚合物共混,可以大幅度地提高聚合物的性能。聚合物的增韧改性,就是共混改性的一个颇为成功的范例。通过共混改性的方式得到了诸多具有卓越韧性的材料,并获得了广泛的应用。聚合物共混还可以使共混组分在性能上实现互补,开发出综合性能优越的材料。对于某些高聚物性能上的不足,譬如耐高温聚合物加工流动性差,也可以通过共混加以改善。将价格昂贵的聚合物与价格低廉的聚合物共混,若能不降低或只是少量降低前者的性能,则可为降低成本的极好的途径。

由于以上的诸多优越性,共混改性在近几十年来一直是高分子材料科学研究和工业应用的一个颇为热门的领域。

在这里有必要区分高分子共混物(polymer blends)、高分子共聚物以及高分子合金(polymer alloys)的概念。一般来讲,高分子共混物各组分之间主要是分子之间次价力结合,即物理结合。而高分子共聚物则主要是化学键的结合,但是在高分子共混过程中,难免由于剪切作用使大分子链断裂,产生大分子自由基,从而产生少量嵌段或接枝的共聚物,另外,由于共混组分增加相容性的需要,有必要对组分采取接枝来改善其界面性能,因此很难将聚合物共聚物和共混物进行严格区分。也有资料将聚合物共聚物归为广义的聚合物共混物概念。在工程应用中,由于聚合物共混物是一个多组分多相体系,各组分始终以自身聚合物的形式存在,在显微镜下观察可以发现其具有类似金属合金的相结构(即宏观均相结构、微观相分离),因此,通常把具有良好相容性的多组分高分子体系叫作高分子合金,其形态结构为微观非均相或均相。那些相容性不很好、形态结构呈微观非均相或宏观相分离的高分子共混物不属于高分子合金之列。从组分结合力上来讲,高分子合金各组分间通常存在化学键或较强的界面作用力,包括部分聚合物共混物和嵌段接枝共聚物,而一般聚合物共混物各组相互作用较弱。

共混物的表征:通常在两组分之间加"/",如 PE/PP 表示聚乙烯与聚丙烯共混物。

2. 填充材料及填充改性

在聚合物的加工成型过程中,多数情况下可以加入数量不等的填充剂。这些填充剂大多是无机物的粉末。人们在聚合物中添加填充剂有时只是为了降低成本,但也有很多时候是为了改善聚合物的性能,这就是填充改性。由于填充剂大多是无机物,所以填充改性涉及有机高分子材料与无机物在性能上的差异与互补,这就为填充改性提供了广阔的研究空间和应用领域。

在填充改性体系中,炭黑对橡胶的补强是最为卓越的范例。正是这一补强体系,促进了橡胶工业的发展。在塑料领域,填充改性不仅可以改善性能,而且在降低成本方面发挥了重要作用。近年来,随着纳米科学和技术的发展,聚合物基纳米复合在提高聚的性能及赋予聚合物新的功能方面得到了迅猛的发展。

3. 纤维增强复合材料及增强改性

单一材料有时不能满足实际使用的某些要求,人们就把两种或两种以上的材料制成复合材料,以克服单一材料在使用中的性能弱点,改进原来单一材料的性能,并通过各组分的协同作用,达到材料综合利用的目的,以提高使用经济效益。

纤维增强复合材料特点是质量轻,强度高,力学性能好。不仅如此,还可以根据对产品的要求,通过复合设计使材料在电绝缘性、化学稳定性、热性能方面得到综合提高,因此,纤维增强复合材料引起了人们的广泛重视,尤其碳纤维增强技术的成熟和发展给高强高模纤维复合材料的发展带来新的契机。

4. 其他还有化学改性、表面改性等

化学改性包括嵌段和接枝共聚、交联、互穿聚合物网络等。大多聚合物本身就是一种化学合成材料,因而也就易于通过化学的方法进行改性。化学改性的出现甚至比共混还要早,橡胶的交联就是一种早期的化学改性方法。

嵌段和接枝共聚的方法在聚合物改性中应用颇广。嵌段共聚物的成功范例之一是热塑性弹性体,它使人们获得了既能像塑料一样加工成型又具有橡胶般弹性的新型材料。接枝共聚产物中,应用最为普及的当属丙烯腈-苯乙烯-丁二烯的共聚物(ABS),这一材料优异的性能和相对低廉的价格,使它在诸多领域广为应用。IPN 可以看作是一种用化学方法完成的共混。在 IPN 中,两种聚合物相互贯穿,形成两相连续的网络结构。聚合物的化学改性也可归类于聚合物合金化的范畴。

表面改性材料的表面特性是材料最重要的特性之一。随着高分子材料工业的发展,对高分子材料不仅要求其整体性能要好,而且对表面性能的要求也越来越高。诸如印刷、黏合、涂装、染色、电镀、防雾都要求高分子材料有适当的表面性能。由此,表面改性方法就逐步发展和完善起来。时至今日,表面改性已经成为包括化学、电学、光学、热学和力学等诸多性能,涵盖诸多学科的研究领域,成为聚合物改性中不可缺少的一个组成部分。

8.2 聚合物合金的相态结构

8.2.1 相态结构的类型

1. 海岛结构

聚合物合金中只有一种组分或一相是连续相(基体),而另外的组分以分散相(微区)形式分布于基体中,似海洋中分散的小岛,这种相态结构俗称海岛结构,也称单相连续结构。海岛结构是不相容聚合物合金最常见的相态结构。

组成连续相的聚合物可以是塑料,也可以是橡胶。反之,分散相也是如此。聚合物处于连续相还是处于分散相,对材料的性能有着不同的影响。通常连续相决定着材料的基本性能,如模量、强度、弹性等。而分散相对聚合物合金的冲击韧性、气体扩散性、光学性能、传热性等有着较大的影响。

制备聚合物合金的方法不同、组成聚合物的结构不同、共混比不同,分散相微区的形状、尺寸以及微区的精细结构随之改变。海岛结构又有以下几种类型。

(1)微区形状不规则。

机械共混法制得的聚合物合金,微区形状大多不规则,微区分布不均匀,尺寸较大且大小不一,大致为 1~10 μm,例如,在机械共混法制得的冲击 PS 中,PB 橡胶以不规则颗粒状分散于 PS 基体中。机械共混的抗冲击聚苯乙烯电子显微镜照片如图 8.1 所示。

(2)微区呈球粒状均匀分布。

分散相为球粒分布的相态结构常见于嵌段共聚物中,两种不同嵌段间尽管是化学键连接,它们也是分相的。通常含量高的嵌段处于连续相,含量低的嵌段处于分散相。由于不同嵌段之间是化学键相连接的,而且同种嵌段相对分子质量大致相等,因此,它们聚集而成的微区尺寸大致相等,且分布均匀,通常呈球粒形状。例如,SBS 热塑性弹性体,当 PB 质量分数为 70%~80%,而 PS 质量分数为 20%~30% 时,PS 以球粒分散在 PB 基体中,粒径在 30~50 nm,具体尺寸与 PS 嵌段的相对分子质量有关。再如 CTBN(羧基丁腈胶)改性环氧树脂的共混物,如图 8.2 所示。

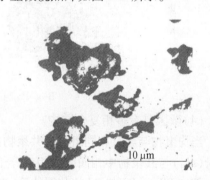

图 8.1 机械共混的抗冲击聚苯乙烯电子显微镜照片

(3)微区为蜂窝(细胞)状结构。

蜂窝状结构的分散相不是单一组分,在分散相内还包藏着由连续相成分构成的小颗粒,其形态似蜂窝或细胞结构,这种相态结构常见于接枝共聚形成的两相结构体系中。图 8.3 是 HIPS(接枝共聚法)的蜂窝状结构,连续相为 PS,微区由聚丁二烯橡胶构成细胞壁,PS 构成细胞质(包容物),接枝共聚物 PB-g-PS 分布于两相的界面。该体系含橡胶的体积分数仅为6%,但橡胶相微区的体积分数达22%,少量橡胶发挥着较大橡胶相体积分数的作用,大大强化了橡胶的增韧效果。同时由于橡胶相中包容着PS,使分散相的模量比纯橡胶模量明显提高,这样得到的HIPS模量不会因橡胶的引入而降低过多。因此,组成含量都相同的接枝共聚物比机械共混物的改性效果好。

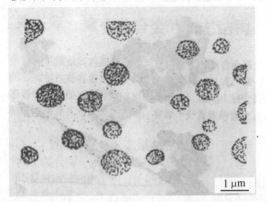

图 8.2　CTBN(羧基丁腈胶)改性环氧树脂的共混物

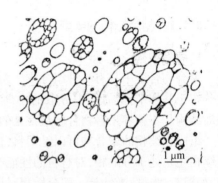

图 8.3　HIPS(接枝共聚法)的蜂窝状结构

(a) $M_H/M_g \approx 20$

(b) $M_H/M_g \approx 0.5$

图 8.4　PB-g-PS 与 PS 的共混体系的电子显微镜照片

(4) 微区具有多相复合结构。

当均聚物与含有相同组分的共聚物共混时,其相态结构更为复杂,它和均聚物相对分子质量(M_H)与共聚物中相同链段相对分子质量(M_g)的相对大小有关,还受大分子构造的影响。例如PB-g-PS与PS的共混体系,当 $M_H/M_g \approx 20$ 时,共聚物和均聚物PS不相容,如图8.4(a)所示,既有均聚物和共聚物宏观尺度上的相分离,又存在共聚物分散相内部的PS和PB链精细的微观相分离。有趣的是相同的组成,只改变相对分子质量大小,如 $M_H/M_g \approx 0.5$ 时,由图8.4(b)可见,宏观尺度上的分散相已不复存在,只见到共聚物中的PB以小棒状微区的形式分布于PS基体中,即共聚物的PS链段与均聚物PS已完全相容。

这种均聚物/共聚物体系形成的多相复合结构,使共混物有可能获得比接枝共聚的蜂窝结构材料更优良的性能,从而引起从事研究聚合物合金工作者的浓厚兴趣。

(5) 微区具有"核-壳"结构。

固体基底上形成的嵌段共聚物和均聚物或者其他嵌段共聚物组成的共混物可以形成更为复杂的结构。例如,由不同相对分子质量均聚PEO与半结晶性嵌段共聚物聚苯乙烯-b-

聚氧乙烯-b-聚苯乙烯(SEOS)嵌段共聚物组成的共混系统形成 PEO 球形分散相,随着均聚物 PEO 加入量的增加,其微区尺寸明显增大,当均聚物 PEO 质量分数达到 33.3% 时形成了类似胶束的"核-壳"结构,核(亮色)-壳(灰色)结构,其亮色区域为低电子云密度的均聚物 PEO 区域,PS 由于其电子云密度较高,因此为黑色;而灰色则是嵌段 PEO 区域,由于嵌段 PEO 中有 PS 链的渗入,因此表现为灰色。如图 8.5(a)所示,该"核-壳"结构是一种亚稳态结构,退火处理后"核-壳"结构消失了,仅仅出现了较规则的球形分散相结构,且分散与连续相之间的界面较为模糊,可见退火后得到的球形分散相结构是此共混系统的稳态结构,如图 8.5(b)所示。

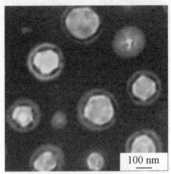
(a) 干刷共混膜

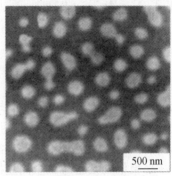
(b) 120 ℃退火 2 h

图 8.5　PEO/SEOS 膜的相态结构($m_{SEOS}:m_{SPEO}=10:5$)

2. 两相连续结构

这是一种特殊的两相结构体系,A,B 两种聚合物既分相,但这两相又都是连续的。例如,A 组分是基体,B 组分是微区,但 B 组分形成的微区与微区又是相连接的,微区也是连续相。这种相态结构主要存在于 IPN 体系中(图 8.6)。和一般聚合物共混体系相比,其相态结构具有以下特点:①A,B 两种聚合物都是交联网络,它们相互有一定程度的局部互穿。既然都是局部性互穿,没有互穿的部分就可能发生相分离。并且每种聚合物自身都是交联的,必然都具有连续性。②微区的尺寸特别小。若两种聚合物工艺相容性好,可使微区达 10nm 左右,最大也不超过几十 nm,这是其他两相结构体系所不能达到的。因为 IPN 中的 A,B 两种网络有一定程度的互穿,A,B 之间就不能完全自由地随意分离,由聚合物 B 形成的微区尺寸也不可能大,只能由邻近的少数聚合物 B 未被互穿的部分链段聚集在一起形成较小的微区。③微区分布非常均匀。同步法制备 IPN,两种组分是单体混合,相容性好,而且要求聚合速率接近。因此,在分子链增长的同时,就逐步使网络发生局部互穿,聚合物 B 必然在基体 A 中均匀分布;分步法制备 IPN,单体 B 是和聚合物 A 完全互溶的,因而,聚合物 B 形成的微区也不可能有随意性。④微区内部还存在精细的类似于接枝共聚体系的细胞状结构。

3. 两相交错层状结构

图 8.7 是 $S/B=40/60$ 的 SBS 嵌段共聚物的两相结构形态,这种结构的特点是:没有贯穿整个试样的连续相,而是形成两相交错的层状结构,难于区分连续相和分散相。嵌段共聚物两组分含量接近时就形成这种结构。

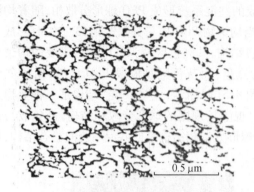 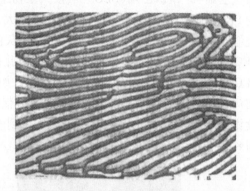

图 8.6　PB/PS IPN 电子显微镜照片　　　图 8.7　$S/B=40/60$ 的 SBS 嵌段共聚物的两相结构形态

4. 含有结晶组分的相态结构

以上讨论的都是无定形态—无定形态共混体系的相态结构。共混物中有一个组分是结晶的或两个组分都是结晶的共混体系，其相态结构较复杂，大致可分为以下几种情况。

(1) 玻璃态高聚物/结晶态高聚物的共混体系。

PMMA/PVF2(聚偏二氟乙烯)、全同立构 PS/PPO 以及 PS/聚氧化乙烯(PEO)嵌段共聚物都属于这种类型。这类聚合物合金的相态结构有 4 种不同的形态：①晶态组分以晶粒形态分散在非晶态介质中；②晶态组分以球晶形态分散在非晶态介质中；③非晶态以粒状(微区)分散在球晶(连续相)中；④非晶态形成较大的微区分布在球晶中(图 8.8)。图 8.9 是 PS-b-PEO 的光学显微镜照片。

 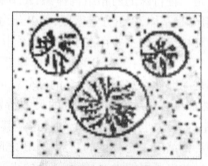

(a) 晶粒分散在非晶区中　　　　　　　(b) 球晶分散在非晶区中

(c) 非晶态分散在球晶中　　　　　　　(d) 非球态聚集成较大的微区分布在球晶中

图 8.8　晶态-非晶态共混物的相态结构示意图

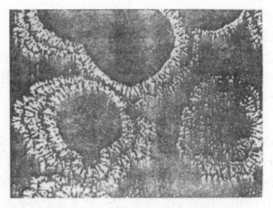

图 8.9　PS-b-PEO 的光学显微镜照片

(2) 晶态高聚物/晶态高聚物的共混体系。

聚对苯二甲酸乙二酯(PET)/聚对苯二甲酸丁二酯(PBT)、PE/PP 等共混体系都属于这一类。由于结晶高聚物本身尚存在部分非晶区,它们的共混物形态就更为复杂。可以是两种聚合物的晶粒分散在它们自身的非晶态中;也可以是一种以球晶形式,另一种以晶粒形式分散在非晶态中。两种聚合物也可能都形成球晶,或者形成混合型的球晶(即和晶或共晶),晶态部分为连续相,非晶态部分分散其中(图 8.10)。

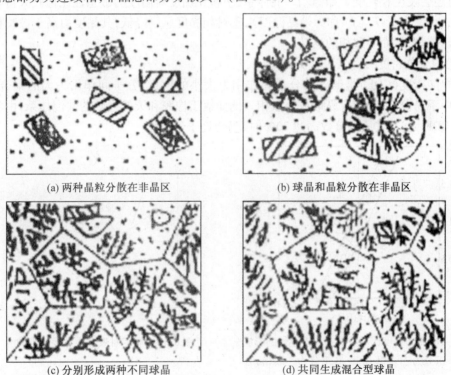

(a) 两种晶粒分散在非晶区　　　(b) 球晶和晶粒分散在非晶区

(c) 分别形成两种不同球晶　　　(d) 共同生成混合型球晶

图 8.10　晶态-晶态聚合物共混物的形态结构示意图

8.2.2　影响相态结构的因素

相态结构的影响因素主要涉及两方面的内容:①共混物组分处于连续相或分散相受哪

些因素影响；②分散相微区的结构形态受哪些因素影响。

1. 影响相连续性的因素

前面已经指出，聚合物组分处于连续相还是分散相，对共混物性能有着不同的影响。因此，根据对材料性能的要求，确定聚合物合金相的组成，是一个很重要的问题。影响相的连续性主要有以下几个因素。

(1) 组分比。

通常情况下含量高的组分易形成连续相。例如三元乙丙橡胶(EPDM)和PP共混，当EPDM质量分数高于60%，PP质量分数低于40%，通常情况下连续相是EPDM，分散相是PP，共混物显示橡胶弹性；当EPDM质量分数低于40%，PP质量分数高于60%，则共混物显示塑料的特性，PP处于连续相，EPDM为分散相，是一种增韧聚丙烯塑料。

(2) 黏度比。

在共混条件下，两组分熔体的黏度比对相的连续性有很大影响。黏度低的组分流动性相对较好，容易形成连续相，黏度高的组分不易被分散，易形成分散相，所以有"软包硬"的说法。但是黏度比的影响只能在一定的组分比范围内起作用。共混比和黏度比对共混物相连续性的影响如图8.11所示。

此外，共混体系中由于不同组分的黏度对温度的敏感性不同，共混过程随着温度的变化，有时还会发生相转变。如橡塑共混体系，塑料相黏度对温度的敏感性比橡胶大得多。如图8.12所示，当$T>T^*$（T^*称为等黏温度），塑料相黏度急剧降低，其黏度由高于橡胶相转变为低于橡胶相，从而导致相的反转。

(3) 内聚能密度。

内聚能密度(CDE)是聚合物分子间作用力大小的度量，分子间作用力大的聚合物，在共混物中不易分散，比较容易形成分散相。例如氯丁橡胶和天然橡胶的共混体系，由于氯丁橡胶的CDE大，在其质量分数高达70%时，仍会处于分散相。

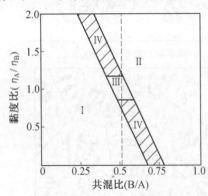

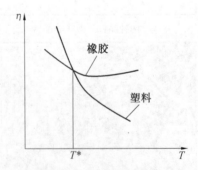

图8.11 共混比和黏度比对共混物相连续性的影响　　图8.12 温度对聚合物黏度的影响
　Ⅰ区：A组分为连续相；Ⅱ区：B组分为连续相；
　Ⅲ区：A,B组分均为连续相；Ⅳ区：相转变区

(4) 溶剂类型。

用溶液浇铸薄膜时，连续相组分会随溶剂的品种而改变。如PS-PB-PS三嵌段共聚物成膜时，当用苯/庚烷(90/10)为溶剂，制得的膜是聚丁二烯嵌段为连续相。因为苯既是PS又是PB的溶剂，而庚烷只能溶解PB，若先将苯蒸去后，PB仍处于溶液状态，PB嵌段就会成

为连续相。而当采用四氢呋喃/甲乙酮(90/10)为溶剂时,四氢呋喃是两组分的共同溶剂,甲乙酮只是 PS 嵌段的溶剂。因此,先蒸去四氢呋喃,后除去甲乙酮,连续相则为 PS。

(5)聚合工艺。

对于用本体或溶液接枝法共聚的体系,首先合成的聚合物倾向于形成连续性程度大的相,例如在少量聚丁二烯存在下,进行苯乙烯接枝聚丁二烯的反应,在无搅拌静止聚合的情况下,最终产品中生成量最多的是 PS 均聚物,也生成一定量的接枝共聚物,即以聚丁二烯为主链、聚苯乙烯为支链的共聚物。在这个体系中尽管 PS 量远远超过 PB,但最先已成为聚合物的 PB 仍是连续相,PS 构成分散相,其形态如图 8.13 所示。PB/St 相在后阶段发展成连续网络,将 PS/St 分割为许多小区域。但是,聚合过程在边搅拌边进行共聚的情况下,当苯乙烯单体转变率达到一定程度时(PS 的体积分数达到或超过 PB),PS/St 相则由分散相转变为连续相,发生相反转,从而进一步形成蜂窝状结构。

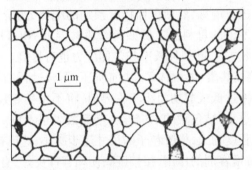

图 8.13　未产生相反转的聚苯乙烯-聚丁二烯体系的形态

2. 影响微区形态、尺寸的因素

大量的实验事实已经证明,分散相微区的结构形态和尺寸对聚合物合金的性能有很大的影响。因此,控制微区的结构形态和尺寸是调节合金性能的重要手段。

(1)制备方法的影响。

前面已介绍了不同制备方法对共混物结构形态及微区尺寸大小的影响,也有一些例外,如乙丙橡胶与聚丙烯的机械共混产物中,乙丙橡胶的粒子是规则的球形,而不是一般机械共混物不规则的粗大胶粒。

(2)相容性的影响

共混体系中聚合物间的工艺相容性越好,它们的分子链越容易相互扩散而达到均匀的混合,两相间的过渡区越宽,相界面越模糊,分散相微区尺寸越小。完全相容的体系,相界面消失,微区也随之消失而成为均相体系。两种聚合物间完全不相容的体系,聚合物之间相互扩散的倾向很小,相界面很明显,界面黏结力很差,甚至发生宏观的分层剥离现象。聚合物合金体系多数介于这两者之间,具有一定程度的相容,存在适当的微区尺寸。一般来说,微区尺寸较小,两相间的过渡区宽一些,共混物性能较好。但对不同的聚合物合金体系,其最佳的微区尺寸是不同的,并不都是微区越小性能越好。

(3)相对分子质量的影响

从相容性的热力学原理可知,降低聚合物的相对分子质量,有利于改善聚合物间的相容性,因而降低聚合物相对分子质量有利于微区尺寸减小。对于橡胶增韧塑料的体系,橡胶的相对分子质量对胶粒尺寸的影响更大。橡胶分子量增大,溶液的黏度随之增大,溶液黏度增至一定程度就难以使橡胶相破碎成微小的胶粒。

(4) 共混物组分的黏度影响。

两种聚合物共混，它们的黏度差越大，分散相越不易被分散，分散相的粒径较大。两种聚合物的黏度接近，分散效果最好，所得分散相的粒径较小。

(5) 工艺条件的影响。

对机械共混的体系，混炼工艺对分散均匀性和微区的尺寸有一定影响。首先，必须控制合适的混炼温度，使两种聚合物均处于熔融状态。一般来说，温度适当高一些有利于分散相均匀分布，但温度过高会导致聚合物降解；混炼时间长一些，对分散相分散有利，在一定范围内微区尺寸有所减小，到一定时间后不再有影响。另外，增韧塑料中橡胶含量也有影响，橡胶含量高的体系，微区尺寸相对较大，被分散的胶粒重新凝聚的概率增大。

共混方式对分散效果也有影响，两阶段共混有利于分散相尺寸减小，即先配成塑料/橡胶共混比接近的混合料，进行混炼，然后再稀释至预定的配比，两阶段共混的产品性能优于直接共混法，这就是通常所说的母料法。例如两阶段共混的 NR/PE (90/10)，其拉伸强度较直接共混产物提高 50% 左右，断裂伸长率和定伸应力也有提高。

对于 HIPS 和 ABS 接枝共聚-共混体系，如前所述，聚合过程的搅拌速率对它们的形态结构有重要影响，搅拌速率过低或剪切力小于临界值，将不发生相反转。相反，若剪切力过大，将会造成分散相胶粒过小，被包藏的 PS 较少，增韧效果也不好。此外，接枝程度对胶粒尺寸也有影响，随着接枝程度增大，橡胶粒子的尺寸逐步减小，这已被大量实验结果所证实。这是因为接枝共聚物起着增容剂的作用，接枝度高使相容性更好，有利于形成较小的胶粒。

(6) 混炼设备的影响。

用熔融共混法制备共混物，共混体系的分散程度与混炼设备密切相关，两种聚合物要达到充分混合和相容性所允许的分散程度，必须通过有效的混炼设备提供强化混合的条件。不同的混炼设备对共混物的分散作用不同，所得共混物的性能也不一样。

目前，工业生产上用于聚合物熔融共混的设备主要有两辊炼塑机、密炼机、挤出机。两辊炼塑机混炼效果最差，高效密炼机的混合、分散作用高于普通密炼机，同向平行双螺杆挤出机优于普通单螺杆挤出机。

3. 含有结晶聚合物共混体系相态结构的影响因素

共混物中如果有一种聚合物是结晶的，共混体系中不但同时存在晶态和非晶态两种相态结构，而且两者相互间要发生影响，不同的体系影响程度又有很大差别。

(1) 晶态-无定形态共混体系。

晶态-无定形态共混体系的相态结构既和组分含量有关，又受结晶度大小的影响。当结晶度较小时，球晶或晶粒分散于无定形基体中；当结晶度较高（同时结晶组分含量也较高）时，球晶将充满整个本体。例如 PCL/PVC 体系，PCL 是结晶高聚物，当其体积分数超过60%，在偏光显微镜中 PCL 球晶就充满整个视野。随着 PVC 含量增加，PCL 的一维结晶度减小，晶粒大小基本不变。这说明 PVC 是均匀地分散于 PCL 球晶内的片晶之间。另一个共混体系，等规 PS/无定形 PS 的情况有所不同，用 SAXS 和 DSC 对该体系的研究表明，当非晶 PS 的质量分数≤30%时，等规 PS 在共混物中结晶，晶区之间的距离不随非晶 PS 的含量而改变。因此，可以认为非晶 PS 没有进入结晶 PS 的片晶之间，而是非晶 PS 聚集成较大的微区分布在球晶之间。

(2) 晶态-晶态共混体系。

对于由两种结晶聚合物组成的共混体系,视两种聚合物的相容性和晶胞结构、结晶形态的异同,有着不同的影响。例如六亚甲基己二酰胺/对苯二甲酰胺共聚物,其中己二酸和对苯二甲酸两种共聚单体中的两个羰基间的距离相当,结果共聚物中的两个链节可以在晶格中互相取代,即生成和晶。又如 LDPE 和 PCL 两种结晶高聚物共混亦可共结晶,因为 PE 和 PCL 同属正交晶系,晶胞结构相近,可以生成混合型晶体(即和晶)。而虽然 PET 和 PBT 两者的相容性很好,但 X 射线衍射和 DSC 的研究都证明,仍存在两种晶体,有两个 T_m,但 T_g 只有一个,而且是随共混比而改变,介于 PET 和 PBT 的 T_g 之间。因此,可以确定这是一个两种球晶(或晶粒)分布于同一个无定形基体中的共混体系。PET 和 PBT 各自独立进行结晶,但彼此对结晶速率和结晶度有一定影响。

(3) 含结晶链的接枝共聚物。

接枝共聚物中若主链是结晶性的,支链的存在对共聚物的结晶形态、尺寸有一定影响。例如,PE 和苯乙烯的接枝体系中随接枝度的提高,PE 的结晶度有所降低。可以认为接枝反应只发生在晶区表面或晶体缺陷处,然而由于单体对接枝链的溶胀作用会产生很大的膨胀力使晶体破坏,从而不仅使体系中晶粒尺寸变小,结晶度也降低。又如,PP 从高温 180 ℃ 经 4 h 缓慢冷却至 80 ℃,可形成完美的球晶,晶粒尺寸达 300~500 μm,但若在 PP 链上接枝质量分数为 18.1% 的 PVAc,PP 球晶明显受到破坏,当接枝度达到 41.5%,已不能形成大球晶,且球晶之间有裂纹生成,同样的情况也发生在等规 PS 接枝无定形 PS 的体系中,支链的存在使主链的结晶完善性大大减小。

若支链是结晶性的,主链对支链的结晶行为也有影响。聚 ω-羟基十一酸酯便是一例,将它接枝到聚甲基丙烯酸主链上,接枝度较低时,由于支链的数量少,难以靠拢,无法规整化排列形成晶体。当接枝度增大至一定程度后才逐步形成小晶粒和不完善的球晶。这表明主链对支链的结晶有一定的束缚、限制作用。此外,还有一种主链促进支链结晶的例子,一种难以结晶的聚酯接枝到 PMMA 分子链上,反而使支链容易发生结晶。这种情况的支链通常是柔性链,它接枝到刚性的主链上因受主链的"支撑",使支链容易形成规整的链束,从而加速了结晶过程。

8.2.3 嵌段共聚物的微相分离结构

嵌段(接枝)共聚物中两种不同嵌段之间的分相是高分子链分子内自身的相分离,不同于一般共混物的分相,不能用物理方法将嵌段共聚物中两相完全分离开。而且由于两嵌段间有化学键相连接,它们分相后在空间上不可能相距太远,因而分散相的尺寸只能限制在较小的范围。通常,把这类由化学键相连接的不同链段间的相分离称为微相分离(microphase separation)。

1. 嵌段共聚物微区的结构形态

嵌段(接枝)共聚物中的嵌段(支链)相对分子质量达到一定大小,就会产生微相分离的两相结构。微区的形态主要取决于两种链段的相对含量。嵌段共聚物相态结构和嵌段含量的关系如图 8.14 所示。

微区形态随 A,B 相对含量变化的现象,已在电子显微镜的实验中反复得到证实。图 8.15 是 SBS 嵌段共聚物随组成变化的电子显微镜照片。含量较多的链段通常处于连续相,

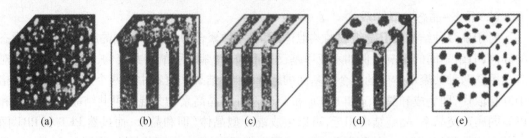

图 8.14 嵌段共聚物相态结构和嵌段含量的关系
(a) B 组分以球粒分散于 A 基体中；(b) B 组分以棒形分散于 A 基体中；
(c) A,B 两组分形成交错层状结构；(d)(e) A 组分以棒形和球粒分散在 B 基体中

含量较少的链段为分散相。当 PB 质量分数 <25% 时，PB 嵌段以球形颗粒分散于 PS 基体中；当 PB 质量分数增加到 25%～35% 时，PB 转变为棒状微区分散于 PS 基体中；当 PB 含量进一步增加到与 PS 接近时 (40%～60%)，则两相成为交替排列的层状结构；当 PB 含量再提高，PB 转变为连续相，PS 为分散相。接枝共聚物的主链和支链相对含量改变，其相态结构也会出现类似的 5 种形态。

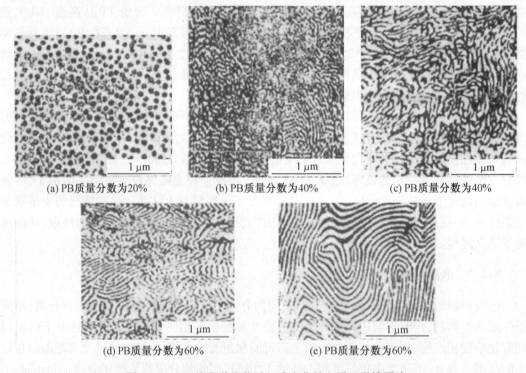

(a) PB 质量分数为 20%　　(b) PB 质量分数为 40%　　(c) PB 质量分数为 40%

(d) PB 质量分数为 60%　　(e) PB 质量分数为 60%

图 8.15 SBS 嵌段共聚物随组成变化的电子显微镜照片

SBS 试样的超薄切片经长时间退火后进行电子显微镜观察，发现其微区的排列具有高度的规整性，表现出长程有序的特征，具有类似于结晶高聚物晶型的排列方式，如正方形、矩形、六方形等。

嵌段共聚物微区的长程有序性不仅存在于共聚物本体中，而且在一定浓度的溶液中也是普遍存在的。应用小角 X 射线法研究 SB 嵌段共聚物的结果表明，在溶液中不仅 PS 和 PB 嵌段间形成了胶束结构，而且球形胶束间呈简单立方晶格或体心立方晶格的规整排列。

接枝共聚物也会发生相分离,分散相的大小、分布及形状与接枝物的支链的长度和分布密度密切相关。例如,PP-g-PU 共聚物在冷却凝聚过程中,结晶和微相分离过程同时进行并相互作用。在接枝物的结晶过程中,合适尺寸的 PU 链聚集相可以起到异相成核作用,诱发 PP 链段在其表面规整排列并结晶,而较大尺寸的 PU 颗粒则阻碍了 PP 的结晶过程。另外,根据聚合物结晶过程异质排斥原理,PU 支链在 PP 的结晶过程中将被排斥于晶区之外,因此 PU 主要位于 PP 的无定形区。在微相分离过程中,由于表面张力等原因,PU 链发生卷曲或聚集,形成球形微粒,与 PP 相发生分离;但由于 PP 与 PU 之间由共价键连接,PU 微相易受 PP 主链的牵制等影响而难以凝聚成更大的相区,因此 PU 分散相的粒径较小,粒子分布较为均匀,两相表现出较好的相容性。同时,PP 主链中少部分与 PU 支链接枝点相近的链段可能会因被 PU 相所包埋,而形成 PP 微粒被 PU 相包裹的结构。另一方面,PU 支链由于与主链共价连接,PU 相内部的 PU 组分不能结晶,但由于 PU 链本身的化学结构特性,PU 分散相内部又可出现软、硬段的分离,自身也发生微相分离,从而使共聚物的微相分离结构表现为多微相区的特殊结构。

2. 影响微相分离结构的因素

尽管理论上讲,嵌段共聚物的微相分离结构决定于两相之间的热力学特性,但制备溶剂、电场、应力场及基体对微相分离都有一定程度上的影响,可以通过这些条件的控制来控制最终共聚物的微相分离结构,另外嵌段相对分子质量对共聚物的微区的结构和形貌也有影响。

(1)溶剂的影响。

溶剂的物理性质,如它对高分子链段的选择性、成膜时的蒸发诱导以及溶剂退火等都对嵌段共聚物自组装微观结构的形成有着直接的影响。用不同溶剂制得嵌段共聚物的浇铸薄膜,它们的微相分离结构可以不同,溶液与熔融状态所得的形态也会有差别。用甲苯、甲乙酮、环己烷、四氯化碳分别制备 PS/PI (40/60) 嵌段共聚物的溶液,用这些溶液浇铸成薄膜,所得电子显微镜图形有很大差别。这是由于不同溶剂对共聚物嵌段的溶解能力不同所致,甲苯对 PS 和 PI 嵌段都能溶解,所以能形成 S-I 交错层状结构(图 8.16)。而甲乙酮对 PS 嵌段具有溶解性,对 PI 嵌段不溶解,故能使 PS 相(质量分数为 40%)呈现连续性。而当采用四氯化烷和环己烷时,情况则完全相反,只溶解 PI,而不溶解 PS,由这两种溶液浇铸成的薄膜,其 PS 嵌段是分散相(图 8.17)。

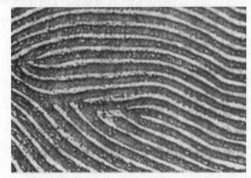

图 8.16 用甲苯做溶剂的 PS-PI 浇铸膜电子显微镜照片

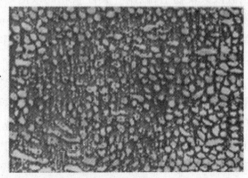

图 8.17 用环己烷做溶剂的 PS-PI 浇铸膜电子显微镜照片

对于半结晶性嵌段共聚物，不仅溶剂可以诱导微观分相，得到有序结构，而且结晶性嵌段的结晶行为对结构也有重要影响。Huang 等人将 PS-b-PAA 与 PS-b-聚-2-乙烯基吡啶（P2VP）-b-PEO 混合，在溶剂中形成球形胶束，其中 PAA 和 P2VP 可在溶剂中形成氢键，共同组成胶束的核，通过溶剂蒸发能诱导核外 PEO 链段的结晶过程，进而影响其形貌的变化。Russell 等人利用溶剂蒸发诱导 PS-PEO 及其与均聚物的共混物，得到了高度规整排布、柱状形貌的嵌段共聚物薄膜。最近，他们利用三嵌段 PEO-b-PMMA-b-PS 共聚物得到了高度规整、无缺陷且具有柱状纳米级孔径的薄膜。

结晶性溶剂对诱导嵌段共聚物薄膜微观分相同样具有重要的影响。Thomas 等人将半结晶性的 PS-b-PE 嵌段共聚物溶解在苯甲酸中，置于玻璃基底上，通过降低温度使溶剂发生方向性固化，先得到一层晶体基底，再降低温度，嵌段共聚物就在此基底上伴随溶剂的方向性凝固发生结晶。如果用无定形的嵌段共聚物 PS-b-PMMA 或 PS-b-PI 代替半结晶性的嵌段共聚物，溶剂的方向性凝固会使高分子的界面与溶剂晶体的生长方向平行排布，从而得到层状和柱状的有序结构。

共聚物的形态不仅受溶剂类型的影响，而且溶液浓度不同，制成的薄膜结构形态也有细微区别。

(2) 电场诱导的影响。

嵌段共聚物的微观相分离也会受外电场的诱导作用，电场可以诱导嵌段共聚物层状与柱状微观分相的取向，对体相和薄膜中的嵌段共聚物都适用。Amundson 等人首先成功地通过施加外加电场以诱导嵌段共聚物熔体分相和取向，得到层状和柱状的微观分相，并克服了基底诱导，使平行取向的分相结构转为垂直取向。在薄膜中，外加电场同样也可以诱导嵌段共聚物得到平行或垂直基底取向的微观分相。Russell 等人在制得具有规整排布的嵌段共聚物分相结构之外，还通过一系列实验研究了如何应用两种外场的组合控制诱导嵌段共聚物分相得到三维有序结构，此外，嵌段共聚物的初始状态、电场极限强度、基底作用强度、膜的厚度对嵌段共聚物微观分离及取向都有不同程度的影响，成为近年来嵌段共聚物微相结构分离的研究热点。

除了电场之外，剪切场也可以控制嵌段共聚物微观分相的有序排布。Keller 等人首先提出用剪切场控制嵌段共聚物微观相分离，他们将熔体挤出应用于已经发生微观相分离的三嵌段共聚物上，以诱导其柱状相的取向。在两块平行板之间实现振动剪切则可用于控制膜厚、剪切率以及应变幅度。Albalak 和 Thomas 等人采用滚动铸造技术，将剪切诱导应用于膜的制备，得到层状、柱状、球状和双连续相等结构。

(3) 特殊基底控制。

嵌段共聚物在未经修饰的常规基底上总是由于某一组分对界面的优先浸润而容易得到平行基底取向的层状或柱状微观分相，但这种取向的层状嵌段共聚物在纳米制备技术上没有特别的应用潜力，反而是垂直取向的微观分相结构有着更好的应用背景，所以许多研究的重心都放在控制各种分相结构的重新取向上，对基底进行改变和修饰是目前研究的热点之一。

当基底对嵌段共聚物的各个嵌段都无优先吸引时，嵌段共聚物有可能得到垂直取向的微观相结构。要改变基底对高分子链段的吸引，可以从改变基底的表面张力入手，直接选用特殊的流体基底，并将嵌段共聚物溶液或熔体铺展于上面。为了有利于高分子在流体上的铺展,选择具有合适的表面张力或对高分子有吸引的流体作为基底,就有可能得到有序取向的嵌段共聚物薄膜。Mansky 等人曾尝试在水面上铸膜,实验证明可得到垂直基底取向的柱状微观分相,但是他们认为由于流体动力学、蒸发以及成膜时嵌段共聚物的自组装等因素过于复杂,难以进行可靠的控制,不利于未来应用。Han 等人在 Gemini 表面活性剂溶液上铸膜,同样得到了垂直于空气/高分子表面取向的柱状微观分相,并可通过改变表面活性剂来达到控制嵌段共聚物有序微观分相的目的。

运用特殊基底以控制嵌段共聚物分相的另一热点是利用模板控制嵌段共聚物的自组装行为。例如,利用半结晶性的嵌段共聚物在结晶性模板上的外延附生、在经化学修饰图案或地形模板上的异质外延、图形外延可以有效控制嵌段共聚物的自然自组装行为,得到高度有序的球状、垂直取向的层状、平行或垂直取向的柱状微观分相,甚至可以改变微观分相的排布方式,改变自然的六边形排列柱状相而得到四方形排列的垂直柱状相结构。另外,将嵌段共聚物置于非平面的几何限制的模板中,如管状或球形结构,同样可以得到同轴、同心的层状或柱状有序结构。

(4) 嵌段相对分子质量的影响。

微区的尺寸决定于形成微区的嵌段相对分子质量,这已经被电子显微镜和 X 射线的研究所证实。嵌段共聚物的结构特点决定了微区的尺寸必然要和嵌段链尺寸相适应,因为微区中的分子是由共聚物中相邻近的同种链段所构成。例如 A-B 型共聚物,A 和 B 嵌段的连接点必然分布在两相的界面,若微区尺寸比嵌段 B 尺寸大得多,则嵌段 B 不可能伸展至微区的中心部分,微区中的分子链分布必将不均匀,即中心部分分子链密度远低于微区边缘部分,这种分布是热力学不稳定状态,因而是不可能出现的;若微区尺寸相对于嵌段 B 尺寸太小,则嵌段 B 在这样的小微区内不能采取自由的无规线团分布,必然导致熵的减少和自由能的增加,这也与热力学原理相违背。因此,由 B 嵌段构成的微区,其尺寸必然与嵌段 B 本身的尺寸相适应,近年来的研究结果证实,微区尺寸与构成该微区的链段相对分子质量 $M^{2/3}$ 成正比。

因此,嵌段共聚物微观有序相形态具有良好的可调控性及相对容易的制备方法,通过改变嵌段共聚物的组成、链长、施加外场或改变制备方法等可以使嵌段共聚物通过自组装产生各种高度有序的图案。嵌段共聚物的自组装技术作为一种很有潜力的自下而上的有序结构组装方法,近 20 年来已成为纳米制备技术领域的热点之一。

8.2.4 界面层的结构和特性

在不相容的聚合物合金体系中,除了各自独立的相区之外,在两相之间还存在相界面。相界面是指两相(或多相)共混体系相与相之间的界面。界面相的组成、结构与独立的相区有所不同,聚合物合金的相界面对合金的性能有着极为重要的影响,譬如界面结合的强度会直接影响合金体系的力学性能。

1. 相界面的形态

聚合物共混物中两相之间的界面如果分得非常清楚,两相中的分子或链段互不渗透,相间的作用力必然很弱,这样的体系必然不会有好的强度。因此改善界面状况,形成一定宽度的界面相(界面层)是至关重要的。力学相容的共混物在界面层内两相的分子链共存,两种聚合物分子链段在这里互相扩散、渗透,形成相间的过渡区,它对稳定两相结构的形态,提高相间界面黏结力,进而提高共混物材料的力学性能起着很大作用。

机械共混物中两种大分子链段在界面互相扩散的程度主要取决于两种聚合物的溶度参数、界面张力和相对分子质量等因素,溶度参数相近,两种分子容易相互扩散,界面层较宽;完全不相容的共混体系,不会形成界面层。两种聚合物的表面张力接近,界面张力小,有利于两相聚合物分子相互湿润和扩散。聚合物共混合金的界面层的形成与性质:两种聚合物共混时,共混体系存在3个区域结构,即两聚合物各自独立的区域以及两聚合物之间形成的过渡区。这个过渡区称为界面层,界面层的结构与性质在一定程度上反映了共混聚合物之间的相容程度和相间的黏合强度;对共混物的性能起着很大的作用。共混物中两种聚合物之间相互扩散如图 8.18 所示,两种分子链段在界面层充分接触,相互渗透,以次价力相互作用,形成较强的界面黏结力。

界面层的结构组成和独立相区有一定差别。表现为:①两种分子链的分布是不均匀的,从相区内到界面形成一浓度梯度;②分子链比各自相区内排列松散,因而密度稍低于两相聚合物的平均密度;③界面层内往往易聚集更多的表面活性剂及其他添加剂等杂质,相对分子质量较低的聚合物分子也容易向界面层迁移。这种表面活性剂等低相对分子质量物越多,界面层越稳定,但对界面黏结强度不利。

界面层宽度一般用界面层体积分数表示为

$\Phi_{界}$ = 界面层体积/试样总体积

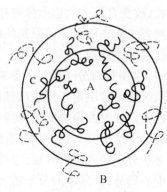

图 8.18 共混物中两种聚合物之间相互扩散

A—分散相;B—连续相;C—界面层

完全相容的体系 $\Phi_{界}=1$,完全不相容体系 $\Phi_{界}=0$,在分散相含量一定的情况下,微区尺寸越小,$\Phi_{界}$ 越大。每个微区的周围都有一个界面层,不同的共混体系界面层宽度不同,大概在几十 nm 范围,两组分的相容性越好,界面层宽度越大,界面越弥散。对于机械共混体系,当微区尺寸为 1 μm 左右时,$\Phi_{界}=0.2$ 左右较为适宜。

嵌段共聚物产生微相分离结构,两相之间同样存在界面层,和一般共混体系不同的是在界面层内两种嵌段是化学键联结,其结点都存在于界面层中。当嵌段共聚物两嵌段相对含量恒定的情况下,界面层的体积分数主要决定于两嵌段的相容程度,具体来说和两嵌段的溶度参数之差 $(\delta_A-\delta_B)$ 及共聚物的相对分子质量 (M) 有关,其关系式为

$$\Phi_{界} = K/M(\delta_A-\delta_B)^2$$

嵌段共聚物界面层的形态随微区的形态而改变,当微区是球状分布,界面层是球壳状;当微区是柱状分布,界面层是柱壳状;当两相为层状交错结构,界面层也是层状的。

2. 相界面的效应

在两相共混体系中,由于分散相颗粒的粒径很小(通常为 μm 数量级),具有很大的比表面积。分散相颗粒的表面,亦可看作是两相的相界面。相界面可以产生多种效应。

(1)力的传递效应。

在共混材料受到外力作用时,相界面可以起到力的传递效应。譬如,当材料受到外力作用时,作用于连续相的外力会通过相界面传递给分散相;分散相颗粒受力后发生变形,又会通过界面将力传递给连续相。为实现力的传递,要求两相之间具有良好的界面结合。

(2) 光学效应。

利用两相体系相界面的光学效应,可以制备具有特殊光学性能的材料。譬如将 PS 与 PMMA 共混,可以制备具有珍珠光泽的材料。

(3) 诱导效应。

相界面还具有诱导效应,譬如诱导结晶。在某些以结晶高聚物为基体的共混体系中,适当的分散相组分可以通过界面效应产生诱导结晶的作用。通过诱导结晶,可形成微小的晶体,避免形成大的球晶,对提高材料的性能具有重要作用。相界面的效应还有许多,譬如声学、电学、热学效应等。

3. 界面自由能与共混过程的动态平衡

在相界面的研究中,界面能是一个重要的参数。众所周知,液体具有收缩表面的倾向,亦即具有表面张力。聚合物作为一种固体,其表面虽然不能像液体那样自由地改变形状,但固体表面的分子也处于不饱和的力场之中,因而也具有表面自由能。固体表面对液体的浸润和对气体的吸附,都是固体表面具有表面自由能的证据。

在两相体系的两组分之间,亦具有界面自由能。以熔融共混为例,聚合物在共混过程中经历两个过程,第一步是两相之间相互接触,第二步是两聚合物大分子链段之间的相互扩散。这种大分子链相互扩散的过程也就是两相界面层形成的过程。

聚合物大分子链段的相互扩散存在两种情况。若两种聚合物大分子具有相近的活动性,则两大分子链段以相近的速度相互扩散。若两大分子的活动性相差悬殊,则发生单向扩散。两聚合物大分子链段的相互扩散过程中,在相界面之间产生明显的浓度梯度。如 PA 与 PP 共混时,由于扩散的作用,以 PA6 相来讲,在 PA6 相界处,PA6 的浓度呈逐渐减小的变化趋势,PP 相界处的浓度变化亦逐渐变小,最终形成 PA6 和 PP 共存区域,这个区域就是界面层。

在共混过程中,分散相组分是在外力作用之下逐渐被分散破碎的。当分散相组分破碎时,其比表面积增大,界面能相应增加。反之,若分散相粒子相互碰撞而凝聚,则可使界面能下降。换而言之,分散相组分的破碎过程是需在外力作用下进行的,而分散相粒子的凝聚则是可以自发进行的。因此,在共混过程中,就同时存在着"破碎"与"凝聚"这样两个互逆的过程,如图 8.19 所示。

图 8.19 "破碎"与"凝聚"过程示意图

在共混过程初期,破碎过程占主导地位。随着破碎过程的进行,分散相粒子粒径变小,粒子的数量增多,粒子之间相互碰撞而发生凝聚的概率就会增加,导致凝聚过程的速度增加。当凝聚过程与破碎过程的速度相等时,就可以达到一个动态平衡。在达到动态平衡时,分散相粒子的粒径也达到一个平衡值,这一平衡值称为"平衡粒径"。平衡粒径是共混理论中的一个重要概念。

共混物两相之间的表面自由能,与共混过程及共混物的形态都有关系。但受到研究方法的制约,直接研究共混物两相之间的界面自由能尚有困难。因而,主要采用了研究单一共混组分表面自由能的方法,进行间接的研究。

聚合物的表面自由能与聚合物之间的相容性有一定关系,测定聚合物的表面自由能数据,对研究聚合物之间的相容性具有一定的意义。此外,表面自由能的测定在聚合物填充体系、聚合物基复合材料的研究中亦有重要作用。在聚合物的黏合与涂覆中,表面自由能也是重要的参数。以黏合为例,良好的黏合的前提是黏合剂要在聚合物表面浸润,这就与聚合物的表面自由能有关。

聚合物表面自由能的数据,对于共混改性的研究有一定意义。两种聚合物若表面自由能相近时,在共混过程中,两种聚合物熔体之间就易于形成一种类似于相互浸润的情况,进而,两种聚合物的链段就会倾向于在界面处相互扩散。这不仅有利于一种聚合物在另一种聚合物中的分散,而且可使共混物具有良好的界面结合。

8.3 聚合物合金的流变性

聚合物熔体的流变行为直接影响制品的某些力学性能和表观质量。同时,流变行为又是确定聚合物成型工艺的主要依据。聚合物合金的流变行为与一般聚合物熔体基本相似,显示非牛顿流体行为,具有明显的弹性效应。但是,由于共混物中存在两相结构,它们之间的相互作用、相互影响,又使共混物的流变行为显示出自身的一些特点。

8.3.1 影响熔体黏度的因素

影响"海—岛"结构两相体系熔体黏度的因素很复杂,除了连续相和分散相的黏度、两相的配比以外,两相体系的形态、界面相互作用、剪切应力、剪切速率等因素都对聚合物合金体系的熔体黏度有很大的影响。

1. 共混物组成的影响

共混物熔体黏度与组成之间的关系非常复杂,不同的共混体系显示出的行为有很大差异,很难用数学关系式准确地反映黏度与组成之间的关系。现有的一些近似公式都具有一定的局限性。例如,Lin 提出的公式为

$$\frac{1}{\eta} = \beta(\omega_a/\eta_a + \omega_b/\eta_b) \tag{8.1}$$

式中 ω_a, ω_b——两种组分的质量分数;

β——修正因子,与流动时所受到的剪切应力和组分间的相互作用有关。

对于两组分弹性都较小的共混物,如 PP/PS 体系,熔体黏度与组成间的关系基本与式(8.1)相符,如图 8.20 曲线所示。而当聚合物共混体系中有一种组分的弹性较大时,则不能用式(8.1)来描述。总的来说,共混物熔体黏度与组成之间既不服从线性加和性,又不具有一定的变化规律。

对橡胶增韧塑料的体系,通常情况下,由于橡胶颗粒的存在,体系黏度显著增大。但体系的黏度与共混体系各组分的相容性有关。例如,在聚苯醚与 SEBS 及 SEBS-g-MA 共混体系中,纯 PPO,SEBS 及其共混物所有样品均呈现典型的非牛顿流体的流变行为。纯 PP 的表观黏度在 $10 \sim 10^4 \text{ s}^{-1}$ 剪切速率范围内均远低于 SEBS;PPO 与 SEBS 共混后,共混物熔体的表观黏度显著增加,且 SEBS 含量越高,黏度越大。出现上述现象的原因有两个:①PPO 与

SEBS 中的 PS 链段完全相容,两相间有强烈的相互作用,这种强的相互作用增大了 PPO 熔体的流动阻力,表现为共混物的表观黏度增加;②SEBS 弹性体本身熔体的表观黏度就远高于 PPO,因此,共混物中 SEBS 的存在也增大了 PPO 的流动阻力。但是 PPO 与 SEBS-g-MA 共混后,其表观黏度下降,且变化趋势与 PPO/SEBS 体系相反,随 SEBS-g-MA 含量的增加,共混物的表观黏度下降。PPO/SEBS-g-MA 共混物的表观黏度同样受两个因素制约:①PPO 与 SEBS-g-MA 是部分相容体系,表明两者之间具有弱的相互作用,这种弱的相互作用使 PPO 的黏度趋于增加;②

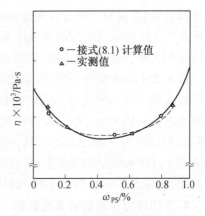

图 8.20　PP/PS 熔体黏度与组成的关系

SEBS-g-MA 本身的熔体黏度远远低于 PPO,这有利于降低 PPO 熔体的黏度,且这种降黏作用强于前者的增黏作用。

嵌段共聚物的熔体黏度与机械共混物的不同。在嵌段共聚物中,两相之间由化学键连接,因而聚合物流动过程对分散相结构形态的破坏更严重,造成熔体黏度显著高于均聚物。嵌段共聚物 SBS 的黏度都高于单组分的 PB 和 PS,并且当 S/B 分子链接近时,熔体黏度最高,表明这时微区破坏所需的能量最高。

嵌段共聚物的熔体黏度与共聚物的化学结构有很大关系。例如,星型热塑性弹性体 SBS 比线型 SBS 的熔体黏度低,嵌段结构越是多臂化,流动性越好。这是由于星型结构的 SBS 熔体的分子链更倾向于星球团状形态,分子尺寸较线型结构的小,有助于流动。把 SBS 溶于溶剂中形成溶液,其溶液黏度也有类似的结果,四臂嵌段共聚物比相同相对分子质量的线型 SBS 黏度低得多。因此,星型结构共聚物对成型加工是极为有利的,用它来改善其他共混体系黏度有着很好的效果。

已研究的共混体系组分含量与熔体黏度的关系类型,包括如图 8.21 所示的类型。

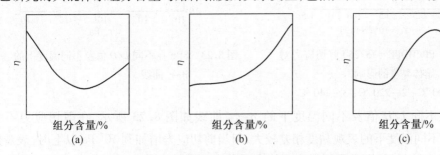

图 8.21　共混体系组分含量与熔体黏度的关系类型

图 8.21(a) 所示的类型,共混物的熔体黏度比两种纯组分的黏度都小。且在某一组分中少量加入第二组分后,熔体黏度就明显下降。熔体黏度—组分含量曲线有一极小值。这样的情况在两相共混体系中颇为普遍。

对于在某一聚合物中少量加入第二组分后使熔体黏度明显下降这一现象,目前尚无一致的解释。有学者认为,这是由于第二组分的加入改变了主体聚合物熔体的超分子结构所致。

图 8.21(b) 所示的类型,在低黏度组分含量较高时,共混物的熔体黏度与低黏度组分的

黏度接近；而在高黏度组分含量较高时，共混物的熔体黏度随高黏度组分含量明显上升。符合图 8.21(b) 所示的类型的共混体系也是较多的。譬如，PMMA/PS 共混体系熔体黏度与组分含量的关系，在低剪切速率(剪切速率小于 $10\ s^{-1}$)符合 8.21(b) 所示的类型。

图 8.21(c) 所示的类型，共混物熔体黏度在某一配比范围内会高于单一组分的黏度，且有一极大值。PE/PS 共混体系熔体黏度与组成的关系符合图 8.21(c) 所示的类型，共混物熔体黏度有一极大值。熔体黏度出现极大值的原因，据分析是由于共混物熔体为互锁状的交织结构(即"海—海"结构)所致。互锁结构增加了流动阻力，使共混物熔体黏度增大。在图 8.21(c) 所示类型的曲线上，共混物熔体黏度还有一个极小值：在低黏度组分占主体的这一区间，表现出了图 8.21(a) 类型的特征。

2. 剪切应力和剪切速率的影响

共混物熔体与一般聚合物熔体一样，多数为假塑性流体，剪切速率或剪切应力增加时，体系的熔体黏度下降。图 8.22 是 PS/HDPE(75/25) 剪切应力对熔体黏度的影响。在 200 ℃，220 ℃，240 ℃ 条件下，共混物的对数黏度均随剪切应力升高呈线性下降，但是共混物熔体的 η-τ_w 关系并非两种纯聚合物的 η-τ_w 关系的线性组合，而是不同类型显示不同的变化特点。大致表现出 3 种类型，共混物熔体黏度有些介于两种纯聚合物之间，有些则高于或低于两种聚合物的黏度。

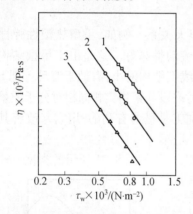
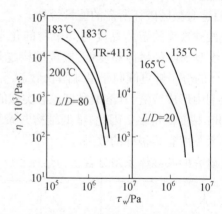

图 8.22　PP/HDPE(75/25) 剪切应力对熔体黏度的影响
1—200 ℃；2—220 ℃；3—240 ℃

图 8.23　SBS 在不同 L/D 值及不同温度下的 η-τ_w 曲线

SBS 在不同 L/D 值及不同温度下的 η-τ_w 曲线如图 8.23 所示，在剪切应力不大时($<10^4$ Pa)，不同温度下的表观黏度相差较大，但当剪切应力增加到 10^5 Pa 以上时，表观黏度不仅下降几个数量级，而且不同温度下的表观黏度相差越来越小。因此加工 SBS 热塑性弹性体时，增加外力对降低体系的黏度非常有效。在不同的 L/D(长径比)测试条件下，剪切应力对表观黏度的影响不同，L/D 较小时，不同温度下的 η-τ_w 曲线差别较大；而在 L/D 较大时，温度影响变得较小。

3. 剪切速率与共混物组成的综合影响

剪切速率与共混物组成对熔体黏度可产生综合影响。例如，ABS/PC 共混体系，在较低剪切速率(剪切速率为 $100\ s^{-1}$)条件下，符合图 8.21(b) 所示的类型；而在较高剪切速率(剪切速率为 $1\ 000\ s^{-1}$)条件下，符合图 8.21(a) 所示的类型。在 ABS/PC 共混体系中，ABS 的熔体黏度是明显低于 PC 的熔体黏度。PMMA/PS 共混体系熔体黏度与组分含量、剪切速率的关系,如前所述,具有和 ABS/PC 相似的情况。

PP/ABS 共混体系熔体黏度与组分含量的关系,在不同剪切应力的条件下,也会发生明显的变化(图 8.24)。该体系熔体黏度与组分含量的关系为图 8.21(c)所示的类型。随剪切应力增大,极大值与极小值的差别减小。

由于剪切速率与共混物组成对熔体黏度具有综合影响,所以在研究共混物组成与熔体黏度的关系时,通常应测定不同剪切速率下的数据,以全面了解其变化规律。

此外,共混物在挤出和注塑成型时,要经受很高的压力。因而,压力与共混物熔体黏度的关系也应给予关注。

4. 温度的影响

在接近流动温度(T_f)时,共混物的表观黏度与温度的关系不再遵从 WLF 方程。T_f 以下一般用类似于 Arrhenius 方程的指数式表示,即

$$\eta_a = A e^{\Delta E/RT}$$

式中　ΔE——流动活化能;
　　　A——常数;
　　　T——热力学温度。

此时 $\lg \eta_a$-$1/T$ 作图是一条直线,当两相间有相互作用,例如,SBS 嵌段共聚物两相间是化学键连接,$\lg \eta_a$-$1/T$ 不再是一根直线,如图 8.25 所示。SBS 的曲线分成了两段,在不同的温度范围内有不同的流动活化能,在温度较高时,活化能 $E_2 = 10.4$ kJ/mol;在温度较低时,活化能 $E_1 = 28.45$ kJ/mol。这是由于在温度较高时,两种嵌段都能顺利地流动,流动活化能较小。在温度较低时,PS 嵌段运动受阻,而且对 PB 嵌段有牵制作用,使流动阻力增大,因而活化能较大。

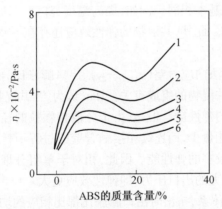

图 8.24　PP/ABS 共混体系熔体黏度与组分含量、剪切应力的关系
　　　剪切应力 τ (N/m^2):1—5.77×10^4;2—7.21×10^4;3—8.65×10^4;4—1.01×10^5;5—1.15×10^5;6—1.29×10^5

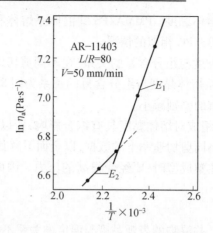

图 8.25 SBS $\lg \eta_a$-$1/T$ 关系图

5. 相对分子质量的影响

大量的实验事实说明，嵌段共聚物熔体黏度对分子量的敏感性比一般聚合物更大，例如，SBS 热塑性弹性体相对分子质量和熔体黏度的关系为

$$\eta = KM^{5.5}$$

而一般均聚物 $\eta = KM^{3.5}$，嵌段共聚物 η 对 M 之所以具有更大的敏感性，与熔体中存在两相结构有关，特别当相对分子质量较大时，PS 微区更不易运动，因而使 SBS 相对分子质量对熔体黏度的影响显得更大。

8.3.2 熔体的弹性效应

和一般聚合物熔体一样，共混物熔体在流动过程存在弹性效应，各种因素对弹性效应的影响也和一般聚合物的情况基本相同。例如，提高温度、降低剪切速率、减小相对分子质量都可以减小弹性效应的程度。此外，共混物的弹性效应还存在一些自身的特点，熔体弹性与组成密切相关。

熔体弹性效应通常可用法向应力差$(\tau_{11} - \tau_{22})$、出口膨胀比、出口压力$(P_{出})$、可恢复剪切形变等来表征，它们均与共混物的组成有关。Han 认为，当共混物熔体进入毛细管时会发生形变，储存一部分可恢复的弹性能。但是，由于分散相颗粒的径向迁移作用，分散相流动过程很少接触管壁，消耗的能量少，而连续相接触管壁的过程消耗的能量多，在流动过程消耗的能量少，相对地储存着较多的弹性能。因此，相对于单组分聚合物体系，含有可形变的珠滴状形态的共混体具有较大的出口压力，即弹性效应更大。

但常见的 HIPS，ABS 等体系，挤出时出口膨胀比都比相应的均聚物小，而且随橡胶含量的增加而减小。嵌段共聚物熔体的弹性效应也低于相应的均聚物，这都是两相结构相互作用的结果。例如，在二氮杂萘酮结构的类双酚单体(DHPZ)、对苯二酚(摩尔比1∶1)和4,4-二氟二苯酮进行三元共聚而得到的新型聚芳醚酮 HQ-PPEK/PC 共混物体系中，随着共混物中 PC 质量分数的增加，表征熔体黏弹性的挤出物胀大比 D/D_0 呈反 S 形，少量 PC 的混入对胀大比变化不是很明显，但当 PC 质量分数超过 20% 时，胀大比急剧减小，后又趋于平缓，这主要是因为随着 PC 质量分数增加，共混物中的连续相由 HQ-PPEK 向 PC 转化，而 D/D_0 主要取决于连续相的性能，由于重力的牵引拉伸，表观黏度又比较小时，出现了在 PC 质量分数大于60%时胀大比小于1的情况。

8.3.3 熔体流动过程分散相颗粒的变形和取向

含有可变形颗粒的两相体系,流动过程分散相颗粒在剪切力作用下,会发生形变、旋转、取向甚至破碎等现象,这些现象可根据悬浮体系流变学进行解释。

悬浮于连续相中的液滴(如黏流状态的橡胶粒子)在切应力的作用下,在与剪切平面成45°的方向上,液滴被拉长,与其相垂直的方向上液滴收缩,因此流动过程的液滴变成一个长轴与流动方向成45°左右的椭圆。当剪切速率很高时,取向角口由45°会转变为接近流动方向,剪切速率进一步提高时,液滴还会发生破碎。对橡胶增韧塑料的共混物,未交联的橡胶颗粒在流动过程受到强剪切作用时,通常都将发生上述的变形、破碎现象,导致橡胶粒子的尺寸减小。如果橡胶颗粒是交联结构,只发生形变,但不会破裂为更小的粒子。橡胶粒子在流动过程中的变形对共混物加工有重要影响,因为变形后的橡胶颗粒形态有可能部分地保留在注射制品中,特别当表面部分受到急冷时,其分子被冻结在熔体的变形、取向状态。结果使注射制品由中心到表层,橡胶粒子形成明显的3层形态不同的区域。HIPS 注射模制品中橡胶颗粒取向的情况如图8.26。

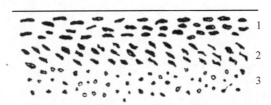

图 8.26　HIPS 注射模制品中橡胶颗粒取向的情况
1—表面层;2—剪切层;3—中心层

在表层区胶粒呈椭圆形,并在流动方向上取向;中心区胶粒基本上仍为球形;介于中心区和表层区之间的区域为剪切区,椭圆形胶粒长轴与流动方向成一定的角度。中心层胶粒由于两方面原因基本上不发生变形。其一,远离模壁,出模后冷却缓慢,有较长时间可使弹性形变松弛、恢复;其二,远离模壁受到的剪切作用较小,胶粒的变形也小。

对于注射制品,表层中的分子取向是影响材料性能的一个重要因素。测试时试样沿取向方向受力,测试强度提高,而垂直于取向方向的测试强度将大大降低。注射制品的表面质量受橡胶粒子的影响也较大,制品的光泽取决于胶粒形变过程扰动模制品表层的程度,胶粒尺寸小,形变恢复快,对表层光泽的影响小,制品光泽度就高。HIPS 中的胶粒尺寸比 ABS 大,表面光泽就不如 ABS 好。此外,增加模腔中的压力可明显改善表面光泽,减小因物料中挥发性气体逸出而导致的表面不平整程度。

对挤出成型的制品,上述熔体中胶粒取向情况相对小些(图8.27),这是因为:①挤出成型熔体受到的剪切速度相对较低,引起的胶粒变形不是很严重;②挤出成型模口温度较高,冷却过程缓慢,有较充裕的松弛过程。橡胶颗粒的存在对挤出制品的表观质量也有影响。挤出物料离开模口,由于温度较高,胶粒容易进行弹性变形和松弛,使胶粒解取向,结果使制品表面呈现一定程度的波浪状而失去光泽,胶粒越大,表面光泽越差。为克服表面光泽差的问题,通过提高剪切速率来增加橡胶颗粒的径向迁移作用,减小橡胶颗粒在表面层的浓度,对改善制品的表面光泽度有一定作用,但这样做的结果可能导致制品表面韧性的降低。

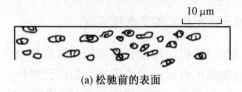
(a) 松驰前的表面

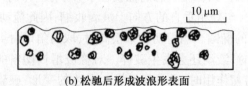
(b) 松驰后形成波浪形表面

图 8.27　HIPS 挤出制品波浪形表面形成机理

第9章 聚合物基复合材料的成型

9.1 概述

目前材料的划分主要分为3大类:金属材料、无机非金属材料和有机高分子材料,也有人把复合材料列入第4大材料。复合材料的定义有很多种,其中《材料科学技术百科全书》的定义为:复合材料是由有机高分子、无机非金属或金属等几类不同材料通过复合工艺组合而成的新型材料。它既保留原组成材料的重要特色,又通过复合效应获得原组分所不具备的性能。可以通过材料设计使各组分的性能互相补充并彼此关联,从而获得更优秀的性能,与一般材料的简单混合有本质区别。一句话概括就是复合材料能够取长补短、起到协同作用、产生原来单一材料本身所没有的新性能。

9.1.1 复合材料的特点

复合材料既保持了原材料的主要特点,又往往具备原材料所没有的新的特性。通过材料的复合作用,可以对很多性能如强度、刚度、硬度、耐蚀、耐磨性、外观、耐高低温性、减振性、导热或绝热性等进行改善。复合后材料的性能主要取决于原材料的种类、形态、比例、配置及复合工艺条件等,因此可以人为来控制这些因素,获得不同性能的复合材料。所以说复合材料是一类性能可以设计的新型材料。复合材料的特点如下:

(1)复合材料是由两种或两种以上不同性能的材料组分通过宏观或微观复合形成的一种新型材料,组分之间存在着明显的界面。

(2)复合材料中各组分不但保持各自的固有特性,并赋予单一材料组分所不具备的优良特殊性能。

(3)复合材料具有可设计性,可以根据使用条件要求进行设计和制造,以满足各种特殊用途,从而极大地提高工程结构的效能。

9.1.2 复合材料的组成

复合材料是两种或两种以上不同材料的复合。复合材料的构成如图9.1所示,其中起主要作用的称为基体材料,另外一相为增强材料,也称为增强剂、增强相等。基体材料构成了复合材料的连续相,把增强材料黏合在一起,载荷在增强材料间传递,并使载荷均匀。增强材料是分散相,以独立的形态分布在整个基体中,显示增强材料的性能。一般为纤维及其编织物,

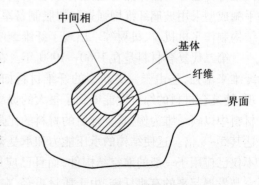

图9.1 复合材料的构成

也可以是颗粒状或弥散的填料。由于基体材料和增强体是物理性能及化学性能不同的材料，因此在基体和增强体之间存在着明显界面。界面是复合材料四要素（基体材料、增强填料、复合技术、界面设计）之一。两相界面的控制与设计对于复合材料的性能有着非常重要的作用。

9.1.3 复合材料分类

按增强材料形态，分为纤维增强复合材料、颗粒增强复合材料、板状增强体、编织复合材料、其他增强体复合材料以及混杂复合材料等。按基体材料，分为聚合物基复合材料、金属基复合材料、无机非金属基复合材料等。

在各种不同的复合材料中，其中聚合物基复合材料应用广泛，其理论及生产工艺也非常成熟。金属基复合材料尚处于开发阶段，用于某些结构件的关键部位。陶瓷基复合材料及功能复合材料等，尚处于研究阶段，有不少科学技术问题有待解决。这里重点介绍聚合物基复合材料。

9.1.4 复合材料的发展历史

近几十年来，材料科学得到了迅猛发展，但是单一材料有时很难满足实际使用的某些要求，因此人们就把两种或两种以上的材料进行复合，以克服单一种材料在使用上的性能弱点，改进原来单一材料的性能，并通过各组分的协同作用，还可以出现原来单一材料所没有的新性能，达到材料综合利用的目的，以提高使用与经济效益。

追溯古代，可以看到许多天然复合材料，例如竹、贝壳等，树木木质素的复合体；动物骨骼是无机磷酸盐和蛋白质胶原复合而成；半坡人利用草梗合泥筑墙，且沿用至今；漆器采用麻纤维和土漆复合而成，至今已4 000多年。近代人类以天然树脂虫胶、沥青作为黏合剂制作层合板；以砂、砾石作为廉价骨料，以水和水泥固结的混凝土材料，在混凝土中加入钢筋、钢纤维之后，提高钢筋混凝土性能。使用合成树脂制作复合材料，始于20世纪初。人们用苯酚与甲醛反应，制成酚醛树脂，再把酚醛树脂与纸、布、木片等复合在一起制成层压制品，具有很好的电绝缘性能及强度。

第一代复合材料是1940—1960年出现的玻璃纤维增强塑料，这是现代复合材料发展的重要标志。玻璃纤维复合材料在1946年开始应用于火箭发动机壳体的研究，20世纪60年代在各种型号的固体火箭上应用取得成功。这期间复合材料的加工工艺也逐渐发展。利用手糊成型采用玻璃纤维增强聚酯树脂制备军用雷达罩，远航飞机油箱材料，采用玻璃钢夹层结构制作飞机机身、机翼等。出现了纤维缠绕成型技术、模压成型技术等。

第二代复合材料是在1960—1980年。在20世纪60~70年代，复合材料不只使用玻璃纤维来增强，还由于一类新型的纤维材料如硼纤维、碳纤维、碳化硅纤维、芳纶纤维等的出现，使复合材料的综合性能得到了很大的提高，并使复合材料的发展进入了新的阶段。这些材料中以碳纤维为例，其复合后的材料的比强度不但超过了玻璃纤维复合材料，而比模量则达其5~8倍。这使结构的承压能力和承受动力负荷能力大为提高。目前碳纤维复合材料不仅已应用于一般的航空结构件，而且已应用于制作主要承力结构件。20世纪70年代研究与发展起来的有机纤维，由于质量更轻，在航空航天工业中也开始受到重视。

第三代复合材料是1980—1990年碳纤维增强金属基复合材料，以铝基复合材料的应用最为广泛。

第四代复合材料是在 1990 年以后,主要发展多功能复合材料,如智能复合材料和梯度功能材料等。对于典型的纤维增强复合材料来说,其性能主要要求是质量轻、强度高、力学性能好;但是作为复合材料的使用不仅仅是限于增强力学性能方面,而是将按照对产品所提出的用途要求,通过复合设计使物料在电绝缘性、化学稳定性、热性能等方面与力学性能一样达到综合性的提高。与此同时,也还要考虑到其生产工艺及成本。

目前,复合材料在工业中的应用和科学研究速度非常快。复合材料的基材已由一般的天然物,如水泥、石灰、砂土、天然树脂等发展成各种合成的热固性树脂、热塑性树脂及特种耐高温的树脂;增强材料也由矿物纤维、金属纤维发展到玻璃纤维、合成纤维,及至目前的新一代特种纤维。但人们并不满足于这一状况,科学家们又在致力于开拓各种增强材料与基体间的组合,如各种增强体与水泥、树脂、金属、陶瓷和碳基材料的复合以满足航天航空、建筑业材料的更新和开发尖端产品的需要,复合材料在国民经济各个领域中的应用将会更加广泛和重要。

复合材料应用领域涉及各个产业部门,其使用是多种多样的,除了在航空航天领域外,在建筑、机械、交通、能源、化工、电子、体育器材及医疗器械等方面的应用也在日益增多,而且作为功能材料的用途也是非常广泛的。随着复合材料及其制品的成型工艺性的不断改进与完善,其成本会逐步降低,应用范围也会进一步扩展。

9.2 聚合物基复合材料及其界面

9.2.1 聚合物基复合材料

聚合物基复合材料的基体主要包括不饱和聚酯树脂、环氧树脂、酚醛树脂等热固性树脂及各种热塑性聚合物等。

不饱和聚酯树脂是制造玻璃纤维复合材料的一种重要树脂。在国外,不饱和聚酯树脂占玻璃纤维复合材料用树脂总量的 80% 以上。该聚合物基体的特点是工艺性良好,室温下即可固化,且固化反应能力高,没有挥发物逸出,常压下可以成型,工艺装置简单。树脂固化后综合性能良好,力学性能不如酚醛树脂或环氧树脂。价格比环氧树脂低得多,只比酚醛树脂略贵一些。不饱和聚酯树脂的缺点是固化时体积收缩率大、耐热性差等。固化后的不饱和聚酯坚硬,不溶不熔,呈褐色半透明状,易燃,不耐氧化,不耐蚀,主要用途是制作玻璃钢材料。由不饱和聚酯制得的玻璃钢主要用作承强结构材料,其比强度接近钢材,因此常用于汽车、造船、航空、建筑、化工等部门。

环氧树脂是 1947 年首先在美国投产的。环氧树脂的种类有双酚 A 型环氧树脂、卤代双酚 A 环氧树脂、有机钛环氧树脂、有机硅环氧树脂,非双酚 A 环氧树脂如甘油环氧树脂、酚醛环氧树脂、三聚氰酸环氧树脂、脂环族环氧树脂等。其中 90% 以上的是由双酚 A 和环氧氯丙烷缩聚而成的环氧树脂。环氧树脂在加热条件下即能固化,无须添加固化剂。酸、碱对固化反应起促进作用。已固化的树脂有良好的压缩性能,良好的耐水、耐化学介质和耐烧蚀性能。由于树脂固化过程中常有小分子析出,故需要在高压下进行,此外固化时体积收缩率大,树脂对纤维的黏附性不够好,断裂延伸率低,脆性大。

酚醛树脂作为复合材料的基体，其优点是比环氧树脂价格便宜，缺点是吸附性不好、收缩率高、成型压力高、制品空隙含量高等。酚醛树脂作为复合材料的基体也有许多应用。主要应用于粉状模压塑料、短纤维增强塑料，少量用于玻璃纤维复合材料、耐烧蚀材料等，很少使用在碳纤维和有机纤维复合材料中。例如，制造宇宙飞行器的耐烧蚀材料、印刷电路板、隔热板、摩擦材料等。用于纤维增强树脂复合材料的酚醛树脂很多是改性的，如硼酚醛、有机硅酚醛等。

热塑性树脂基复合材料的起步较晚，但由于热塑性树脂具有断裂韧性好、抗冲击性强、成型加工简单、成本低等优点，近年来得到迅速发展。常用的热塑性树脂基体包括聚烯烃、聚酰胺、聚碳酸酯、聚甲醛、聚砜、聚苯硫醚、聚醚醚酮等。

聚合物基体的主要作用是把增强材料粘在一起，分配增强材料间的载荷，保护增强材料不受环境影响。

用作基体的理想材料，其原始状态应该是低黏度的液体，并能迅速变成坚固耐久的固体，足以把增强纤维粘住。尽管纤维等增强材料的作用是承受载荷，但是基体材料的力学性能会明显地影响纤维的工作方式及其效率。例如，在没有基体的纤维束中大部分载荷由最直的纤维承受，基体使得应力较均匀地分配给所有纤维，这是由于基体使所有纤维经受同样的应变，应力通过剪切过程传递，这要求纤维和基体之间有高的胶接强度，同时要求基体本身也具有高的剪切强度和模量。

聚合物基复合材料的增强材料主要有纤维增强体、晶须增强体、颗粒增强体等。最早纤维增强体采用天然纤维，如棉花、麻类等植物纤维，丝和毛等动物纤维和石棉矿物纤维。天然纤维做增强材料，强度较低，但成本较高。现代复合材料的增强材料主要采用合成纤维，包括有机纤维和无机纤维，如芳香族酰胺纤维、聚乙烯纤维、玻璃纤维、碳纤维、硼纤维等。晶须是指含缺陷很少的单晶短纤维，其拉伸强度接近其纯晶体的理论强度。单品纤维材料具有一定的长径比（一般大于10），且截面积小于 $52×10^{-5}$ cm^2。具有实用价值的晶须直径为 $1\sim10$ μm，长度与直径比为 $5\sim1\,000$。晶须增强体分为金属晶须（如 Ni，Fe，Cu，Si，Ag，Ti，Cd 等），氧化物晶须（如 MgO，ZnO，BeO，Al$_2$O$_3$，TiO$_2$，Cr$_2$O$_3$ 等），陶瓷晶须（如碳化物晶须 SiC，TiC，ZrC，WC，B$_4$C），氮化物晶须（如 TiB$_2$，ZrB$_2$，TaBi，CrB$_2$，NbB$_2$ 等），无机盐类晶须（如 K$_2$Ti$_6$O$_{13}$，Al$_8$B$_4$O$_{33}$）等。颗粒增强体的特点是选材方便，可根据不同的性能要求选用不同的颗粒增强体。颗粒增强体成本低，易于批量生产。

9.2.2 聚合物基复合材料界面的形成及作用机理

在复合材料的组成中讲到了界面设计是复合材料中的四要素之一。界面的好坏是直接影响复合材料性能的关键因素之一。当复合材料受到外力作用时，除增强材料和基体受力外，界面亦起着极其重要的作用。

界面是指在基体和分散相之间存在把不同材料结合在一起的接触面。复合材料的界面实质上是具有纳米级以上厚度的界面层，有的还会形成与增强材料和基体有明显差别的新相，称为界面相。

1. 界面层的形成

聚合物基复合材料的界面是指聚合物基体与增强物之间化学成分有显著变化的、构成彼此结合的、能起载荷传递作用的微小区域。聚合物基体与增强物之间界面层的形成主要有以下几个阶段。

(1) 浸润阶段。

聚合物基体与增强物之间界面的形成首先要求增强物与聚合物基体之间能够浸润和接触,这是形成界面的第一阶段,也是界面形成与发展的关键阶段。能否浸润,这主要取决于它们的表面自由能,即表面张力。表面张力是物质的主要表面性能之一,不同的物质由于其组成和结构不同,其表面张力也各不相同,但不论表面张力大小,它总是力图缩小物体的表面,趋向于稳定。固体表面的润湿性能与其结构有关,改变固体的表面张力就可以达到改变润湿的目的。在聚合物基复合材料中,可以对增强材料纤维进行表面处理,改变纤维与聚合物基体间的润湿情况,从而增加界面结合能力。

需要注意的是增强体与聚合物基体要润湿,必须使增强体与聚合物基体中的一个组分为液态(或黏流态),这样才能保证组分的浸润。

(2) 相互作用的黏合阶段。

增强材料与基体材料之间界面形成的第二阶段就是增强材料要与基体材料间通过相互作用而黏合一起使界面固定下来,形成固定的界面层。

聚合物基体和增强体之间的黏合,是通过液态或黏流态聚合物的固化过程完成的。固化反应从中心以辐射状向四周延伸,结果形成中心密度大、边缘密度小的非均匀固化结构。

界面层可以看作是一个单独的相,但是界面相又依赖于两边的相,界面两边的相要相互接触,才可能产生出界面相,界面与两边的相结合的是否牢固,对复合材料的力学性能有着决定性的影响。

聚合物基体和增强体两相之间的黏合主要是通过化学键的结合,在制备复合材料时,要尽可能多地向界面引入反应基团,增加化学键合比例,这样就有利于提高复合材料的性能。例如,碳纤维及芳纶纤维增强的复合材料,用低温等离子体对纤维表面进行处理之后,就可提高界面的反应性。对于碳纤维复合材料来说,纤维表面的羧基可增加2.34%,羟基可增加3.49%,与未经表面处理的碳纤维复合材料相比,单向层间剪切强度从60.4 MPa提高到了104.7 MPa,提高率为72%。而经表面处理的芳纶纤维复合材料与未经表面处理的芳纶纤维复合材料相比,其层间剪切强度可从60.0 MPa提高到81.3 MPa,提高率为36%,由此可见表面处理对提高复合材料层间剪切强度的重要性。

2. 界面层的结构

界面层是由于复合材料中增强材料表面与基体材料表面的相互作用而形成的,或者说界面层是由增强材料与基体材料之间的界面以及增强材料和基体材料的表面薄层构成的。它的结构及性能均不同于增强材料表面和基体材料表面。它的组成、结构和性能,是由增强材料与基体材料表面的组成及它们间的反应性能决定的,如玻璃纤维复合材料的界面层中,还包括有偶联剂等物质。

复合材料界面层的厚度一般随增强材料加入量的增加而减少,对于纤维复合材料来说,基体材料表面层的厚度约为增强纤维的几十倍。基体材料的表面层厚度为一个变量,它在界面层的厚度会影响到复合材料的力学性能及韧性参数。

聚合物基复合材料界面层结构模型图(沿纤维径向截面)如图9.2所示。增强材料与基体材料表面之间的距离受原子或原子团的大小、化学结合力以及界面固化后的收缩量等方面因素的影响。

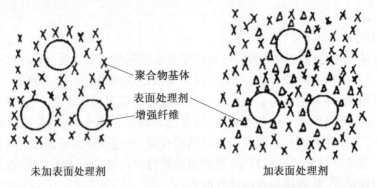

图 9.2 聚合物基复合材料界面层结构模型图(沿纤维径向截面)

3. 界面层的作用

界面层的作用是使基体材料与增强材料形成一个整体,并通过它传递应力。为使界面层能够均匀地传递应力,就要使复合材料在制造过程中形成一个完整的界面层。若纤维与基体树脂间润湿或结合不好,形成的界面不完整,则应力的传递仅为纤维总面积的一部分,将会明显地影响复合材料的力学性能。

界面层具有如下作用:

①界面层具有传递效应。界面层能够传递力,在基体与增强物之间起桥梁作用。

②界面层具有阻断效应。能够结合适当的界面有阻止裂纹扩展、中断材料破坏、减缓应力集中的作用。

③界面层具有不连续效应。在界面上产生物理性能的不连续性和界面摩擦的现象,如抗电性、电感应性、磁性、耐热性、尺寸稳定性等。

④界面层具有散射和吸附效应。光波、声波、热弹性波、冲击波等在界面上产生散射和吸收,如透光性、隔热性、隔音性、耐机械冲击及耐热冲击性等。

⑤界面层具有诱导效应。当一种物质(通常为增强物)的表面结构使另一种(通常为聚合物基体)与之接触的物质的结构由于诱导作用而发生改变,由此产生一些现象,如强的弹性、低的膨胀性、耐冲击性、耐热性等。

4. 界面作用理论

界面作用机理一般指界面发挥作用的微观机理,许多学者从不同的角度提出了许多有价值的理论。虽然这些理论还有争论,还不存在公认的统一理论,但均有各自可取的观点,目前仍在不断地发展与完善中。

对一个简单系统来说,界面的黏结是由纤维与基体间的黏着力引起的。发生在界面上的 5 种机理,即吸附和浸润、相互扩散、静电吸引、化学键结合、机械黏着,它们或者独立作用或者联合作用产生界面的黏结作用。

(1)化学键理论。

化学键理论是在 1949 年提出的。其理论认为增强材料与基体材料之间必须形成化学键才能使黏结界面产生良好的黏结强度,形成界面。例如,无机增强材料表面用硅烷偶联剂处理后,能使其与聚合物基体材料间的黏结强度大大提高,这是由于界面上形成化学键的结果,因为硅烷偶联剂一头具有的官能团能与无机增强材料表面的氧化物反应生成化学键,另一头具有的官能团能与基体材料发生化学反应形成化学键,因此提高了界面黏结强度。偶联剂就在树脂与玻璃纤维表面起到一个化学的媒介作用,从而把它们牢固地连接起来。这种理论的实质是增加界面的化学结合,是改进复合材料性能的关键因素。

尤其重要的是,界面有了化学键的形成,对黏结接头的抗水和抗介质腐蚀的能力有显著提高,而且界面化学键的形成对抗应力破坏,防止裂纹的扩展也有很大的作用。

(2)物理吸附理论。

物理吸附理论主要是考虑两个理想清洁表面,靠物理作用来结合的,实际上就是以表面能为基础的吸附理论。物理吸附理论认为基体树脂与增强材料之间的结合主要是取决于次价力的作用,黏结作用的优劣决定于相互之间的浸润性。浸润得好,则被黏体与黏合剂分子之间紧密接触面发生吸附,则黏结界面形成了很大的分子间作用力,同时排除了黏结体表面吸附的气体,减少了黏结界面的空隙率,提高了黏结强度。而偶联剂的主要作用就是促使基体树脂与增强材料表面完全浸润。这种物理吸附理论仅是化学键理论的一种补充。

(3)变形层理论。

聚合物基复合材料固化时,聚合物将产生收缩现象,而且基体与纤维的热膨胀系数相差很大,因此界面会产生附加应力。附加应力会导致界面的破坏,使材料的性能下降。

外载荷作用产生的应力在复合材料中的分布也是不均匀的。因为从观察复合材料的微观结构可知,纤维和数值的界面不是平滑的,结果在界面上某些部位集中了比平均应力高的应力。这种应力的集中将首先使纤维和基体间的化学键断裂,使复合材料内部形成微裂纹,也会使复合材料的性能下降。

(4)弱边界层理论。

边界层主要是指液体、固体、气体紧密接触的部分,一般是指流经固体表面最接近的流体层,对传热、传质和动量均有特殊影响,但是它没有独立的相,在这一点上和界面是有一定区别的。如果边界层内存在有低强度区城,则称为弱边界层。

在聚合物基体内部,形成弱边界层的原因一是由于聚合过程中所带入的杂质,其次是聚合过程中没有完全转化的低相对分子质量物质,再者是加入的各种助剂的影响,最后是在商品储存及运输过程中不慎带入的杂质等。

弱边界层对于黏结体系的黏合是有危害的,非常容易引起破坏。因此,应当尽量避免弱边界层。实际上,弱边界层不但可以避免,而且也是可以改造及消除的。

(5)可变层理论和抑制层理论。

增强剂经表面处理后,在界面上形成了一层塑性层,它能松弛界面应力,减小界面应力,这种理论称为可变层理论。处理剂是界面区的组成部分,其模量介于增强剂和树脂基体之间,能起到均匀传递应力,从而减弱界面应力的作用,称为抑制层理论。

(6)机械黏结理论。

这是一种直观的理论。这种理论认为,被黏物体的表面粗糙不平,如有高低不平的凸凹结构及疏松孔隙结构,因此有利于胶黏剂渗入到坑凹中去,固化之后,黏合剂与被黏合物体表面发生啮合而固定。机械黏结的关键是被黏物体的表面必须有大量的槽沟、多孔穴,黏合剂经过流动、挤压、浸渗而填入到这些孔穴内,固化后就在孔穴中紧密地结合起来,表现出较高的黏合强度。机械黏结的例子有很多,如皮革、木材、塑料表面镀金属、纺织品的黏结等都属于此类。一般认为,被黏物体表面形状不规整的孔穴越多,则黏合剂与被黏物体的黏合强度也就越高。

5. 聚合物基复合材料界面的设计

提高聚合物基复合材料的界面黏接强度对其大多数性能是有利的，目前对聚合物基复合材料界面研究的主要目的是改善增强体与基体的浸润性，提高界面黏接力。

（1）使用偶联剂。

对玻璃纤维/聚合物复合材料，偶联剂是必不可少的。根据基体性质不同，选择不同的偶联剂，可以使玻璃纤维被基体更好地浸润，同时提高复合材料的耐湿性、耐化学药品性等。

（2）增强剂表面活化。

对碳纤维/聚合物复合材料，一般采取表面处理方法。一方面，通过各种表面处理方法，如表面氧化、等离子体处理，在惰性的 CF, KF 表面上引入活性官能团（—COOH，—OH，—NH_2），可与基体中活性基团反应；另一方面，这些活性官能团也可以提高纤维与基体兼容性，提高黏接强度。

（3）使用聚合物涂层。

一些聚合物涂层与增强纤维和基体都有良好的浸润性，因此使用聚合物涂层会增加界面的黏合力；聚合物涂层的另一个作用是改善界面应力状态，减弱界面残余应力，涂层作为界面过渡层，可明显改善复合材料的冲击和疲劳性能。

9.3 聚合物基复合材料制备工艺

在纤维与树脂体系确定后，复合材料的性能主要决定于制备工艺。聚合物基复合材料的生产流程如图 9.3 所示。

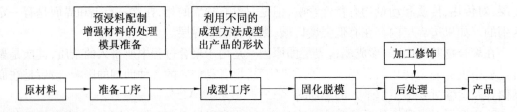

图 9.3 聚合物基复合材料的生产流程

聚合物基复合材料制备工艺主要包括 3 方面内容，即预浸料/预混料的制造、成型以及固化。

9.3.1 预浸料/预混料制造工艺

预浸料或预混料是聚合物基复合材料的半成品形式，也是其他一些制品制造工艺如压力成型的原材料。

1. 预浸料制造

预浸料通常是指定向排列的连续纤维（单向、织物）等浸渍树脂后所形成的厚度均匀的薄片状半成品。

（1）热固性预浸料的制备。

热固性预浸料的组成简单，通常仅由连续纤维或织物及树脂（包括固化剂）组成，除特殊用途外，一般不加其他填料。

根据浸渍设备或制造方式不同，热固性纤维增强树脂预浸料的制造分为轮鼓缠绕法和阵列排铺法；按浸渍树脂状态分为湿法浸渍工艺和干法浸渍工艺。

轮鼓缠绕法是一种间歇式的预浸料制造工艺，其浸渍用树脂系统通常要加稀释剂以保证足够低的黏度，因而它是一种湿法工艺。轮鼓缠绕法制备预浸料工艺如图9.4所示。

图9.4 轮鼓缠绕法制备预浸料工艺

连续纤维束经导向轮进入胶槽浸渍树脂，再经挤胶器除去多余树脂后由喂纱嘴将纤维依次整齐排列在衬有脱模纸的轮鼓上。当大部分溶剂挥发后，沿轮鼓母线将纤维切断，就可得到一定长度和宽度的单向预浸料。

轮鼓缠绕法适用于实验室的研究性工作或小批量生产。

阵列排铺法是一种连续生产单向或织物预浸料的制造工艺，有湿法和干法两种。阵列排铺法具有生产效率高、质量稳定性好、适于大规模生产等特点。

湿法浸渍工艺也称溶液预浸法，湿法连续制备预浸料工艺如图9.5所示，首先许多平行排列的纤维束或织物经过整经后同时进入树脂浸渍槽，浸渍树脂后由挤压辊除去多余胶液，经烘干炉除去溶剂后，加隔离纸并经辊压整平，最后收卷。

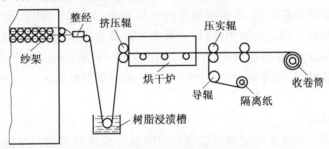

图9.5 湿法连续制备预浸料工艺

干法浸渍工艺也称热熔预浸法，是在热熔预浸机上进行的。熔融态树脂从漏槽流到隔离纸上，通过刮刀后在隔离纸上形成一层厚度均匀的胶膜，经导向辊与整经后平行排列的纤维或织物叠合，通过热鼓时树脂熔融并浸渍纤维，再经辊压使树脂充分浸渍纤维，冷却后收卷。

(2) 热塑性预浸料的制备。

热塑性复合材料预浸料，按照树脂状态不同，可分为预浸渍技术和后浸渍技术两大类。

① 预浸渍技术。预浸渍技术包括溶液预浸和熔融预浸两种，其特点是预浸料中树脂完全浸渍纤维。溶液浸渍是将热塑性聚合物树脂溶于适当的溶剂中，使其可以采用类似于热固性树脂的湿法浸渍技术进行浸渍，将溶剂除去后即得到浸渍良好的预浸料。该工艺的优点是可使纤维完全被树脂浸渍并获得良好的纤维分布，可采用传统的热固性树脂的设备和类似浸渍工艺。缺点是成本较高并造成环境污染，残留溶剂很难完全除去，影响制品性能，只适用于可溶性聚合物，对于其他溶解性差的聚合物的应用受到限制。

熔融预浸是将熔融态树脂由挤出机挤到特殊的模具中浸渍连续通过的纤维束或织物。

原理上,这是一种最简单和效率最高的方法,适合所有的热塑性树脂,但是,要使高黏度的熔融态树脂在较短的时间内完全浸渍纤维却是相当困难的,这就要求树脂的熔体黏度要足够低,且高温长时间内稳定性要好。

②后预浸技术。后预浸技术包括膜层叠、粉末浸渍、纤维混杂、纤维混编等,其特点是预浸料中树脂是以粉末、纤维或包层等形式存在,对纤维的完全浸渍要在复合材料成型过程中完成。膜层叠是将增强剂与树脂薄膜交替铺层,在高温高压下使树脂熔融并浸渍纤维,制成平板或其他一些形状简单的制品的方法:增强剂一般采用织物,使之在高温高压浸渍过程中不易变形。这一工艺具有适用性强、工艺及设备简单等优点。

粉末浸渍是将热塑性树脂制成粒度与纤维直径相当的微细粉末,通过流态化技术使树脂粉末直接分散到纤维束中,经热压熔融即可制成充分浸渍的预浸料的方法。粉末浸渍的预浸料有一定柔软性,铺层工艺性好,比膜层叠技术浸渍质量高,成型工艺性好是一种广泛采用的纤维增强热塑性树脂复合材料的制造技术。

纤维混编或混纺技术是将基体先纺成纤维,再使其与增强纤维共同纺成混杂纱线或编织成适当形式的织物,在物品成型过程中,树脂纤维受热熔化并浸渍增强纤维。该技术工艺简单,预浸料有柔性,易于铺层操作,但与膜层叠技术一样,在制品成型阶段,需要足够高的温度、压力及足够的时间,且浸渍难以完全。

对于制造的预浸料,评价和选择要考虑的主要方面是,纤维与基体类型、预浸料规格(厚度、宽度、单位面积质量等)、性能指标(如树脂含量、黏性、凝胶时间)等。纤维与基体类型是复合材料性能的决定因素,要根据制件的使用要求,如强度、刚度、耐热性、耐腐蚀性等选择不同类型预浸料。同一类型预浸料,通常有不同规格以满足用户需要;,预浸料厚度一般在 $0.08 \sim 0.25$ mm,标准厚度为 0.13 mm,宽度在 $25 \sim 1\,500$ mm。评价其性能指标包括树脂含量、黏性、凝胶时间、储存期、挥发分含量等,是确定复合材料生产工艺、控制制品质量的重要参数。

2. 预混料的制造

预混料是指由不连续纤维浸渍树脂或与树脂混合后所形成的较厚的片状、团状或粒状半成品,包括片状模塑料(SMC)、团状模塑料(BMC)和注射模塑料(MC)。预混料是一类可直接进行模压成型而不需要事先进行固化、干燥等其他工序的一类纤维增强热固性模塑料,通常为不饱和聚酯材料。

(1)片状模塑料制备。

片状模塑料(SMC)主要由不饱和聚酯树脂及辅助剂,如增稠剂、引发剂、交联剂、低收缩添加剂、内脱模剂、着色剂以及填料所制成的树脂糊浸渍短玻纤粗纱或玻毡,并在两边用聚乙烯膜或聚丙烯膜包覆后形成的片状模压成型材料。这是 20 世纪 60 年代发展起来的一种新型热固性玻璃钢模压材料。

SMC 在制备的时候要求其黏度低,容易浸渍纤维,但在压制成型、储存运输过程中均需要有较高的黏度,此时黏度的提高通过增稠剂实现。通过增稠剂控制 SMC 从生产到使用全过程的黏度变化。SMC 生产工艺流程如图 9.6 所示。

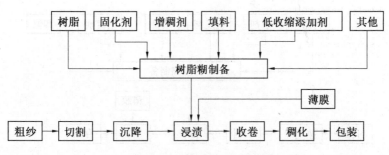

图 9.6 SMC 生产工艺流程

首先是树脂糊的制备。一般国内采用批混法，国外采用连续计量混合法。批混法是把树脂和除增稠剂外的各组分计量后先混合，再通过计量和混合泵加入 MgO 增稠剂。连续计量混合法是将树脂与其他部分分为两部分单独制备，计量后进入静态混合器，均匀后再成型。

同时进行的是玻璃纤维的切割与沉降。粗纱切割速度为 80~130 m/min，要防止静电，玻璃纤维排布的时候要均匀。

树脂糊和粗纱进行浸渍、压实，反复挤压捏合，达到充分混合和充分浸渍。两面包覆塑料薄膜后收卷。最后进行熟化与存放。熟化使黏度达到模压黏度范围并稳定后才能交付使用。SMC 使用时除去薄膜，按尺寸裁剪，然后进行模压成型。SMC 成型机如图 9.7 所示。

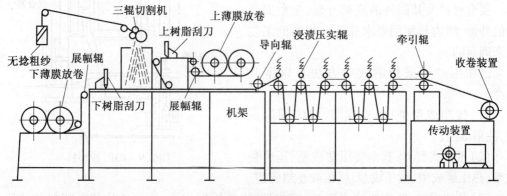

图 9.7 SMC 成型机

(2) 块状模塑料制备。

块状模塑料(BMC)是以聚酯为基体，利用预混法制成的聚酯树脂模塑料。模塑料成块团状，故也称料团。

预混料的组成主要有聚酯树脂、无机矿物填料、短切玻璃纤维、引发剂、颜料和润滑剂等。玻璃纤维的长度对产品的性能影响较大。玻璃纤维长度一般为 1.3~1.6 cm，最长为 3.0 cm。玻纤长度太短制品强度低，而太长不利于分散均匀，也会影响加工流动性。BMC 生产工艺流程如图 9.8 所示。

首先是树脂糊的制备，把树脂和填料、引发剂等组分计量后预先在混合釜中制成树脂糊。为了解决浸渍玻璃纤维时要求树脂黏度低，模压成型时又要求模塑料黏度高这一对矛盾，往往还加入增稠剂。玻璃纤维经热处理后用切割机切成一定长度，与树脂糊一起混合，混合一般采用捏合机来完成。混合后的料必须用聚乙烯薄膜袋封存，即为 BMC 块状模

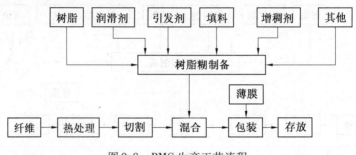

图9.8 BMC生产工艺流程

塑料。

BMC成型机如图9.9所示。

9.3.2 成型及固化工艺

成型是将预浸料根据产品的要求,铺置成一定的形状,一般就是产品的形状。固化是使已铺置成一定形状的叠层预浸料在温度、时间和压力等因素影响下使形状固定下来,并能达到预计的性能要求。

复合材料及其制件的成型方法,是根据产品的外形、结构与使用要求并结合材料的工艺性来确定的。

已在生产中采用的成型方法有以下几大类。

(1) 接触成型类:手糊成型、湿法铺层成型、注射成型。

(2) 压力成型类:真空袋压法成型、压力袋成型、热压罐成型、模压成型、层压或卷制成型。

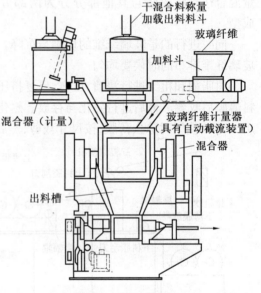

图9.9 BMC成型机

(3) 其他成型:纤维缠绕成型、拉挤成型、连续板材成型、热塑性片状模塑料热冲压成型、树脂注射和树脂传递成型、喷射成型、真空辅助树脂注射成型、夹层结构成型、挤出成型、离心浇铸成型等。

1. 手糊成型工艺

手糊成型工艺是聚合物基复合材料中最早采用的一种最简单的方法,其工艺过程如图9.10所示,先在涂有脱模剂的模具上涂刷含有固化剂的树脂混合物,即预浸料,再在其上铺贴一层按要求剪裁好的纤维织物,用刷子、压辊或刮刀挤压织物,使其均匀浸胶并排除气泡后,再涂刷树脂混合物和铺贴第二层纤维织物,反复上述过程直至达到所需厚度为止。铺覆成型后,在室温(或加热)、无压(或低压)条件下固化,最后脱模成制品的工艺方法。

手糊成型法可以制作汽车车体、各种渔船和游艇、储罐、槽体、卫生间、舞台道具、波纹瓦、大口径管件、机身蒙皮、整流罩、火箭外壳、隔音板等复合材料制品。

手糊成型是一种劳动密集型工艺,通常用于性能和质量要求一般的玻璃钢制品,具有操作简单,设备简单投资少,不受尺寸、形状的限制,适宜尺寸大、批量小、形状复杂产品的生

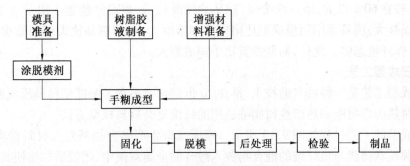

图 9.10 手糊成型工艺过程

产,可在任意部位增补增强材料,易满足产品设计要求,产品树脂的含量高,耐腐蚀性能好等优点。其缺点是生产效率低,劳动强度大,劳动卫生条件差,产品质量不易控制,性能稳定性差,产品力学性能较低等。

2. 喷射成型工艺

喷射成型工艺是手糊工艺的变形,是为了改进手糊成型工艺而开发的一种半机械化成型工艺,其工艺过程如图 9.11 所示,喷射成型工艺示意图如图 9.12 所示。

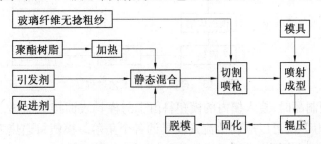

图 9.11 喷射成型工艺过程

喷射成型工艺将混有引发剂和促进剂的不饱和聚酯树脂从喷枪喷出,同时将玻璃纤维无捻粗纱用切割机切断并由喷枪中心喷出,与树脂一起均匀沉积到模具上。待沉积到一定厚度,用手辊滚压,使纤维浸透树脂、压实并除去气泡,最后固化成制品。

喷射成型对所用的原材料有一定的要求,例如树脂体系的黏度应适中,容易喷射雾化、脱除气泡和润湿纤维以及不带静电等。最常用的树脂是在室温或稍高温度下即可固化的不饱和聚酯等。

利用喷射法可以制作浴盆、汽车壳体、船身、广告模型、舞台道具、储藏箱、建筑构件、机器外罩、容器、安全帽等。

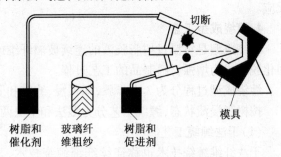

图 9.12 喷射成型示意图

喷射法使用的模具与手糊法类似,而生产效率却可以提高 2~4 倍。利用粗纱代替织物,降低了材料成本。其成型过程中无接缝,制品的整体性好,且减少了飞边、裁屑和剩余胶液的损耗。此外可自由调节产品壁厚、纤维与树脂的比例及纤维的长度。

喷射法成型的缺点是产品的均匀程度在很大程度上取决于操作工人的熟练程度。树脂含量高,一般在60%以上,增强纤维短,制品的强度较低,耐温性能差。由于过量喷涂而造成原材料损耗大,模具采用阴模成型比阳模成型难度大,小型制品比大型制品难度大,现场粉尘大,工作环境恶劣。此外,初期投资比手糊成型大。

3. 模压成型工艺

模压成型工艺是一种古老的技术,早在20世纪初就出现了酚醛塑料模压成型。模压成型是一种对热固性树脂和热塑性树脂都适用的纤维复合材料成型方法。

模压成型的工艺过程如图9.13所示。模压成型生产聚合物基复合材料首先将定量的模塑料或颗粒状树脂与短纤维的混合物放入敞开的金属对模中,闭模后加热使其熔化,并在压力作用下充满模腔,形成与模腔相同形状的模制品,再经加热使树脂进一步发生交联反应而固化,或者冷却使热塑性树脂硬化,脱模后得到复合材料制品。

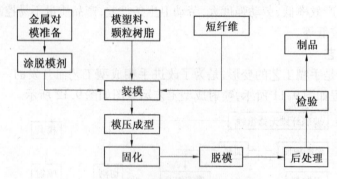

图9.13 模压成型的工艺过程

用模塑料成型制品时,装入模内的模塑料由于与模具表面接触加热,黏度迅速减小,在3~7 MPa成型压力下就可以顺利地流到模具的各个角落。模塑料遇热之后迅速凝胶和固化。依据制品的尺寸和厚度,成型时间从几秒钟到几分钟。模压工艺可用于制造连续纤维增强制品,但是纤维阻止了预浸料在模内的流动。

模压料主要使用片状模塑料、团状模塑料和散状模塑料。压制前的准备工作包括模压料的预热和预成型、估算装料量和给模具涂刷脱模剂等。压制过程中,流动成型并发生固化反应。

4. 缠绕成型工艺

缠绕成型是将浸过树脂胶液的连续玻璃纤维或布带,按照一定规律缠绕到芯模上,然后固化脱模成为增强材料制品的工艺过程。

缠绕成型过程分为3大步骤,即预浸、缠绕和固化脱模。

按树脂浸渍状态,缠绕工艺分为湿法和干法两种。

(1)干法缠绕工艺。

干法纤维缠绕技术也称连续纤维缠绕技术,又称预浸带缠绕,是将预浸纱带(或预浸布)在缠绕机上经加热软化至黏流状态并缠绕到芯模上的成型工艺过程,如图9.14所示。

利用连续纤维缠绕技术制作复合材料制品时有两种不同的方式,一是将纤维或带状织物浸渍树脂后缠绕在芯模上,还有一种是先将纤维或带状织物缠好后再浸渍树脂。目前,前者应用较普遍。

连续纤维缠绕法适用于制作承受一定内压的中空型容器,如火箭发动机壳体、导弹放热层和发射筒、压力容器、大型储罐、各种管材等。近年来发展起来的异型缠绕技术,可以实现

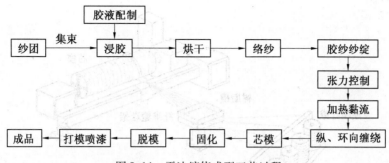

图 9.14 干法缠绕成型工艺过程

复杂横截面形状的同转体或断面为矩形、方形以及不规则形状容器的成型。

干法纤维缠绕技术的优点：首先，纤维按预定要求排列的规整度和精度高，通过改变纤维排布方式、数量，可以实现等强度设计，因此能在较大程度上发挥增强纤维抗张性能优异的特点。其次，用干法连续纤维缠绕技术所制得的成品，结构合理，比强度和比模量高，质量稳定和生产效率较高。连续纤维缠绕技术的缺点是设备投资费用大，只有大批量生产时才可能降低成本。

（2）湿法缠绕工艺。

湿法缠绕将无捻粗纱或布带，经浸胶后直接缠绕到芯模上的成型工艺过程，湿法缠绕成型工艺过程如图 9.15 所示。

增强材料在芯模表面上的铺放形式主要有螺旋缠绕、平面缠绕（极缠绕）和环向缠绕 3 种线型。主要工艺设备是纤维缠绕机，如图 9.16 所示。缠绕机类似一部机床，纤维通过树脂槽后，用轧辊除去纤维中多余的树脂。为改善工艺性能和避免损伤纤维，可预先在纤维表面涂覆一层半固化的基体树脂，或者直接使用预浸料。纤维缠绕方式和角度可以通过机械传动或计算机控制。

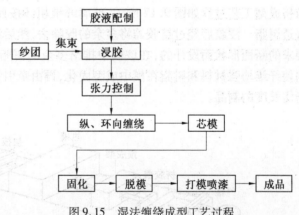

图 9.15 湿法缠绕成型工艺过程

缠绕达到要求厚度后，根据所选用的树脂类型，在室温或加热箱内固化、脱模便得到复合材料制品。

利用纤维缠绕工艺制造压力容器时，一般要求纤维具有较高的强度和模量，容易被树脂浸润，纤维纱的张力均匀以及缠绕时不起毛、不断头等。另外，在缠绕的时候，所使用的芯模应有足够的强度和刚度，能够承受成型加工过程中各种载荷，如缠绕张力、固化时的热应力、自重等，以满足制品形状尺寸和精度要求以及容易与固化制品分离等。常用的芯模材料有石膏、石蜡、金属或金属合金、塑料等，也可用水溶性高分子材料，如以聚乙烯醇做黏结剂制成芯模。

除了干法和湿法缠绕工艺外，近年来出现了湿干法工艺，是干法工艺的发展，将无捻粗

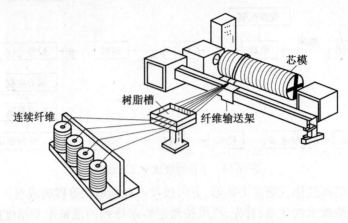

图9.16 湿法纤维缠绕成型

纱（或布带）浸胶后，随即预烘干，然后缠绕到芯模上的成型工艺方法。

5. 拉挤成型工艺

拉挤成型是将浸渍过树脂胶液的连续纤维束或带状织物在牵引装置作用下通过成型模而定型，然后在模中或固化炉中固化，制成具有特定横截面形状和长度不受限制的复合材料，一般情况下，只将预制品在成型模中加热到预固化的程度，最后固化是在加热箱中完成的。

拉挤成型工艺过程如图9.17所示，玻璃纤维粗纱按照一定的要求排布，进入树脂浸渍胶槽浸透树脂。浸胶后经过挤胶器将多余的胶除去，然后纱束通过预成型模，该模是根据制品所要求的断面形状而设计的，在该模中排出多余的树脂和气泡之后进入成型模（热模），在模内使纤维增强材料和树脂在模中成型固化，再由牵引装置从模具中拉出，通过切割装置切成所需长度的制品。

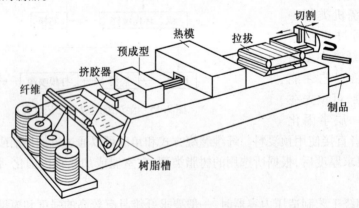

图9.17 拉挤成型工艺过程

拉挤工艺分为间歇式拉挤成型工艺和连续式拉挤成型工艺。前者间歇固化定型牵出，模具成本高，后者牵引与模塑连续进行，生产中主要以后者为主。

拉挤成型过程中，要求增强纤维的强度高，集束性好，不发生悬垂以及容易被树脂胶液浸润。常用的增强纤维如玻璃纤维、芳香族聚酰胺纤维、碳纤维以及金属纤维等。用作基体材料的树脂以热固性树脂为主，要求树脂的黏度低和适用期长等。大量使用的基体材料有不饱和聚酯树脂和环氧树脂等。另外,以耐热性较好、熔体黏度较低的热塑性树脂为基体的拉挤成型工艺目前也取得了很大进展。

拉挤成型的关键在于增强材料的浸渍。在拉挤成型工艺中,目前常用的方法如热熔涂法和混编法。热熔涂覆法是使增强材料通过熔融树脂,浸渍树脂后在成型模中冷却定型。混编法中,首先按一定比例将热塑性聚合物纤维与增强材料混编织成带状、空芯状等几何形状的织物,然后利用具有一定几何形状的织物通过热模时基体纤维熔化并浸渍增强材料,冷却定型后成为产品。

拉挤成型的最大特点是连续成型,制品长度不受限制,生产效率高,易于实现自动化生产。制品中增强材料的质量分数一般为40%~80%,能够充分发挥增强材料的作用,制品性能稳定可靠,力学性能尤其是纵向力学性能突出,不需要或仅需要进行少量的后加工,生产过程中树脂损耗少,制造成本较低。此外,制品的纵向和横向强度可任意调整,以适应不同制品的使用要求,自动化程度高,制品性能稳定。

拉挤成型主要用作工字型、角型、槽型、异型截面管材、实芯棒以及上述断面构成的组合截面型材。主要用于电气(高压电缆保护管、电缆架、绝缘梯等)、电子、化工防腐(工业废水处理设备、化工挡板及化工、石油、造纸和冶金等工厂内的栏杆、楼梯等)、建筑(门窗结构用型材、桥梁等)和陆上运输(卡车构架、冷藏车厢、汽车笼板、刹车片等)、运动娱乐领域(钓鱼竿、弓箭杆、滑雪板、撑竿跳杆等)、能源开发领域(太阳能收集器、支架、风力发电机叶片等)、航空航天领域(如宇宙飞船天线绝缘管、飞船用电机零部件等)。

目前,随着科学技术的不断发展,拉挤成型工艺正向着提高生产速度、热塑性和热固性树脂同时使用的复合结构材料和方向发展。生产大型制品、改进产品外观质量和提高产品的横向强度都将是拉挤成型工艺今后的发展方向。

6. 袋压成型工艺

袋压成型是最早及最广泛用于预浸料成型的工艺之一。

该工艺是将纤维预制件铺放在模具中,盖上柔软的隔离膜,在热压下固化,经过所需的固化周期后,材料形成具有一定结构的构件。

袋压成型可分为3种(图9.18),即真空袋压成型、压力袋压成型和热压罐成型。

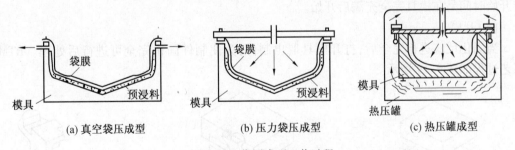

(a) 真空袋压成型　　(b) 压力袋压成型　　(c) 热压罐成型

图9.18　袋压成型工艺过程

真空袋压成型是在纤维预制件上铺覆柔性橡胶或塑料薄膜,并使其与模具之间形成密闭空间,将组合体放入热压罐或热箱中,在加热的同时对密闭空间抽真空形成负压,进行固化。大气压力的作用可以消除树脂中的空气,减少气泡,排除多余的树脂,使制品表面更加致密。由于真空袋压成型产生的压力小,只适于强度和密度受压力影响小的树脂体系如环氧树脂等。对于酚醛树脂等,固化时有低分子物逸出,利用此方法难以获得结构致密的制品。

如果向真空袋内通入压缩空气或氮气等对预制件进行加压固化,则真空袋压成型就成为压力袋压成型。

热压罐成型相当于将真空袋压成型的抽气、加热及加压固化放在压力罐中进行。一般热压罐是圆筒形的压力容器,可以产生几个大气压。采用热压罐成型工艺时,加热和加压通常要持续整个固化工艺的全过程,而抽真空是为了除去多余树脂及挥发性物质,只是在某一段时间内才需要。用热压罐法制成的纤维复合材料制品,具有孔隙率低,增强纤维填充量大,致密性好,尺寸稳定,准确,性能优异,适应性强等优点,但该方法也存在着生产周期长、效率低、袋材料昂贵、制件尺寸受热压罐体积限制等缺点,因而该法主要用于制造航空、航天领域的高性能复合材料结构件。

7. 树脂传递模塑成型工艺

树脂传递模塑(resin transfer modeling,RTM)是一种闭模成型工艺方法,其基本工艺过程是将液态热固性树脂(通常为不饱和聚酯)及固化剂,由计量设备分别从储桶内抽出,经静态混合器混合均匀,注入事先铺有玻璃纤维增强材料的密封模内,经固化、脱模、后加工而成制品。

RTM 的工艺分为以下 3 个部分。

(1) 预制件的制造。

这个过程是将增强纤维按要求裁成一定形状,然后放入模具中。预制件的尺寸不应超过模具密封区域以便模具闭合和密封。

(2) 充模。

在模具闭合锁紧后,在一定条件下将树脂注入模具,树脂在浸渍纤维增强体的同时排出空气。当多余的树脂从模具排放口开始逸出时,停止树脂注入。通常模具是预热的,因此在充模过程中模壁、增强纤维和树脂之间要发生热传递。

(3) 固化。

在模具充满后,通过加热使树脂发生反应,交联固化。如果树脂开始固化的时间过早,将会阻碍树脂对纤维的完全浸渍,导致最终制件中存在孔隙,降低制件性能。理想的固化反应开始时间是在模具完全充满后开始。

(4) 开模。

当固化反应进行完全后,打开模具取出制件,为使制件固化完全可进行后处理。RTM 工艺过程如图 9.19 所示。

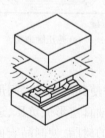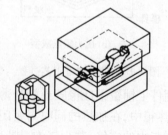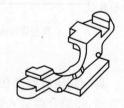

图 9.19　RTM 工艺过程示意图

用于 RTM 工艺的树脂系统主要是通用型不饱和聚酯树脂,增强材料一般以玻璃纤维为主,质量分数为25%~40%,常用的有玻璃纤维毡、短切纤维毡、无捻组纱布等。RTM成型工艺与其他工艺相比,优点是:主要设备(如模具和模压设备等)投资少,即用低吨位压机能生产较大的制品;生产的制品两面光滑,尺寸稳定,容易组合;制造模具时间短(一般仅需几周),可在短期内投产;对树脂和填料的适用性广泛;生产周期短,劳动强度低,原材料损耗少;产品后加工量少;由于是闭模成型工艺,因而挥发组分少,环境污染小。RTM工艺可以生产高性能、尺寸较大、高综合度、数量中等到大量的产品,是一种很有前途的工艺方法。

参 考 文 献

[1] 王贵恒.高分子材料成型加工原理[M].北京:化学工业出版社,2010.
[2] 沈新元.高分子材料加工原理[M].2版.北京:中国纺织出版社,2009.
[3] 吴崇周.塑料加工原理及应用[M].北京:化学工业出版社,2008.
[4] 何震海,常红梅.压延及其他特殊成型[M].北京:化学工业出版社,2007.
[5] 吴其晔.高分子材料流变学[M].北京:高等教育出版社,2010.
[6] 梁基照.聚合物材料加工流变学[M].北京:国防工业出版社,2008.
[7] 钟石云,许乾慰,王公善.聚合物降解与稳定化[M].北京:化学工业出版社,2002.
[8] 方海林.高分子材料加工助剂[M].2版.北京:化学工业出版社,2008.
[9] 陈宇,王朝晖,郑德.实用塑料助剂手册[M].2版.北京:化学工业出版社,2007.
[10] 王艳芳,何震海,郝连东.中空吹塑[M].北京:化学工业出版社,2006.
[11] 罗权妮,刘维锦.高分子材料成型加工设备[M].北京:化学工业出版社,2007.
[12] 杨鸣波.聚合物成型加工基础[M].2版.北京:化学工业出版社,2009.
[13] 周达飞,唐颂超.高分子材料成型加工[M].2版.北京:中国轻工业出版社,2006.
[14] 赵素合.聚合物加工过程[M].北京:中国轻工业出版社,2001.
[15] 黄锐.塑料成型工艺学[M].2版.北京:中国轻工业出版社.2007.
[16] 吴清鹤.塑料挤出成型[M].北京:化学工业出版社,2009.
[17] 梁淑君.塑料压制成型速查手册[M].北京:机械工业出版社,2010.
[18] 戴伟民.塑料注射成型[M].北京:化学工业出版社,2005.
[19] 杨永顺,郭俊卿.塑料成型工艺与模具设计[M].哈尔滨:哈尔滨工业大学出版社,2008.
[20] 王慧敏.高分子材料加工工艺学[M].北京:中国石化出版社,2012.
[21] 贾宏葛.塑料加工成型工艺学[M].哈尔滨:哈尔滨工业大学出版社,2013.
[22] 顾书英.聚合物基复合材料[M].2版.北京:化学工业出版社,2013.
[23] 朱光明.材料化学[M].2版.北京:机械工业出版社,2013.
[24] 王国权.聚合物共混改性原理与应用[M].北京:中国轻工业出版社,2011.
[25] 吴培熙.聚合物共混改性[M].北京:中国轻工业出版社,1996
[26] 陈绪煌.聚合物共混改性原理与应用[M].北京:化学工业出版社,2011.
[27] 沈新元.高分子材料加工原理[M].2版.北京:中国纺织出版社,2009.